基于林改的森林资源可持续经营技术研究系列丛书

总主编　宋维明

基于林改的资源供给与规模化经营模式研究

宋维明　程宝栋　张英　乔羽　胡锐　著

中国林业出版社

图书在版编目（CIP）数据

基于林改的资源供给与规模化经营模式研究 / 宋维明等著．—北京：中国林业出版社，2014.12

（基于林改的森林资源可持续经营技术研究系列丛书/宋维明总主编）

ISBN 978-7-5038-7759-9

Ⅰ.①基…　Ⅱ.①宋…　Ⅲ.①森林资源－供给制－研究－中国　②森林经营－规模化经营－模式－研究－中国　Ⅳ.①F326.2　②S75

中国版本图书馆 CIP 数据核字（2014）第 284663 号

策划编辑　徐小英

责任编辑　徐小英　梁翔云

美术编辑　赵　芳

出版　中国林业出版社（100009　北京西城区刘海胡同 7 号）

网址　lycb. forestry. gov. cn

E-mail　forestbook@163. com　**电话**　010-83143515

发行　中国林业出版社

印刷　北京中科印刷有限公司

版次　2014 年 12 月第 1 版

印次　2014 年 12 月第 1 次

开本　787mm × 960mm　1/16

印张　16. 5

字数　312 千字

印数　1 ~ 1000 册

定价　70. 00 元

基于林改的森林资源可持续经营技术研究系列丛书
编撰委员会

《基于林改的资源供给与规模化经营模式研究》
作者名单

宋维明　程宝栋

张　英　乔　羽　胡　锐

总 序

被誉为中国农村“第三次土地革命”的最新一轮集体林权制度改革是一场举世瞩目的深刻变革。我国于2003年启动了该项工作的试点，在2008年开始全面推进，至今已有十余年。如今，我国集体林权制度改革工作已经取得显著进展，对推动农村社会经济发展和提高居民生产生活水平具有重要价值，在建设生态文明和美丽中国中也具有重要作用。

十余年栉风沐雨。我国这一轮集体林权制度改革的十余年，也是一个不断探索、不断发展、不断完善的过程。集体林区一直是我国重要的木材资源供应基地之一，也是我国珍稀濒危及特有野生动植物的重要分布范围。林改后，森林资源经营管理方式发生了显著改变，许多新问题也由此而来，特别是如何在坚守生态红线的前提下提高集体林区资源培育、经营与保护效率，在当前也十分具有挑战性。因此，集体林权制度改革的发展给相关的技术革新和政策体系建设提出了新的需求。

为此，我们实施了林业公益性行业科研专项项目“基于林改的森林资源可持续经营技术研究”，从森林资源培育—生产经营—保护—服务及相关平台建设角度为集体林权制度改革提供全方位理论及技术支撑，开展了六个方面研究，即基于林改的森林多功能经营技术研究与示范、基于林改的资源供给与规模化经营模式研究、基于林改的野生动植物生境保护技术研究与示范、林权改革后森林资源经营的改变对环境的影响及其优化技术研究、集体林区政策性森林灾害保险制度设计与保费精算技术研究、基于林改的信息服务体系及综合信息服务平台建设。

依据这六个研究方面，项目组成员对项目成果进行了精心凝练，并整理形成了本系列丛书，共包括6册专著，即《林权制度改革对环境的影响及其经营优化研究》《林权制度改革后南方集体林经营管理模式与机制研究》《基于林改的资源供给与规模化经营模式研究》《基于林改的野生动物保护技术与对策研究》《林改区域典型树种森林碳储量监测技术研究》《面向林改的林业信息服务体系及平台构建》。其中，《林权制度改革对环境的影响及其经营优化研究》探讨了林权制度改革后对森林生态环境的影响以及环境影响评价、优化技术与制度保障体系；《林权制度改革后南方集体林经营管理模式与机制研究》选择南方集体林权制度改革的典型区域，从林农角度对森林资源经营管理的方案编制、经营合作组织、经营管理人力资源和融资等四个方面进行了深入调查分析，对南方集体林区林权制度改革后经营管理的现状和未来发展进行了深入探讨；《基于林改的资源供给与规模化经营模式研究》探讨了我国木材供需预测分析、林权制度改革对我国集体林区木材供给的影响、南方集体林区速生丰产用材林经营模式以及集体林权制度改革后林农合作组织；《基于林改的野生动物保护技术与对策研究》涉及我国野生动物及栖息地保护相关政策评估，林权改革对野生动物种群、行为和栖息地的影响，林改后野生动物栖息地保护与补偿调查，以及林改后我国野生动物栖息地保护技术与政策保障等；《林改区域典型树种森林碳储量监测技术研究》以杉木、马尾松、毛竹和落叶松为研究对象，提出森林碳汇计量的示范性方法体系，利用建立生物量模型以及测定评估参数，全面估算森林生物量，从而掌握典型树种森林生物量和碳储量的空间分布格局，以及随林龄等林分因子变化的动态规律，最终构建一个以地面样地调查为主体、以生物量和遥感模型估算为补充的碳汇功能计量和评价体系；《面向林改的林业信息服务体系及平台构建》从应用的角度对林改后基层林业单位对信息服务的需求进行深入细致的分析和研究，建立了相应的实用型系统并构建了信息服务平台。

虽然每册专著各有侧重，保持了各自的内涵、外延与风格，但它们也相互联系，具有理论性、知识性、经验型和政策性的共同特点，旨在全面介绍我国集体林权制度改革工作的发展背景、历程与现状，从森林资源培育、生产经营、生物多样性保护、环境保护、信息服务体系与相关平台建设等方面提出完善我国集体林权制度改革工作的技术与政策体系，为各级政府部门、林业生产经营与保护单位提供决策参考与工作指南，以推动我国集体林权制度改革工作的健康有序发展，并促使其在建设生态文明中发挥更大的作用。

本系列丛书的出版，得到林业公益性行业科研专项项目“基于林改的森林资源可持续经营技术研究”（NO. 200904003）的资助。感谢国家林业局有关领导对本项目和本系列丛书的关心、支持与指导！感谢项目组的所有成员！感谢所有关心与支持本项目、本系列丛书的专家、学生和朋友！

由于时间与编撰水平限制，这套丛书在理论观点、知识体系、论据资料、引证案例或其他方面可能还有错误、疏漏和不当之处，恳请广大读者批评指正。

2014 年 11 月

前　言

2008年，中共中央、国务院颁布《关于全面推进集体林权制度改革的意见》，确立了农民的经营主体地位，将集体林地的承包经营权和林木的所有权落实到农户，为农村生产力的解放提供了根本的制度基础。此次集体林权制度改革，是要通过“明晰产权、减轻税费、放活经营、规范流转”来消除限制集体林区林业发展的各种制约因素，以实现农户增收、森林资源可持续经营的目标。因此，这次集体林权制度改革被称作是继家庭承包责任制之后的农村土地制度的又一次重大变革。随着集体林权制度改革实践的展开，传统的林业经营方式也在发生着深刻的变革。这种变革直接影响到集体林在生态功能和木材资源产出等方面的效果，并引出了许多新的需要解决的矛盾和问题。特别是以分林到户为特征的集体林权制度改革，打破了以集体形式开展生产经营活动的传统模式，使得如何在林权分散基础上建立新的、适应现代社会化大生产要求的林木资源生产经营模式，成为一个十分现实的课题。《基于林改的资源供给与规模化经营模式研究》一书，正是要通过考察林权制度改革后出现的资源经营与供给等方面的新问题，解析林木资源供给与经营模式之间关系的实质，并在此基础上探讨集体林区新型林木资源经营与供给模式，为相关制度和政策的形成提供依据。

本书共分十章。第一章和第二章主要介绍了本书的研究背景以及理论基础。第三章和第四章主要以林权制度改革对集体林区的木材供给产生的影响作为研究对象，通过具体的分析林权制度改革对集体林区木材的供给能力和实际的木材产量带来的影响，来寻找林权制度改革与集体林区的木材供给之间的关系。重点对林权改革后集体林区木材供给的主体——农户的经营行为进行分析，揭示林业经营行为对木材供给的影响。第五章和第六章立足南方集体林区全面推进林权制度改革中速生丰产用材林生产经营的现实情况，针对现代林业对集约化、规模化经营的客观要求，采用比较分析、统计分析、案例分析等方法，研究速生丰产用材林木材资源的经营模式。比较了国内外速生丰产用材林发展的特点及我国速生丰产林经营存在的不足，研究分析集体林权制度改革的历史演变及其对南方集体林区速生丰产用材林经营模式变化的影响。通过对林农速生丰产用材林生产经营情况的统计分析和实证研究，提出规模化经营是速生丰产用材林发展的必然趋势，合作经营是实现速生丰产用材林集约化规模化经营的有效途径的观点。同时指出在集体林权制度改革的背景下，合作经营模式是南方速生丰产用材林发展的现实选择。第七章至第十章以林农合作组织为研究对象，设计实现林权制度改革后集体林规模化经营的一种路径。首先从系统的角度分析了林权制度改革后林农生产经营中面临的困难以及林农合作组织的优势，在此基础上分析了林农合作组织的运行模式、规模和类型上的相互关系。然后从非合作博弈的角度对林农合作组织的类型和合作机制进行了研究，通过建立合作联盟博弈模型，分析了林农加入合作组织的利益动机和纳什均衡存在的条件，解释了林农合作组织的稳定条件，得出了林农合作组织的最优规模和不同的分配制度对最优规模和林农合作意愿的影响，并利用基于主体的仿真方法对联盟博弈模型进行了模拟，对不同条件下林农合作组织的状况进行了仿真并提出了相应的政策措施。

本书是林业公益性行业科研专项“基于林改的森林资源可持续经营技术研究”（NO. 200904003）的主要研究成果，是课题组所有工作人员心血的共同结晶，同时得到了众多林业经济管理专家的帮助与支持，参阅和引用了许多前人的研究文献和观点，在这里一并感谢！中国林业科学研究院林业科技信息研究所陈伟博士后在整理研究成果、书稿编撰过程中付出了大量的努力，再次表示特别感谢！在写作过程中，本书作者尽最大努力使研究和表述更加科学，但鉴于研究问题的复杂性以及作者自身水平的局限性，本研究成果定有许多不妥之处，望各位同仁批评斧正！

作　者

2014 年 8 月 18 日

目　录

第1章 研究背景

集体林权制度改革，关系到生态环境建设、林业发展和“三农”问题解决等，但从根本上考察，还是决定着生产力的解放，因此客观上就与木材生产和供给有着紧密的关系。研究这种关系，并通过研究这种关系，为建设国内木材供给安全的制度性保障提供理论依据，有着十分重大的理论和实践意义。尖锐的木材供需矛盾和由此引起的对外依存度的提高等问题，对我国林业产业的安全和发展目标的实现形成了潜在的风险。在此背景下，保障国内木材供给已经成为国家发展的战略需求。因此，如何提高国内木材供给的能力，特别是如何借助于集体林权制度改革充分发挥集体林区木材供给的作用，是关系到未来国家木材安全，关系到整个林业在国民经济中地位的战略性问题，需要进行理论和实践的研究和探索。

南方集体林区由于其丰富的水热条件成为我国“重点地区速生丰产用材林基地建设工程”核心地区，南方速生丰产用材林较其他地区发展更快，产生了很大的经济效益、社会效益和生态效益。但是，随着集体林权制度改革的全面推进，南方集体林区的速生丰产用材林生产经营出现了新的变化，出现诸如林地分散、规模化经营较小、经营风险较大、生态环境恶化等一系列新的问题，在一定程度上阻碍了南方集体林区速生丰产用材林持续健康地发展。

而林农合作组织作为一种常见的合作经营模式，伴随着林权制度改革的进程逐步发展起来，林权制度改革要取得成功，很需要林农合作组织发挥其应有的作用。由于市场信息不对称、经营规模小和资本、劳动力、技术等生产要素短缺的制约，农户在参与农产品市场竞争中居于弱势地位。为了提高农户的市场竞争力，从20世纪80年代开始，各类农民专业合作组织开始在各地出现。随着2007年7月《中华人民共和国农民专业合作社法》的出台，合作组织在“三农”问题的解决中逐渐开始发挥更大的作用。林农合作组织的发展解决了单个农户势单力薄和抵御风险能力差的问题，将林农联合在一起，扩大林业产业经营规模，统筹林木管理，共同抵御市场风险，为林农提供技术支持。林农合作组织的管理范畴涵盖了林业生产的各个环节，所发挥的作用不容小视。

1.1 我国木材供需及战略意义

在我国，森林资源不仅承担着为国民经济发展提供木材等林产品的任务，而且还承担着生态环境的责任。森林资源问题越来越引起世界各国尤其是发达国家的高度重视和广泛关注，与此同时，木材问题也逐渐演变成为国家战略问题。

我国既是一个木材生产大国，又是一个木材消费大国。近年来，我国木材需求急剧增长，已经成为仅次于美国的世界第二大木材消耗国。国内的木材消耗量从1995年的16368.84万m^3增长到2009年的45872.10万m^3，我国国内木材消耗量的增长速度已经稳步超过了GDP增长率。我国国内木材的供给量从1995年的7289.16万m^3增长到2009年的17142.68万m^3，供给的增长远小于需求的增长，并且随着经济继续快速发展，木材的需求也会保持着同样的快速增长，这样将造成木材需求与国内供给不足的矛盾短期内难以缓解。

我国木材资源供给能力不足，主要表现在以下几个方面：首先，国内木材供给的总量、商品结构性、地区结构性短缺问题非常突出；其次，对优质大径级木材资源培育重视不够；再次，我国木材高效利用水平和综合利用率非常之低，仅有63%（发达国家约为90%），废旧木材回收与循环利用不足；最后，我国木材对进口依赖度高。尤其在1998年天然林保护工程实施之后，我国国内木材供需缺口逐年增加，按照近10年我国木材消费平均年增长率3.71%计算，到2020年我国木材消费总量将达到6.78亿m^3，供需矛盾更加突出。与此同时，木材进口的难度逐渐加大。每年我国进口木材类产品的金额仅次于石油、钢铁，位居第三名，木材进口比例在大多数年份都超过了40%，接近国家安全警戒线，并且进口来源集中于俄罗斯、东南亚、南美洲、非洲等国家和地区。随着我国木材主要进口国的相关政策的变化，我国进口原木将面临着更高的经济代价。此外，木材非法采伐及其相关贸易也逐渐成为国际社会关注的焦点。这就导致了我国木材进口的难度越来越大。在今后相当长一段时期内，进一步增加我国人工用材林的木材供给能力是增加国内木材供给的重要途径。

1.2 集体林区承担木材供给的角色和任务

集体林在我国面积大，蓄积低，对于森林资源管理和提供林产品供给，有着非常重要的地位。第八次全国森林资源清查结果为：全国森林面积2.08亿hm^2，森林覆盖率21.63%，森林蓄积151.37亿m^3。人工林面积0.69亿hm^2，蓄积24.83亿m^3。与第七次森林资源清查结果相比，我国森林资源呈现四个主要特点。一是森林总量持续增长。森林面积由 1.95 亿 hm^2 增加到 2.08 亿 hm^2，净增 1223 万 hm^2；森林覆盖率由 20.36% 提高到 21.63%，提高 1.27 个百分点；森林蓄积由 137.21 亿 m^3 增加到 151.37 亿 m^3，净增 14.16 亿 m^3。二是森林质量不断提高。森林每公顷蓄积量增加 3.91m^3，达到 89.79m^3；每公顷年均生长量提高到 4.23m^3。三是天然林稳步增加。天然林面积从原来的 11969 万 hm^2 增加到 12184 万 hm^2，增加了 215 万 hm^2；天然林蓄积从原来的 114.02 亿 m^3 增加到 122.96 亿 m^3，增加了 8.94 亿 m^3。四是人工林快速发展。人工林面积从原来的 6169 万 hm^2 增加到 6933 万 hm^2，增加了 764 万 hm^2；人工林蓄积从原来的 19.61 亿 m^3 增加到 24.83 亿 m^3，增加了 5.22 亿 m^3。人工林面积继续居世界首位。

清查结果显示，我国森林资源进入了数量增长、质量提升的稳步发展时期。这充分表明林业发展和生态建设一系列重大战略决策，实施的一系列重点林业生态工程，取得了显著成效。但是，我国森林覆盖率远低于全球 31% 的平均水平，人均森林面积仅为世界人均水平的 1/4，人均森林蓄积只有世界人均水平的 1/7，森林资源总量相对不足、质量不高、分布不均的状况仍未得到根本改变，实现 2020 年森林增长目标任务艰巨，严守林业生态红线面临的压力巨大，加强森林经营的要求非常迫切，森林有效供给与日益增长的社会需求的矛盾依然突出。

从林地的所有权来划分，目前，我国林地所有权的类型主要有两种：一是集体林；二是国有林。但是长期以来，我国的集体林地生产效率不高，导致了集体林地的经济价值没有得到充分的利用和体现。在我国，集体林地的平均蓄积量只有全国平均森林蓄积量的一半多，与世界平均森林蓄积量相比差距更大。低蓄积量和低林地产出，充分说明了集体林业经营绩效的低下。而集体林权制度改革必将推动我国林业生产体系的现代化，从明晰产权到林地经营方式的转变，木材流通效率的提高，林产品加工制造业的发展，都将极大地促进我国林业生产社会化与木材供给的规模化，最终将实现我国木材供需的协调与平衡，林业产业的健康发展。寻找有利于提高木材供给能力和社会程度的改革因素以及相关体制机制的建设等，必将成为集体林权制度改革进一步深化的必然要求。

1.3 集体林权制度改革的性质和目标

集体林权制度改革是以明晰林地使用权和林木所有权、放活经营权、落实处置权、保障收益权为主要内容的综合性改革。主要包括两层涵义：一是依法实行农村集体林地承包经营制度，确立本集体经济组织的农户作为林地承包经营权人和林木所有权人的主体地位，逐步解决集体林权纠纷、林权流转等存在的历史遗留问题，维护农民和其他林业经营者的合法权益；二是依照《中华人民共和国物权法》《中华人民共和国农村土地承包法》《中华人民共和国森林法》等法律规定，完善制度建设和深化林业体制机制改革，保障农民和其他林业经营者依法占有、使用、收益、处分林地林木的权利。

第一，集体林权制度改革意义重大。集体林权制度是通过稳定和完善农村基本经营制度，来解放和发展农村生产力。同时，为促进农民就业增收创造了重要的条件，增加了农民的资产。再次，集体林权制度改革还是建设我国生态文明的重要内容。最后，集体林权制度改革为我国发展现代化的林业提供了强大的动力支持。

第二，集体林权制度改革的本质是解放林业生产力。集体林权制度改革本质上是制度性变革，是继家庭联产承包责任制之后的，农村土地制度的又一次深刻变革。集体林权制度改革旨在通过改变林业生产关系来解放长期以来落后的林业生产力。集体林权制度改革本质上是解放集体林区的林业生产力，在增加农民收入的同时，保护生态公益林，提高商品林的生长量，增加林木的蓄积量，在保证森林生态效益的同时，改善国内的木材供给能力。

第三，集体林权制度改革要达到的最终目标是实现农民增收和林业发展现代化。集体林权制度改革的目标是通过分山到户，拓宽农民就业增收的渠道，增加农民经济收入，对于解决“三农问题”具有重大帮助；集体林权制度改革的最终目标是实现林业现代化发展，使森林在发挥最大经济效益的同时，生态效益也能得到最大的实现。

1.4 研究目的

本书首先需要揭示林权制度改革对我国集体林区木材供给产生的影响，通过理论分析与实证分析，探索增加我国集体林区木材供给的林权制度改革路径，以提高集体林地的木材生产，增加国内木材供给，缓解我国日益突出的木材供需矛盾。本书将这一问题拆分成五个基本问题来分析集体林权制度改革影响木材供给的路径：第一，理论分析集体林改、森林采伐限额与集体林区木材的短期供给和长期供给的关系是怎样的？第二，木材的长期供给主要看森林资源的丰度，那么林权改革是否会促进集体林区森林资源的增长，尤其是对用材林会产生怎样的影响？第三，林权改革是否促进了集体林区农户对用材林林地的投入？第四，林业确权、发放林权证、家庭承包经营对集体林区农户木材采伐的影响如何？第五，增加集体林区木材供给能力的新制度设计应当是什么样的？通过回答以上的问题，可以分析出在深化集体林改的制度设计中，应该加强哪些方面的政策，增加哪些方面的政策或者弱化一些并未发挥作用的政策。

在理清集体林权改革与我国木材资源供给之间的关系之后，本书将针对新形势下南方集体林区速生丰产用材林经营出现的新情况和新问题，着重对其经营模式进行深入研究，探寻在林权制度改革的历史机遇下，如何有效地促进速生丰产用材林的持续健康发展。在研究林权制度改革对南方速丰林经营模式的影响当中提出了合作经营的现实意义，意图证明合作经营是实现林改后林地规模化经营的一种理性选择。最后，在当前林权制度改革的背景之下，借鉴农业合作组织已有的成功经验，深入探析林农合作组织的现状及存在的问题，并探寻问题的解决对策，从而推动林农合作组织的快速发展，对于提升集体林权制度改革成效以及加速林业发展都具有非常重要的现实意义。

第 2 章

研究综述和理论基础

2.1 木材供给方面

2.1.1 国外木材供给的研究综述

最早对木材供给这一问题进行系统研究的是格雷戈里，他于1966年在做“国际木材消费的横向分析”时，提出了“森林资源可获系数”，是指森林可被采伐利用的难易程度，假设它可以代表木材生产成本，那么森林资源和它的可获取程度是决定木材供给的主要因素。Vaux(1970)在《我们需要多少土地供木材生产》一文中通过分析将来需要多少土地供木材生产，以及通过增加营林投入，加利福尼亚州是否能够避免日益增长的木材短缺。Vaux 首先假定如果所有的商品林地充分发挥其木材生产能力，然后计算加利福尼亚州木材生产潜能，才能在计算生产潜力时，考虑营林管理。因此 Vaux 考虑了营林成本和可能增加的木材产量。

为了求得营林成本和可能增加的木材产量，Vaux 提出以下假设：①从公共利益出发，税赋是转移支付而不是真正的生产成本；②所有林种在不同的地位级下的轮伐期都是70年；③木材采伐前，每10年的商业性抚育间伐材，计算在收益当中；④在不同立地条件下，营林成本低的树种优先于生产木材。

利用 Faustmann 公式，他计算出每一类型地位级的单位木材生产成本，根据营林成本低的树种先生产木材的假设，按照平均营林成本的高低，排出“树种—地位级”序列，并建立长期供给函数。这个函数表明了在等于或者低于最大单位木材产出成本的情况下累计木材产量，也提供了“投入—产出”关系，并用这个函数来计算长期木材供给。同时还可以利用这个函数来预测在不造成长期木材供给短缺的情况下，应该有多少林地用于木材生产，在这些土地上，木材的市场价格至少应涵盖单位木材最大生产成本。

最后，Vaux 估计了长期木材需求，并与之前预测的供给进行比较，在此基础上进行政策的评估。值得说明的是，该研究对不同立地指数树种都确定了统一的轮伐期和单位经营成本，经营成本等假设就可能无法反映一些效益更高的“树种—地位级”的经营状况。另外，该研究所作分析是静态和定性的，对于不确定因素的影响并没有太多的关注，比如自然灾害和木材采伐经营管理成本变化。

Adams(1974)运用美国原木、板材等的季度数据通过市场模型来分析美国主要林产品的供需关系，研究结果发现用该模型来研究美国林产品市场准确性较高，不同的林产品在不同时期的价格变化趋势不同，但是原木会呈现出持续增长的势头。Adams & Haynes(1980)利用林务局开发的木材市场评价模型[Timber Assessment Market Model(TAMM)]，对主要林产品在未来10~15年的消费情况、生产状况以及价格变化进行了预测，同时也预测了这期间森林资源的状况，并评价了当时的林业政策。斯泰罗曼等(1986)利用35个国家的数据，在合理假设下，通过建立木材需求和供给模型，分析了影响森林资源、林产品价格和国民收入的因素，该研究认为：产品价格、森林资源的丰富程度是影响一个国家木材供给的主要因素；产品价格和人均收入是影响需求的主要因素，他还认为需求和供给是相互影响的，必须将需求和供给放在同一个系统中来进行研究才能得出准确的结论。Sedjo & Lyon(1990)建立了木材供给模型（TSM），随后在1996年进行了改进(TSM96)，用于木材价格和木材贸易的预测。

2.1.2 国内木材供给的研究综述

曹建华指出我国木材的供给由商品林的集约经营与粗放经营两部分供给所构成。集约经营的边际成本主要是受作业费用的影响，受边际收益递减规律的约束，随着投入的追加，边际产出量递减，因而边际生产成本上升；粗放经营的边际生产成本主要是受准备费用与运输费用的影响，随规模扩大，距离的增加，产出量增加，准备费用与运输费用增加更多，其边际生产成本上升。

王菊芳(2008)针对我国木材资源供给的现状，分析了我国木材供给中存在的问题有：森林资源总量不足；人工林产量低，树种单一；木材综合利用和循环利用能力弱等几个方面。并在此分析上提出我国木材供给的方略：大力发展人工林，提高人工林质量；开发海外可持续森林培育基地；厉行节约，发展循环经济；加快科技成果转化，提高木材综合利用率；加强木材防腐保护，提高产品质量；多管齐下，开发木材替代产品。

缪东玲(2010)通过对比分析2010年国际森林资源及其木材供给能力，指出我国森林面积净增加，我国森林覆盖率增加较快，我国人工林面积不断增加，居世界首位。全球森林的木材总供给能力变化不大，木材采伐价值高而不稳。我国木材供给的能力增长仍远不能满足需求的增长，木材供需矛盾加剧。提出：大力增加森林面积仍是我国森林资源扩张的重要途径。通过努力改善森林经营提高森林质量和森林生产力，来增加我国国内的木材供给能力。

中国林产品贸易中心(北京林业大学，2011)关于中国木材战略储备的课题研究，首先，通过林产品分类研究了国内木材供给的状况，指出国内的木材供给主要集中于东部沿海地区，其中一些重要的地区是国内的重点集体林区；其次，通过分析木材进口的状况发现在1998年天保工程实施以后，中国2009年对木材的进口增长为1995年的7倍多，原木的进口日益扩大；再次，通过分析国内的木材消耗状况和出口状况，得出了国内木材需求状况；最后，通过比较供需，得出我国供需矛盾日益突出，进口依存度过高，国内人工林木材供给能力低下等问题。

2.2　农户投入行为方面

2.2.1　国外关于农户投入的研究综述

2.2.1.1　农户的农业投入行为

从金融变量是否会对农户的生产性投资行为产生影响，对农户农业投入行为可以分为调整成本理论学派和强调金融变量学派(Steigun，1983)。除了融资等因素，资金的使用成本对于农业投入产生了重要影响(Lewis等，1988)，但是农户的收入水平对于他是否进行农业投入却影响不大(贾丁，2004)。国外关于农户投资行为的实证经济是从1990年开始大量涌现的，主要集中于对非农收入、贴现率、成本以及农产品价格对农业投入产生的影响。一项关于非洲农业投入的研究表明非农收入与农业投入呈现出负相关的关系，但是有时候非农收入也会被用于农业投入中(Reardon，Thomas；Crawford，Eric；Kelly，Valarie，1994)。此外农地投资回报率与商业周期资本市场的风险程度以及现实的贴现率之间都存在着相关性(Bjomson，Bruees，1995)。一项关于荷兰农业投资的研究认为资产资本比、贴现率、成本以及农产品会对农业投资产生影响，而农户的家庭储蓄与农业投资之间没有相关性(Gruyter，1996)。也有研究从发展中国家信贷条件出发，认为在发展中国家农户的生产性贷款主要从非正规的组织获得，因此资金的获得性与农业投入之间存在负相关关系(Upton Martion，1996)，但是他忽略了在发展中国家小农生产占了农业生产的大多数，他们的投资金额少，受到信贷约束的可能性不如发达国家大。

除了市场因素和资金因素外，产权也会对农业投入产生影响，产权的不稳定性会造成农户减少对农地的累计投资和为了改良土壤而进行的投资(Feder等，1989；Jacoby等，1995)，以为投资具有风险，只有在投资回报率大于时间偏好率的时候，才会产生投资，而产权的不稳定会降低投资的回报率，对农地投资产生不利影响(Upton，1996)。从以上研究可以看出，产权的稳定性既能影响农民的投资意愿也影响投资的数量。

2.2.1.2 农户的林业投入行为

国外学者对农户林业投入行为也给予了较多的关注和研究。林地的立地条件、木材价格、利率以及家庭特征和技术援助都会对林业投入产生影响。林地的立地条件对造林活动会产生重要影响(Zhang & Pearse, 1997)。此外,木材的价格、利率、家庭特征和技术援助都是影响美国的林地所有者进行造林投入的重要因素(Royer, 1987; Newman & Wear, 1993; Zhang & Flick, 2001)。关于产权制度对林业投入产生的影响,国外的学者也进行了大量研究。和农地类似,产权对林地投入同样产生重要的影响,拥有安全土地产权的期限越长,产权越清晰,所有者获得的经济收益就越多,农户进行林业投入的可能性就越高(Zhang & Pearse, 1997)。制度同样会对林地投入和利用产生影响,一项基于我国海南的研究表明林地私有化并没有带来热带雨林面积的增加,主要是因为我国在经济发展初期大量采伐使用原始森林造成了森林资源衰退。

2.2.2 国内关于农户投入的研究综述

2.2.2.1 农户的农业投入行为

国内的研究结论与国外基本一致,农户的家庭收入、农地的收益回报率、土地规模以及土地产权的稳定性都会对农户的农业投入产生重要影响。农户家庭的经济收入水平与他林业投资之间存在着正相关性,随着农户收入水平的提高,他对农业投资的倾向也越大,所以不断增加农户的收入是提高农户对农地投资量的最优保障(郭敏、屈艳芳, 2002),农地的收益回报率会对与单位耕地的投资之间存在着正相关关系,农地规模与农户的投资具有负相关关系,增加农户经营的农田规模对导致农户对单位耕地投入量减少,在现有的经济水平下,不应在较大范围内提倡扩大土地经营规模;农业贷款资金的获得会对农地投入产生较强的正向影响,农业信贷资金量直接决定着农户农业投入的资金量;最后,她们指出农户土地使用权的稳定性对农户投资行为起着最重要的作用。但随后一项利用全国31个省(自治区、直辖市)面板数据展开的研究表明:农户的总收入、工资性收入、税费支出以及家庭经营非农产业的支出对于农户的农业投资具有显著的影响,并没有发现土地规模对于农户农业投入会产生影响(辛翔飞、秦富, 2005)。

在改革开放以后,随着市场经济的发展,农户家庭经营逐渐多元化,由过去单一的农业经营到兼营农业,兼营非农业等模式,在这一转变过程中,农民的收入有了飞跃式的提高,加速了非农化进程,而农民在收入增加后又加大了对农业的投入,同时非农就业机会也极大地影响了农户的农业投入总金额。随后的一些文献研究发现,非农就业促进了农村剩余劳动力的转移,增加了农户的家庭总收入,促进了农业投入的总金额。魏微等的研究发现农户投资于农业不仅效率低,而且风险大，所以农户投资非农化是大势所趋。

2.2.2.2 农户的林业投入行为

国内关于农户林业投入行为的研究是从集体林权制度改革以后开始大量涌现的。由于林改后林农作为林地的经营者和林产品的供给者，其林业的投入行为引起了广泛的关注。影响林业投入的主要因素有林地立地条件、农户的家庭特征产权制度因素以及其他的约束条件。林农家庭特征、林地立地条件、现行的林业管理制度和市场因素等都会对林农林业资金投入行为产生较大影响（黄安胜，2008；罗金等，2009；詹黎锋等，2010；刘小强，2010）。农户居住的村庄的位置、家庭收入水平、户主自身的特征以及人际关系对于农户用材林的投入有较大影响，而区域特征及基础设施条件会对竹林的投入产生较大影响（郭艳芹，2008）。林业收入、对林业是否熟悉和资金获得性等因素对农户造林产生正向影响，而劳动力、工资性收入、造林风险和林产品销售情况等与林农造林投资呈负相关关系（刘璨，2005；詹黎锋等，2010）。此外，产权因素对造林面积和森林蓄积都会产生重要影响。林业产权安全与否是影响农户造林的重要因素，那些拥有林地产权安全性高的农户会更愿意进行造林（刘璨，2005），同时产权的完整性越高，安全性越高，对于林地的可持续经营越有利，林地的规模效应能节约资金投入，提高林业的投资回报率（刘小强，2010）。

2.2.2.3 影响林业投入行为的主要因素及研究方法

根据以上的综述可以看出林改对于促进农户的林业投入意愿和林地总投入额起到了积极的影响，影响农户林业投入的主要因素归纳见表2-1。可以看出，现有研究分析了林改后林权的稳定性、交易权和抵押权以及经营方式对农户投入的影响，而林下资源的使用权、发放林权证等对农户林业投入行为产生的影响并没有文章对其进行研究。此外，现有的研究都是以地块为样本进行实证分析，如果没有进行家庭层面的标准误调整，可能造成一些偏误。

使用的研究方法主要有：①直接使用经验模型对影响林地投入的因素进行分析，其中以Probit模型、Logit模型以及Heckman两阶段模型为主。②先建立理论模型，在此基础上推导约简式进行实证分析。先分别建立造林市场的供给和需求的理论模型，再由此推导出约简式进行估计。这类模型一般假设农户经营林地是以利润最大化为基础，没有将造林投资的长期性考虑在内。③以效用最大化框架为基础，效用不仅可以从收入中获得，也可以从森林的非市场环境舒适利用中获得。这一方法以个人偏好为基础，需要详细的微观数据，国内这种方法的使用不多，主要是因为我国的林地使用者对森林的环境效益理解不深，更多的考虑还是关于森林的经济价值。④ Faustmann模型，最大化森林预期收益的净现值是似有林经营的基础，可以考虑多期情况。国外四种方法的使用都比较普遍，根据研究的侧重点不同使用合适的方法，而国内的研究方法多为第一类经验分析。

表 2-1 农户林业投入行为的影响因素及影响方向

Tab. 2-1 Factors that influence the invest on forestland

影响因素	具体内容		影响方向	解释
主体因素	户主特征	年龄	+/-	年龄越大或者越小，投入可能性越低
		受教育程度	+	
		是否党员、干部	+	
	非农就业比例	非农就业人数/总人口	-	非农就业比例越高，从事林业生产的机会成本越大
客体因素	林种	用材林	+	
		竹林	+	
		林地规模	+	林地面积越大，投入越多，但是单位面积的投入量减少
	林地立地条件	林地自然条件	+	
		林地所处地理位置 离家距离	-	
		林地所处地理位置 离公路距离	+/-	离公路距离太近，可能遭到乱砍滥伐现象，降低农户投入
约束因素	产权条件	稳定性	+	
		交易权	+	
		抵押权	+	
	经营模式	家庭经营	+	家庭经营与木材林投资规模负相关
		联户经营	+/-	联户对木材林投入有正向影响，对竹林投入有负向影响
		小组经营	+/-	小组经营的林地投入改变不明显
		市场流转经营	-	
		集体统一经营		
	信贷约束	固定资产价值	+/-	家庭经济实力会影响林业投入的数额，若农户主要从事其他生产，又会降低对林业的投入
		信贷条件	+	
	采伐限额		-	

2.3 农户木材采伐行为方面

2.3.1 国外关于非工业林地经营者木材采伐决策的研究综述

国外关于影响非工业林业生产者的木材采伐决策因素的研究归纳起来主要有六个方面：

(1)市场激励。有的研究认为活立木价格上涨会导致非工业私有林地所有者采伐增加（Adams & Haynes，1980；Binkley，1981；Boyd，1984；Hollnes，1986）。也有研究认为价格增加降低了非工业私有林采伐的可能性（Hyberg &

Holthausen，1989），非工业私有林所有者在采伐上对名义价格比真实价格反应更大，这一现象的产生可能是因为非工业私有林所有者对真实价格膨胀滞后引起的。活立木价格对采伐的影响的结论一般是显著为正。

（2）家庭收入水平。农业收入与农户木材采伐倾向和实际采伐水平都呈现出正相关关系，而工资收入水平则与木材的采伐倾向和实际采伐量都表现出负相关的关系，别的收入越高，会刺激农户进行木材采伐，但是非财产收入却对采伐觉得和采伐量产生负向影响（Stale Stordal 等，2008），整体而言，收入水平越高的农户越不可能进行木材采伐（Binkley，1981；Holmes，1986；Hyberg & Holthausen，1959）。

（3）林地立地条件。主要包括拥有林地面积、地块规模等因素。林地的地块规模对森林抚育实践的影响很大，因此为了使财产休耕的地块的细分预计会增加财产抚育成本，并减少采伐（Healy，1985），与大块土地相比，小块土地更不可能被采伐（Binkley，1981；Holmes，1986；Hyberg & Holthausen，1959）。

（4）技术援助。若技术援助越多，则木材采伐水平越高，因为若林地拥有森林经营规划，那么它的所有者获得的技术支持和财政援助就越多（Gan & Kebede，2005）。森林经营规划既增加了采伐的倾向，也增加了采伐的水平（Stale Stordal，2008）。

（5）农户自身特征。主要包括年龄、受教育水平、职业等因素。年龄增加对采伐决策有负向影响（Stale Stordal，2008），土地所有者的职业对木材采伐有显著影响。更高教育水平，这可能与收入高度相关，与采伐负相关（Binkley，1981；Boyd，1984）。

（6）制度和政策因素。森林权属、造林契约以及林业管理体制对木材供给产生的影响（Shashi Kant，2003），大量的研究表明产权权属对木材采伐有显著影响。

也有研究通过建立农户效用函数对非工业所有林所有者的木材采伐行为进行分析。森林产生效用包括两个方面：采伐木材获得的经济收入带来的效用和活立木带来的休闲娱乐效用。根据实地调研数据将非工业私有林所有者分为三类，分别是只在乎经济收入的人、既在乎经济收益同时又享受森林游憩的人和只注重森林休闲娱乐效用的人，分别针对这三类人群，实证分析了其行为的影响因素（Theodore，2008）。

2.3.2 国内关于农户木材采伐的研究综述

国内关于农户木材采伐的研究多数为直接进行实证研究，研究结果大致相同，自留山、使用权越稳定、木材价格、林龄、林地立地质量、贴现率、成本是影响农户木材采伐决策的主要因素。农户更愿意在自留山上采伐林木；使用权的稳定性对木材采伐决策负相关，木材价格、林地立地条件以及林龄都与木材采伐量正相关(王洪玉，2009；嫣哲，2008；尹航，2010)。木材价格、贴现率、林地经营面积和立木蓄积量变化会引起短期木材产量同方向变化，植树成本的变化则会引起短期木材产量反方向变化。此外制度安排和产权也对木材采伐产生影响，林权制度改革会促进南方集体林区短期木材供给的增加(嫣哲，2008；尹航，2010)，由于林改后赋予了林农更加完全和稳定的林地经营权和收益权，林权改革显著增加了木材的采伐量，对木材市场的供给起到了积极的促进作用，但对于改革前后产权制度变化不明显的竹林则不存在显著影响(尹航，2010)。

2.3.3 主要观点总结及研究方法归纳

根据现有研究可以看出，影响农户进行木材采伐决策的主要因素包括：①木材价格。木材的市场价格对采伐的影响是显著为正的。②农户家庭资源财富特征。主要包括了财产的规模、林地的面积、林地的块数以及家庭的收入等因素。其中财产规模、林地面积和农业收入对采伐决策有正向影响；工资收入对采伐决策有负向影响，其他财产收入对于采伐决策的影响不确定；与大块林地相比，小块林地被采伐的可能性较小。③技术援助。研究结果表明技术援助与木材采伐一般为正相关。④农户自身的特征。主要包括年龄、受教育水平、职业等。年龄增加对采伐决策有负向影响，职业对采伐决策有显著影响，受教育水平与木材采伐有负相关关系。⑤制度和政策因素。一般来说产权越稳定，短期进行采伐的可能性越小。采伐限额制度对于木材采伐决策具有显著影响。森林经营规划对于木材采伐决策影响显著。

对这一问题的研究方法有两种：①农户效用最大化，国外关于非工业私有林农户采伐决策的研究基本都采用的是这种方法。一般农户效用分为两部分：一部分为采伐木材获得经济收益的效用，另一部分是森林的休闲娱乐价值带给农户的效用。②实证分析，主要有 Probit 模型、Logit 模型、Tobit 以及 Heckman 两阶段模型。

关于农户木材采伐决策，国外的研究较多，一般是基于农户视角，需要大量的微观数据进行实证分析。国内关于木材采伐决策的研究较少。

2.4 关于林权制度改革

2.4.1 关于林权、集体林权的研究综述

2.4.1.1 林权的界定及其特征

按照林权的形式，林权主要有国家产权、共同产权、私人产权和自由产权等

四种形式，在我国林权形式按照权利的源属，主要分为国有林和集体林两种(肖平等，1995)。还有研究通过归纳林权具体的权属，将林权分为：①林地所有权；②林地使用权；③林木所有权；④林木使用权；⑤林产品权；⑥采伐权；⑦景观权；⑧品种权；⑨补偿权；⑩继承权等十种产权属性(张海鹏等，2005)。此外，也有研究认为，林权是指权利主体对森林、林木、林地的所有权、使用权、收益权和处置权。其中，所有权是指森林、林木与林地的归属权；使用权是指林权所有者或者其使用者对林地和林木加以利用，获得经济收入来满足生产和生活需要的权利；收益权是指林权所有者或者使用者在对林地和林木的经营过程中获得收益的权利；处置权就是农户对拥有所有权或者使用权的林地进行处置的权利(刘小强，2010)。

有研究认为森林资源产权主要具有的特征主要有排他有限性、外溢性、产权的整体相关性以及产权内容的丰富性(黄李焰等，2005)。除此之外，还有研究认为林权具有不可无限分割的特征以及林权的难交易特征(乔永平等，2007)。

2.4.1.2 集体林权的界定及其特征

集体林产权，即集体林权，就是指集体所有制的经济组织对本单位的森林资源所享有的占有权、使用权、收益权和处置权。集体林权是一个集合概念，通常理解为是由森林、林木、林地所有权组合而成的权利束，其中林地所有权归劳动群众共同享有，而林地使用权可与林地所有权相分离，在集体林承包经营中，经营者行使的是集体林地的使用权，所有权性质不变(刘小强，2010)。集体林权的特征主要有：林权的“外部性”。这是林权区别于其他产权最重要的经济特征。林权特殊的约束性。由于森林肩负着为社会提供生态效益的使命，致使林权的约束性较一般产权更为明显。林权界定、保护的困难性。林权交易的复杂性。林权收益预期的不确定性。

2.4.2 我国林权制度变迁历程的研究综述

对我国集体林权制度改革的进程，学术界看法不同，总结起来，有四阶段说、五阶段说、六阶段说(黄李焰等，2005)和八阶段说(柯水发等，2004)，具体划分见表2-2。其中具有代表性的是五阶段说。支持四阶段说认为新中国成立后集体林区产权制度经历了土地改革、农业集体化、“四固定”和林业“三定”等四次重大的变革(徐国祯，1998；陈幸良，2003)。林业政府部门认为我国集体林权制度改革或者说整个林业改革，大体上经历了五个阶段(贾治邦，2006)。

2.4.3 关于林权制度改革动因的研究综述

现有的关于林改动因的研究，主要是从现有的林权制度存在的问题出发，提

表 2-2 我国集体林权制度改革历程划分

Tab. 2-2 The different stages of the collective forest tenure reform in china

八阶段说	六阶段说	五阶段说	四阶段说
①1950 ~ 1952 年土改时期 ②1953 ~ 1956 年初级农业合作化时期 ③1956 ~ 1960 年高级农业合作化时期 ④1960 ~ 1980 年人民公社及“文化大革命”时期 ⑤1980 ~ 1991 年林业三定改革时期 ⑥1992 ~ 1998 年林业股份合作制和荒山使用权拍卖试点时期 ⑦1998 ~ 2003 年林业产权制度改革突破时期 ⑧2003 年至今林业产权制度改革深化时期	①1950 ~ 1952 年土改时期 ②1953 ~ 1956 年合作化时期 ③1957 ~ 1980 年人民公社时期 ④1980 ~ 1991 年“三定”改革时期 ⑤1992 ~ 1998 年林业股份合作制和荒山拍卖试点时期 ⑥1998 年至今森林资源产权制度改革突破时期	①1950 ~ 1952 年土改时期 ②1953 ~ 1956 年初级农业合作化时期 ③1956 ~ 1981 年高级农业合作化时期和人民公社时期 ④1980 ~ 1991 年“三定”改革时期 ⑤20 世纪 90 年代初至今改革阶段	①1950 ~ 1952 年土改时期 ②1953 ~ 1957 年合作社时期 ③1958 ~ 1980 年农村集体化时期 ④1981 年至今林业“三定”以来

出林改的必要性和改革的方向，例如：中国集体林权制度改革的动因在于过去改革的思路混乱：一是对土地问题复杂性的认知不明。二是在林地、林木权属以及利益分配等问题上长期存在分歧。也有学者认为林业产业的发展和国内木材供给的不足是导致集体林权制度改革的一个动因(刘金龙，2006)；也有研究认为导致林业产权制度变迁的原因是对木质林产品以及森林资源需求的增长和林业外部环境的变化(乔永平等，2007)。

还有一些研究从制度变迁的角度对林改的动因进行了分析，对林业诱致性制度变迁和强制性制度变迁进行了比较(表 2-3)，通过构造一个林权制度变迁的动

表 2-3 林业诱致性制度变迁与强制性制度变迁的比较

Tab. 2-3 The comprision of induced institutional change and the forced institutional change

比较项目	林业诱致性制度变迁	林业强制性制度变迁
供给者	林农、林业企业、林业组织	国家政府、林业管理部门
变迁载体	林业经营行为实验或示范	林业行政命令、经济政策和法律法规
变迁方式	自下而上	自上而下
变迁特征	自发性	强制性
变迁目标	个人利益或团体利益的诉求	政府或林业部门目标的实现

因模型，指出林业资源稀缺是原始动因，林业利益的驱动是根本动因，林业经济效率的激励是重要原因，林业外部环境变迁和林业需求的变迁也是推动林业产权变革的原因（柯水发、温亚利，2008）。

现有的研究从一般意义上对林改发生的原因给出了一些解释，对于理解林改的必要性有所帮助，但是这些解释都没有体现出此次林改的特殊路径。他们分析了福建、江西等林改先行省份的林改动因主要是由于林业"三定"改革后，村集体林地的控制权掌握在少数人的手中，导致了对林地的监督和约束的弱化，林业剩余增加的同时，对社区内林业产权安排不满的农户在林业利益凸显时，就呼吁森林权益的重新安排（张海鹏、徐晋涛，2009）。也有研究认为农户通过各种渠道甚至是激化矛盾的极端措施反应对森林权益的需求，农户要求林改的强烈愿望是导致林改的原因，此时，地方政府出于改善村财政状况的目的（通过收取林业税费来增加村财政收入），也有较强的动力进行林改（张红霄等，2007）。综上所述，此次林改是诱致性制度变迁和强制性制度变迁共同作用的结果。

2.4.4　关于林权制度改革的绩效评价的研究

随着新一轮林改的不断深入发展，对于林改绩效评价的研究也越来越多。但是由于新一轮的林改开展至今也不到10年时间，而且很多研究的调查数据都是在林改开始后的2、3年内获得的，因此对于绩效评价并不准确，或者说短期内林改的绩效可能还没有表现出来。从现有研究开看，森林资源状况和农民收入是此次林改绩效评价的核心。具体来说，宏观方面主要集中在其对森林资源产生的影响；微观方面主要有林改对于增加农户收入带来的影响，林改对于增加造林面积的影响以及林改对于农户林业投入的影响等几个方面。

2.4.4.1　关于林改对森林资源影响的研究

国家林业局新闻办公室（2007）一项在福建、江西、辽宁、浙江四省开展的调查表明，林改后，劳动力要素、资金要素、技术要素和市场要素都向林地聚集，从而促进了森林资源的增长。裘菊等（2007）通过实证研究表明，林改以后农民的造林积极性增高，造林面积有较大程度的增长，林业经营可持续增长的趋势初步显现。刘小强（2010）通过实证分析集体林权制度改革对森林面积和森林蓄积量的影响进行研究，分析了林改对森林资源的影响，实证分析结果表明，林改对于森林面积和森林蓄积的增加并不显著，但是这可能是由于他在研究中用的是2005～2006年的调查数据，改革距离调查的时间太短，长期效益还没有显现出来所致。此外，该文认为虽然没有证据表明林改以来森林资源遭到了破坏，但是木材采伐和造林之间的平衡关系还是应该受到关注。陈永富等（2011）以江西省武宁县为研究对象，利用林改前后两次森林资源规划设计调查数据，对林地面积、森林蓄积、森林覆盖率，按林种、年龄、优势树种、起源、权属的森林面积、蓄积构成，单位面积蓄积量等变化进行分析。结果表明：林改促进了森林资源数量的增加和质量的提高。

关于林改对森林资源影响的文献相对较少，并且使用的研究方法多为统计型分析，在仅有的少量实证研究中，使用的方法主要有双重差分模型(DID)。DID (difference-in-differences model)被广泛应用于政策分析和工程评估中，一般用于评价政策或者工程实施的效果——对作用的对象带来的净效应的一种计量分析方法。基本思路是选择两组样本进行调查，一组为政策实施的对象，称为“实验组”，另一组为没有实施该政策的样本，称为“对照组”。通过计算实验组在政策实施前后同一指标的变化，得到时间趋势和政策带来的共同效果，用这个差值减去对照组在政策实施前后的同一指标的变化量(即由于时间趋势带来的效果)，就可以得到由于政策实施而产生的净影响。但是由于本书数据的限制，DID 这一方法并不适用。

2.4.4.2 关于林改对农民收入影响的研究

现有的实证研究基本都证实了此次林改后，农民的收入都有了较多的增加。李娅等(2007)采用参与式农村社会调查方法对江西省 3 个村进行实地调查后，指出林改后农民收入的增长主要来自于木材和毛竹等林业收入的增加。孔祥智等(2008)运用对福建永安的实地调研数据，发现林改后农户的收入提高主要有两个原因：一是直接经营林业的收入提高了；二是林业产业对富余劳动力的吸纳能力增加，带给了农户收入增加。孔凡斌(2008)通过分析江西省林改统计专项调查资料，发现农民林业收入提高主要有三个：一是家庭林业经营收入的上升；二是工资性收入的增加；三是农户进行森林资源流转带来的收入。王文灿(2009)运用实地调研数据的分析，却指出林改后农民的林业收入虽然有了较快的增长，但是与其他行业相比，林业对农户收入增长的贡献率并不高。刘小强(2010)在其博士论文中运用 8 省的实地调研数据，在描述性统计的基础上，结合实证的方法分析了林改对于农民收入的净影响。结果表明从 8 省范围整体来看，林权制度改革对农民收入的增加并不显著，但是在福建和江西这些林改的先行省份，林改对农民收入的促进作用较大，在不同省份，林改的效果有较大的差别。房风文(2011)从理论和实证两方面对福建省永安市林改的政策效果进行了分析，指出林改对农户收入有显著的正向影响。

2.5 森林采伐限额制度

2.5.1 国外私有林采伐管理

由于森林资源具有环境效益，很多国家都对森林采伐进行了限制，以减少对资源的消耗。美国对私有林的管理主要依靠法制化管理，各州进行立法，并施以资金资助和奖励的方式促进私有林主进行林地经营和更新，同时国家对受到资助的私有林经营者进行技术指导和验收(李剑泉，2009)。一般而言，州立法要求私有林经营者在采伐后必须进行林地更新，或者保留一定数量的母树进行自然更新，对于采伐的最大面积以及林产品的运输也有规定。德国有一套完整的森林资源管理体系，私有林经营者在不违反法律的基础上，森林采伐和林产品的运输不需要审批，具有较大的经营自主权利，但是德国禁止大面积的木材采伐，提倡以择伐为主的采伐方式(李剑泉，2009)。新西兰实行森林可持续经营计划许可证和年采伐计划审批制度，对天然林和人工林进行分类管理。私有的天然林必须提供可持续经营计划，同时还需持有政府的采伐许可证方可进行原木采伐；而私有的人工林采伐的自主权利较高，只需在采伐前向农林部申报备案即可(何友均，2009)。芬兰的森林主要是私有林，占到全国森林面积一半多，对私有林采伐的管理方法与新西兰相似，私有林主具有较大的采伐自主权，在进行采伐前仅需申报备案即可(李剑泉，2009；褚利明等，2011)。瑞典立法规定私有林主在进行木材采伐前，需向国家林业局下属的区域林业委员会提交申请，在采伐后要进行造林更新(根据林地的立地条件选择自然更新或者人工更新)，并对新造的林地进行抚育(李近如等，2003)。

2.5.2 我国森林采伐限额制度

在20世纪40年代，由于我国在新中国成立后面临着经济发展的急迫任务，国家制定优先发展工业的政策，利用计划手段制定经济发展战略，此时森林资源被大量开发利用，支持国家的经济建设，这种过度开发利用森林资源的局面持续了30年左右，造成了我国森林资源的耗竭，生态环境也随之恶化，这种以牺牲生态换来的经济增长方式最终引起了国家和人民的重视，为了保护森林资源，实现林业的可持续经营，我国在1985年开始实行森林采伐限额制度，按照森林采伐消耗低于森林生长的总原则制定年度森林采伐计划，实行凭证采伐。此后，森林采伐限额制度一直在我国的森林经营和林业发展中扮演着重要的角色也成为学术界研究的热点问题。对于森林采伐限额制度是好是坏也一直是学术界争论的热点话题，这种争论主要集中于：一方面森林采伐限额制度在总量上控制了木材的采伐量，对森林资源的增长和保护以及其生态效益的发挥起着重要的作用；另一方面由于采伐限额制度高昂的执行成本和这项制度自身与林业经济的发展存在的矛盾，导致了其严重阻碍了林业经营效率的提高。随着我国林改的开展和深入，采伐限额制度与林改后的林业经营也产生了众多的矛盾。

2.5.2.1 森林采伐限额制度存在问题的研究综述

第一，森林采伐限额制度自身的问题，主要表现在三个方面。

(1)森林采伐限额编制方法的科学性及指标的分配遭到质疑。森林采伐限额制度本身存在的问题主要在于森林采伐限额的编制依据以及编制方法的科学性和准确性受到广泛质疑。在编制采伐限额时，森林的生长量是确定年伐量的主要依据，要全面考虑受灾的林木损失以及不同林种不同树种的特点和生长规律，采取更科学更合理的方法制定年采伐限额(李俊杰，2005；关发瑞，2008)。也有研究指出我国现阶段使用的编制程序不够科学，编制依据不够准确，编制方法没有充分考虑到各种森林类型，没有做到科学合理的编制(李俊杰，2005；苏昶鑫等，2011；郭文成等，2011)，采伐限额在发放过程中存在这严重的制度问题，如何分配的问题难以准确把握，带来了负面效应，同时造成了木材市场价格的扭曲，这样市场信息的误导会造成森林资源配置不能实现最优化(徐珍源，2004)。

(2)早在1995年就有学者对于采伐限额制度与我国发展市场经济之间存在的矛盾进行了分析，森林采伐限额制度是计划经济，与市场经济是两种截然不同的资源配置的方式，两者是经济体制上的矛盾，要解决这个矛盾必须建立适应市场经济的森林资源宏观调控体系，编制合理的森林采伐限额，在总量控制下实行分项控制、自分安排、期末审计的原则等(上官增前，1995)。虽然在我国计划经济时期，由于市场经济体制制度还不完善的大背景下，采伐限额制度对于环境保护和有计划的林业生产起到了非常重要的作用，但是在今天市场经济条件下，仍然采用木材采伐许可制度面临着众多的问题(徐珍源，2004)。

(3)限制了林业的可持续发展。在我国实行的森林采伐限额政策不仅管理难度大、实施成本高，而且限制了非公有制林业的发展(沈文星，2003；田明华，2004)，木材采伐许可证制度使林业经营主体的合法权益受到了限制，使得采伐的决策权由木材生产主体转移到了林业部门，生产的主动权和经营决策权与经营主体严重分离(徐珍源，2004)。在实现中，实施森林采伐限额制度的成本大于收益，脱离了其设计的目标，同时对促进森林资源增长的效果也不明显(江华，2007)，很多地方依然出现森林资源退化的现象；森林采伐限额制度虽然在一定程度上扭转了森林重采轻育的局面，但是也导致了森林资源增长缓慢、质量下降、结果失衡，不利于我国林业的可持续发展目标的实现(田淑英，2010)。

第二，森林采伐限额制度在执行中也存在着问题，主要表现为三个方面。

（1）超限额采伐的现象依然很严重。第四次森林资源清查间隔期间，全国年均森林采伐消耗量超限额达4330多万m^3，而在“九五”期间，全国森林采伐消耗量按同口径比较，平均每年超限额采伐8600多万m^3，在1999年，国家林业局组织对森林采伐限额执行情况的抽样调查中，被抽查的17个县（市）中有9个县（市）存在超限额采伐的现象。被调查的10个森工林业局中有7个存在超限额采伐问题，分别占到抽查数的52.9%和70%，有的县（市）和森工林业局超限额采伐高达150%（张建龙，2009）。国家林业局最近一次的森林采伐限额情况检查表明，超限额采伐单位的数量虽然有所下降，但超证采伐和无证采伐的问题依然很突出（李俊杰，2005；兰火长，2011）。造成这一原因的有森林抚育采伐，在不低于森林经营密度表规定的最低株数时，可以不纳入采伐限额，这一规定造成了一些林业经营者钻空子。另一个原因是很多农户申请不到采伐限额，选择偷采盗伐。这是造成超限额采伐的两个主要原因。

（2）凭证采伐工作的力度不够。我国森林采伐限额管理及森林采伐许可证管理制度规定任何主体采伐林木都必须按照制度的要求申请采伐许可证，并严格按照采伐许可证的规定进行采伐。采伐单位根据自己的采伐要求向当地县级以上林业行政主管部门提出申请后，由当地的县级林业主管部门，根据本地的木材生产计划、年采伐限额以及各申请单位的具体森林资源的面积、蓄积、林龄结构等，来核发采伐许可证或者委托乡、镇人民政府依照有关规定核发林木采伐许可证。其中采伐许可证必须包括以下内容：采伐的地点、面积、蓄积（株数）、树种、方式、期限和完成更新造林的时间等。由于森林面积太大，结构复杂，执行上述要求，需要太多的人力物力，执行成本太高，基层林政部门几乎无法承受，因此，在基层实际上很难而在现实中得到严格执行（李俊杰，2005；黄斌，2010），迄今为止，许多林政部门超限额发证、发人情证和发关系证的现象依然普遍存在（兰火长，2011）。造成这一现象的主要原因一是林业“金”“费”多、造林成本高，林农利润少，为了增加收益农户选择逃证采伐，二是基层林业建设不够，基层林业的资金供给和人员配置都对凭证采伐工作的顺利执行带来巨大的现实困难。基层林业资源管理队伍力量薄弱也容易引起伐区超限额采伐和无证采伐行为（李俊杰，2005；关发瑞等，2008；施湘锟等，2011）。

（3）对超限额采伐行为的处罚力度不够。对超限额采伐的处罚工作难。对于违法限额采伐制度的行为，森林法、刑法等法律法规规定了应当承担的行政责任、刑事责任，其中确定的处罚措施是明确而且严厉的，但是，很多超限额采伐行为是由地方政府与企业法人引起的，在很多情况下，超限额采伐行为也并非是简单的违法、犯罪行为，其背后大都有很多无奈的理由，有的森工企业是为了清偿沉重的债务或者为了支付工人工资、维持企业的基本生存条件而被迫超限额采伐。因此司法部门处理起来常因他们毕竟“事出有因”而感到左右为难(李俊杰，2005；关发瑞等，2008；苏昶鑫等，2011)。很多地方超额采伐行为并没有受到相应的处罚，导致了采伐限额制度形同虚设，而超额采伐这种违法行为也与地方政府和企业法人有着密不可分的关系(李俊杰，2005；兰火长，2011)。

2.5.2.2 林改后森林采伐限额制度带来的影响

林改自开展以来，受到了学术界的广泛关注，一方面林改放权与民，使农民成为林业经营主体的一分子，另一方面在确权的过程中，由于森林采伐限额制度的存在，对于林改对农户产生的激励效应产生了消极影响，也限制了农户对林木的收益权、处置权的实现。其产生的影响主要集中于对林业投入和农户林业收入产生的影响等几个方面。

(1)对林业投入行为的影响。采伐限额制度会对农民进行林业生产经营行为产生重要的影响，主要表现为对林业的投入行为的影响，尤其是对造林行为的消极影响。有部分学者认为在林改后，由于采伐限额制度，农户对用材林的投入意愿最小，同时投入的金额也最少。一项在江西的调查发现，农民造林和抚育的对象主要是毛竹，这和毛竹采伐受到的政策性约束最小直接相关。这是农民对制度安排作出的理性反应，因为林权制度的配套改革相对滞后，将会扭曲农民的林业投资行为，无法实现生态环境改善和木材供给平衡的目标(李娅等，2007)。一项基于辽宁省林改的调查数据的研究也表明：农民在进行林业投入时，首先选择经济林进行投入，最后选择对用材林进行投入，造成这一意愿现象的原因为农民对经济林的投入意愿主要受资金、立地条件等因素的影响，受到采伐限额政策的影响较小；而对用材林的投入意愿除了受农民自身特征、资金、林地面积的影响以外，限额采伐制度的政策限制较强，导致农户不愿对用材林进行投入(张俊清，2008)。由于采伐限额制度的限制，在林改前受到过采伐限额限制而造成利润损失的农户相对不愿意进行林业生产投入，采伐限额影响了农户对林业的投资行为(张广胜，2010)。

随着南方林改的深入，通过家庭承包经营的形式，林业产权逐步落实到户，农户经营林业的积极性也在不断提高。但是由于采伐限额制度，农户对林木的处置权和收益权并没有得到相应的保证，造成了农户不能按照自己的意愿随时处置这些林木资源，所以林农进行林业生产经营的行为受到了限制。有学者认为，如果自主造林到期不能按照自己的意愿采伐，那么造林的积极性就会下降，而下降的结果就是有较多的林地资源没有得到有效地利用，也就是有着较多的宜林荒山没有被充分地利用起来。与此相对应的理论解释就是，由于受制于限额采伐管理制度，造成森林资源经营主体造林的预期收入稳定性较差；受预期收入的影响，生产要素更多地被运用到预期收入稳定性较高的领域。所以，这就可能引起林业生产要素向其他生产领域转移，这种转移的生产要素包括资本、劳动力等（罗金、张广胜，2009；詹黎锋，2010）。在林业经营预期收入不容乐观的情况下，农户造林的积极性不高，就有较多的农村劳动力转移到了城市，如到城市务工等，因为到城市务工的预期收入稳定性要远远地大于造林的收入。如果能够有条件的取消采伐限额管理制度，那么各方主体造林的积极性将会相应地得到提高，林地资源的利用效率也将水涨船高，各地的荒山荒地将可能迅速地减少，甚至可能吸引其他领域的生产要素向林业部门转移（黄斌，2010）。

（2）对木材采伐行为的影响。有的实地调查数据表明由于森林采伐指标，很多农户做出理性采伐决策的能力受到限制，造成了加剧乱砍滥伐的现象，有时甚至会出现“自盗”的现象。也有研究通过建立政府与农民之间的博弈模型来分析森林采伐限额制度对木材采伐带来的影响，认为如果林农只重视眼前利益而忽略长远利益，那么其投资行为决定了国家必须实行森林采伐限额制度；而当农户进行长期永久性投资时，不需要政府的管制，农户也会自觉的适量采伐，实现经济利益和生态环境保护的最优组合（李莉，2011）。大部分学者认为农户的木材采伐行为直接受到采伐限额管理制度的约束，造成了农户林木处置权和收益权无法实现，是产权残缺的表现。同时由于采伐限额的约束，整个社会的木材交易量下降，造成了福利损失（黄斌，2010）。还有学者研究了森林采伐限额制度对农户抚育采伐行为产生的影响，认为农户的赋予采伐行为并没有受到采伐限额制度的影响，更多地受到抚育采伐技术规程以及抚育采伐的木材生产成本和木材价格的影响。

（3）对农户林权流转行为的影响。投资期望收益是林权受让者受让林权的根本动因，而经营林地的收益是通过林木采伐或者其他林产品收获来实现的，但是由于采伐限额管理制度使得林地使用权人要想采伐自己的林木，必须先取得采伐许可证，并按照许可证的相关规定进行采伐和造林。这种采伐指标带来的刚性约束，导致投资回收期长、有实力的人不敢轻易投资林地，缩小了林权受让的群体，是林权交易不旺盛的重要因素（冷清波，2011）。明晰的产权是进行林权流转的前提条件，由于采伐限额制度的限制，我国目前的林地产权中林地林木的处置权和收益权都受到了极大的限制，是限制林地流转行为发生的主要原因（张蕾等，2011）。

（4）对农户的林业收入的影响。森林采伐限额制度还对农户的林业收入产生了重要影响。一方面，由于农户对木材采伐的自主权受到森林采伐制度的限制，那么由生产木材带来的林业收入受到一定的影响，此外如果延迟农户采伐木材的收益可能带来银行利息收入的减少，用这部分木材销售收入来进行其他投资的可能性降低，减少了这部分投资收益（黄斌，2010）。另一方面，由于林权流转受到森林采伐限额制度的影响，农户通过林权交易可能获得的收入也受到了采伐制度的影响。

2.5.3 林权制度改革、森林采伐限额对木材供给的影响

国内关于林改与木材供给之间的关系的研究相对较少，只有1～2篇文章研究了林改对集体林区木材供给的影响。使用的方法主要有通过建立CD生产函数来进行分析，DID和TE，研究结论基本一致：林权制度改革促进了集体林区短期的木材供给。但是并没有分析这种短期的供给增加是好是坏，对于长期木材供给的作用如何也没有进行讨论(尹航，2010)。

斯泰罗曼认为影响一个国家木材供给的主要因素除了产品价格外，森林资源的丰富程度和其可获得的程度是决定木材供给的主要因素。只分析木材产量对于分析林权制度改革对木材供给的影响是不全面的。

2.6 人工用材林研究现状

2.6.1 国外研究现状

20世纪60年代，很多国家开始研究速生短轮伐期人工林，用作木材化工、能源、饲料及制浆造纸业原料。随着各种形式及类型的速生丰产用材林的产生与发展，速生丰产用材林经营发展方面的研究也相应地展开。进入20世纪90年代以后，森林的生态效益逐渐成为社会关注的焦点，世界各国的林业逐步转移到以可持续发展为重点的经营方向上来。一方面致力维持和促进长期稳定的森林生态系统，另一方面通过发展人工林获取必要的森林产品，以满足社会和经济发展的需要。美国、巴西、中国和德国就代表着这种林业发展方向。正是在这种现实需要的背景下，当今世界各国对人工林的发展给予了高度重视，人工林发展极其迅速，已在林业生产中发挥着越来越重要的作用。

1964年，美国的Young首次提出短轮伐期和全树利用的概念。1966年美国的Mealpine提出短轮伐期的可行性。1967年巴西的阿拉克卢兹纸浆公司(Aracyuz Celulose)在里约热内卢以北500km的巴西东海岸地区营造集约经营的短轮伐期桉树人工林培育纸浆材。从此各国开始研究和营造集约经营短轮伐树种人工林(向成年等，1998)。20世纪70年代后，加拿大、法国、德国、印度、澳大利亚、意大利等国进行了树种短轮伐期经营和研究。

从现有文献上看，国外速生丰产林培育技术集中在实行有效的遗传控制、立地控制和密度控制，并按森林可持续经营的要求，实行生态系统管理，已达到定向、速生、丰产、优质和高效的目标。速生丰产用材林经营有明显的资源比较优

势，具有很大的发展潜力。

美国学者 Marion Clewson(1975)曾对集约林业的生产潜力做过分析，他认为很久以来，美国生产的木材主要来自大规模的天然林，采伐天然林基本上就构成了所谓的木材工业。进入20世纪，林业行业才逐渐地开始培育人工林，采用集约林业的方式来生产木材，生产潜力相当可观。

美国学者 Roger A Sedjo(1983) 通过对速生丰产用材林的比较经济研究认为，未来林业将向着各种功能不同的专用森林发展，并着重指出，速生丰产用材林将有可能对全球木材的长期供应产生巨大的影响。Roger A Sedjo 通过经济比较分析还指出，由于速生丰产用材林的崛起，木材生产的空间和世界林产品贸易市场的结构也将发生变化。某些传统的北温带木材产区或许随着时间的推移会渐渐丧失其原有的重要地位，而热带、南温带及美国南部对营造速生丰产用材林却具备了优越的生物条件和良好的经济效益。

法国学者 George Touzet (1986)的研究指出，实际上，所有加工木材的工业都可以从速生丰产用材林得到原料供应。只有利用珍贵木材和优质木材的部分除外，目前的遗传研究和栽培技术还不允许集约化培育这类木材。用来自热带密林的木材制造纸浆是可能的，尤其是桉树木浆，较之混杂阔叶材木浆，在国际市场上更加受到青睐。制浆工业较之其他木材工业，经济利润更低。当然针叶树速生丰产用材林也可以完美地向制材企业供应木材，而且经济条件完全令人满意。新西兰及南非的例子就是这样。

法国学者 George Touzet 指出，速生丰产用材林首先是为着生产纸浆材才发展起来的，因为制浆工业较之其他木材工业，经济利润更低，由于这个事实，对供料成本更为敏感。美国学者 Roger A Sedio(1993)对速生丰产用材林的长期供给潜力进行了分析，认为速生丰产用材林要想对全球木材长期供应产生强大影响，必须具备良好的经济收益和大面积可资利用的土地。英国造林学家 Evans 指出：没有证据表明人工林的集约经营是导致下一代林生长量下降的直接原因。

杨守坤(2004)认为新西兰鼓励发展人工林、大力发展木材加工业和积极开拓林产品贸易市场的做法值得借鉴。美国惠好公司在20世纪30年代就认识到森林永续经营是公司的生命线，稳定的原料基地保证了工业巨额投资17% ~18%的收益率，因此只有2% ~3%投资收益率的林业对公司的整体效益来说却是必不可少的。葡萄牙和澳大利亚也是由于纸浆和造纸工业发展才带动了人工林发展的(林迎星，2000，2003；周昌祥，2000；张志达，1994)。

综上所述，国外人工用材林经营研究的重点领域主要集中在人工用材林的培育技术，人工用材林经济效益及其比较，人工用材林经营的必要条件与适宜环境以及人工用材林经营的经济社会影响与生态冲击。

2.6.2 国内研究现状

我国自20世纪50年代末开始提倡营造速生丰产林以来(林业部,1958),速生丰产林建设已经历了若干阶段。造林树种以南方的杉木和桉树、北方的杨树为主,营造速生丰产林的目的是解决广大农村农用材的短缺问题。

根据我国《森林法》规定,森林分为防护林、用材林、经济林、薪炭林和特种用途林五类。其中用材林是指:以生产木材为主要目的的森林和林木,包括以生产竹材为主要目的的竹林。沈国舫认为,我国的速生丰产林范畴,既包括了工业人工林,也包括了短轮伐期人工林部分。其中,工业人工林(industrial forest plantation)是指以满足工业加工的大批量需要而人工培育的森林,主要是人工用材林,如建筑用材林、纸浆用材林、胶合板用材林及其他用作人造板及胶合板原料的用材林等。温远光等(2005)认为,工业人工林是人工林和速生丰产林的一个分支或一个更高的发展阶段,是现代林业适应工业化、原料基地化和生态化发展要求而产生的、专为特定工业部门提供工业原料的一种新的人工林经营方式。工业人工林具有以下五大特征:①时代特征;②资源比较优势和利益最大化特征;③良种化、集约化特征;④专门化、定向化培育特征;⑤具有极强的生态、经济的单一性和不稳定性特征。我国的工业人工林尚处在发展的初级阶段,与速生丰产林存在着千丝万缕的联系,所以两者有时难以截然分开。吴延熊等(2004)认为,如果速生丰产用材林以培育工业原材料为目标,以市场为导向,并采用集约化的生产经营方式,则称为工业人工林。叶绍明(2007)认为,速生丰产用材林是人类借鉴农业经营手段建立的人工自然系统,即采用良种化、集约化、定向培育、短周期经营,兼顾生态效益,追求经济效益最大化,专门为特定工业部门提供原料的人工林经营方式。其显著特征是林业的集约经营与市场相结合,即速生丰产用材林的发展与以木材为基本原料的加工业和相关工业的发展相关联,是工业化在林业中的适时表现。曹华(2007)认为,我国的六大工程之一的速生丰产用材林基地建设工程的速生丰产用材林同时具有速生丰产林和人工用材林的特征,即主要目的是生产木材,同时包含"定向、速生、丰产、优质、稳定、高效"等内容特征。

本研究涉及的速生丰产用材林(fast-growing and high-yielding timber),是指采用良种壮苗,实行短周期、集约化规模化经营、定向培育,追求经济效益最大化,专门为特定工业部门如造纸、人造板、建筑等提供原料的一种新的经营方式培育的人工林。其主要特征是短轮伐期、集约化规模化经营、专门化定向培育、速生高产等。速生丰产用材林与一般的人工林相比,在经营目标、资源投入和经营方式上有根本不同,它具有单位面积投入高、木材培育周期短、单位面积产量高、比较效益显著的特点。考虑各地自然条件差异较大，速生丰产用材林原则上每公顷年蓄积生长量应达15 m^3。

国内学者的研究大多集中在速生丰产用材林经营基本问题的讨论、优良树种的选育、营林技术如初植密度、间伐以及主伐决策等(沈国舫，1992；刘景芳等，1994；徐宏远，1994；吕士行等，1997；郝长彬，2003)。

在速生丰产用材林的经营与木材利用工业相结合的研究方面，沈照仁研究员(1987)指出，人们常把森林被破坏归罪于工业，可是现在世界发生森林严重破坏恰恰是没有什么木材利用的工业，或只有非常薄弱的利用工业的地区。愚夫(1987)指出，速生丰产用材林的出现，由于其高度集约，可以在较短的周期内提供大量的木材。因此，可减轻天然林负载的强大压力，缓和生态与经济之间的矛盾，对维系生态平衡起积极作用。他还指出，传统林业一个致命的弱点是生产周期长、资金周转慢，缺乏对投资的吸引力。速生丰产用材林一举解脱了传统林业经营的困境，赋予林业新的生机，把生产周期、总产出提高到与农业相竞争的水平上，因而增强了林业对投资的吸引力，使经济经营型林业摆脱"软骨病的困境"。

马常耕(1991)从木材加工业发展的角度谈速生丰产用材林经营与木材加工业的关系，他指出，木材加工业的发展，要求把营造速生丰产用材林作为生产加工原料的绿色车间来对待。木材工业发达国家为保证持续、稳定地得到高品质的同质原料，已改变了营造林与加工业分离的传统，形成了营林和加工利用一体化的林—工新生产体系。李周、谢京湘(1992)对速生丰产林的概念、经营动态、经营背景、经营现状、评价、经营趋势以及经营类型进行了国内外比较研究。他们认为，经营速生丰产林，第一是一定要突出资源比较优势原则；第二是要注意集约经营的重要性，保证产品供需对路；第三是各种需求必须统筹兼顾；第四是要用价值指标来作为衡量速生丰产的标准；第五是树种选择要把握高产性、可行性、可靠性；第六是规划时也要考虑薪材需求。

关百均、魏宝麟(1994)认为：速生丰产用材林是以土地为基础的产业，它只能在超边际土地和边际土地上培育，土地状况制约着其发展后劲，并且作为一个产业要长期经营。林迎星(1998)认为，我国速生丰产用材林宏观布局的指导思想是：①以市场为导向；②以生态平衡为基础。发展速生丰产用材林的基本原则是：①因地制宜，配置最佳树种；②定向培育，林工协调布局；③规模经营，集中与分散结合；④南方为主，南方北方兼顾。李智勇(2000)认为，速生丰产用材林的发展通常是与林产加工业的发展相关联的，速生丰产用材林基地的建设就必须充分考虑到林木的培育、采伐、运输、加工、市场的全程运作和有效的衔接。张守攻、张建国(2000)认为，速生丰产用材林的经营特征是林业的集约经营与面向市场相结合。张建国、张三(2000)认为，要解决我国木材供需矛盾的难题必须加快速生丰产用材林的发展。建议通过市场机制来配置林地资源，提高林地的使用效率。同时指出，发展速生丰产用材林必须加紧进行相应的制度创新，并且提供必要的土地、资金和科技等要素条件，进行以提高集约经营水平为核心的技术创新。吴南生(2001)认为，发展速生丰产用材林是森林自身实现可持续经营的关键，要求解决好培育定向化、经营规模化、生产专业化、产品商业化等问题。

何立焕等(2003)提出，营造速生丰产用材林(速丰杨)有三种造林模式。第一种是林粮间作模式，即整地、植树、追肥、营林。第二种是密植间伐模式，即整地、植树、追肥、修枝、营林。第三种是苗林一体化模式，即整地、扦插、营林。侯元兆(2004)指出，未来林业的发展模式就是建立三种林业的发展模式，即商品林业(主要是速生丰产用材林)、公益林和多功能林业。关于速生丰产用材林基地建设，他认为主要是解决木质原料来源的一种生产系统，利用尽可能近似农地的林业用地，求助于对种植材料的遗传改良和专门的栽培技术体系，及尽可能先进的栽培与收获手段，进行树木栽培，从而工业化地生产木质原材料。谢大显(2007)认为，坚持“因地制宜，适地适树”的原则是速生丰产用材林基地建设成效的关键。速生丰产用材林基地建设是林业产业体系和林业生态体系建设的重要载体，是提供木材需求，发展山区经济，改善生态条件的重要途径。

综上所述，国内学术界对速生丰产用材林的研究很多，也取得了相当大的成果，但是对速生丰产用材林经营模式的研究还重视不够。尤其是在目前集体林区全面推进林权制度改革的情况下，存在小林户和大市场、分散林地和规模化经营之间的矛盾，在此背景下如何更好更快地经营速生丰产用材林，建立与林产工业发展相匹配的经营模式，关于这方面的研究在国内还相对较少。

2.7 林农合作组织研究现状

2.7.1 合作社经济理论概述

国外合作社的理论是伴随着合作经济运动的实践不断发展演进的，一般认为西方从20世纪40年代，开始形成了较规范的合作经济组织理论，早期的研究中心问题主要是组织的定义和目标；组织内经理、董事会和社员之间的关系以及组织与社员的决策过程之间的关系。20世纪50年代，厂商理论被应用于合作社的运作原则和决策模型研究中。20世纪60年代，研究重点变为了产权。20世纪70~80年代是运用博弈论和交易费用理论等经济理论，研究合作社的内部和外部如何实现效用最大化的问题，并且把合作社作为了企业研究变成为一种趋势。

20世纪90年代以来，将新制度经济学和产权理论等内容作为了主要研究工具，合作社和政府之间的关系问题成为了研究的重点，同时“新一代合作社”的出现，也将合作理论的研究推向了另一次高峰。

对农业合作社的比较正式的经济学研究开始于20世纪40年代，Emelianoff（1942）出版专著《合作经济理论》，Enke（1945）发表论文《消费合作社和经济效率》，将经典厂商理论应用于合作组织，视合作社为一种厂商类型，并建立了一套有效的合作组织的分析方法，使合作经济开始作为社会科学中一门独立的学科出现，也推动了农业合作经济理论的发展。Robotaka（1947）和Phillips（1953）等发展了Emelianoff的思想，Phillips建立了一个在垂直一体化框架下的合作社确定价格和产量的模型，认为社员的决策原则是使其边际成本等于合作社的边际收益。Helmberger和Hoos（1962）从产业组织理论的角度，把组织定义为：两个或两个以上的个体协调行动的系统。把合作社看作追求社员的利益最大化的企业，通过建立合作社短期和长期的决策模型，采用传统的边际分析对合作社价格和产量的均衡点进行寻找，并指出，合作社是通过将所有利润，按照社员的惠顾比例返给社员，以实现单位产品价值最大化。Helmberger（1964）分析了在不同的市场结构条件下，合作社的存在对市场绩效的影响。他认为如果在一个原材料完全竞争的产业，将产品卖给加工产业，那么合作社的存在只会在短期导致市场偏离完全竞争的均衡，在长期却不会；如果市场上只存在一个加工商，并且市场是不可进入的，与纯粹的买方垄断市场相比，合作社的存在会导致对完全竞争均衡更少的偏离。然而，采取封闭的社员资格制度的合作社，将会导致市场的非效率。

2.7.2 我国合作组织研究现状

在国内，较早对合作经济进行反思和理论探讨的是林毅夫教授，他在《集体化与中国1959～1961年的农业危机》一文中，运用博弈论的逻辑和“可自我执行的协议”理论，对我国20世纪50年代末期农业合作化运动的失败进行了分析。他还提出了一个有关退出权的新假说，认为在农业生产合作社中存在监督困难，而自我监督的机制只有在入社自愿和退社自由的时候才有效。他提出了社员退出权被剥夺，从而社员工作积极性突然下降，这是引起1959年农业生产崩溃和其后生产率降低的主要原因的假说。他的这项研究是我国在国际合作经济研究中最为重要和最有影响的成果。

而真正意义上农民合作经济组织的理论研究是从20世纪80年代开始的，80年代开始实行的农村家庭联产承包责任制，确立了农民的微观经济主体地位。农民作为一个独立的商品生产者，要直接经历从原材料的采购到农产品的销售整个过程。农民进入市场的过程中，单个农户力量很弱小，因此逐步产生了将分散的农户组织起来，共同进入市场，以增强农民的力量，满足农民的市场地位的需求。在需求的推动下，从1980年起，全国各地农村出现了专业技术协会、专业协会和专业合作社，都是专为农民家庭经营提供技术指导、信息咨询、农业生产资料采购和农产品销售服务的。实践的发展也带来了理论研究的繁荣，国内学者开始将农民合作经济组织纳入研究视野，在很多方面也开始有了新的进展。

从现有的研究成果看，时间上没有显著的分界线，但可以将20世纪80年代以来对合作经济组织的研究大体上划分为三个阶段：第一阶段是80年代到90年代的大部分时间，在这一时期，家庭承包制已经全国铺开，但国家对农产品流通没有完全放开，因此农民合作经济组织还处于萌芽阶段。这一时期对合作经济组织的研究集中在以下几个方面：对我国合作历史的评述；国外合作社的经验介绍；提出建立合作经济组织的必要性。典型的代表成果有陆文强的《农村合作制的演变》，徐更生等的《国外农村合作经济》，米鸿才等的《合作社发展简史》，张晓山、苑鹏的《合作经济理论和实践》，等等。第二阶段是20世纪90年代后期，在这一阶段，随着我国改革开放的深入，市场经济不断深化，农民合作经济组织大量涌现，国内学者也开始对农民经济合作组织产生的客观必然性、内涵、特征、组建原则、运行方式、合作经济组织立法等多个方面进行探讨，虽然还处于“仁者见仁、智者见智”阶段，但对合作经济组织在农村经济发展的作用、中国应该大力发展农民合作组织都已经得到了认同，并开创了一个使研究得以进行深入的良好的氛围。第三阶段是进入21世纪以来，人们开始将注意力转移到了研究农民合作经济组织的发展现状、制度特征和运作机制等方面。

2.7.3 林农合作组织的相关研究

2.7.3.1 林农合作组织的界定

林农合作组织在国外的文献中，大多数用的是森林所有者合作社（FOCs：Forest Owner Cooperatives）。近二十多年来，林农合作组织在世界各国都获得了很大的发展，主要的林农合作组织包括：日本的森林组合、德国的林业联盟、法国的林业合作社、芬兰的林主合作社、加拿大的森林合作社、韩国的林业协会组合、瑞典和挪威的林主协会和我国的农民林业专业合作社。尽管提法不是完全相同，但其本质却是一样的，即林农合作组织就是林农为了提高自身应对市场的能力，自发组织和自愿地加入进行林业经营活动的一种组织。

现有的研究较少对林农合作组织进行直接的界定。但有不少研究对林农合作组织的类型进行了探析。参照农业合作组织的定义，沈静薇（2008）将林农合作组织界定为“以家庭承包经营为基础，从事同类林业生产及林副产品加工、流通的林农为维护和实现共同利益，按照自愿、互利的原则，自愿出资联合设立，自主经营、自我服务、民主管理、自负盈亏，实现共同发展的一种新型山区农民合作经济组织”。孔祥智等(2009)提出了林业合作经济组织的大量涌现，将很多林农联合起来，这是林农为了适应市场竞争、满足生产的需要，自发地走向“统”的过程。

2.7.3.2 林农合作组织的分类

很多学者都认为，按照传统的合作社标准进行衡量，现有的农民专业合作经济组织大多数是难以达到的。甚至还不能完全来遵守2007年7月1日生效的《农民专业合作社法》制定的原则(孔祥智、陈丹梅，2008)。因此，不同的学者基于对林农合作组织的不同理解与界定，形成了不同的林农合作组织的分类。

王登举等(2006)把林农合作组织主要划分为两大类，即林业合作协会和林业合作社，是按照组织的性质来划分的。专业协会是一种比较松散的合作组织形式，主要是提供技术、信息服务、开展维权和自律活动，并不直接从事营业活动，大都在民政部门登记，注册为社团法人。我国大多数的林业专业协会都属于这一类，但也有一部分协会不在这一范围。专业合作社是一种与社员联系比较紧密的合作组织形式，对内主要对社员进行服务，对外主要从事经营性的业务，主要是在工商管理部门登记，注册为企业法人。我国的林业合作社主要有两个子类型：第一是会员制合作社。就是在“入退自由、平等互利”的前提下，由社员共同出资(相当于会费)建立起联合实体，对外从事盈利活动，对内为社员提供产前、产中、产后服务，不是以盈利为目的。在生产环节上仍然以一家一户(或单个企业)为单位，在销售环节上则采取“统一商标、统一品牌、统一销售”的方式，并且还为社员提供委托经营、运输和储藏、生产资料采购等一些有偿的服务，以及技术支撑、信息共享等无偿服务。管理上则实行社员民主的决策，“一人一票”制；在分配方面，首先是提留合作社公共积累，然后按照社员与合作社的交易额进行利润返还，而不是按照出资进行分红。第二是股份制合作社。股份制合作社是合作社的一种新形式，是股份制与合作制的结合，因为当前林业信贷比较困难，这样可以有效地实现社员的资本联合。与会员制合作社不同，股份制合作社大多数拥有自己的企业和固定的产品，实行按交易额返还与按投资分配相结合的利润分配制度，按照社员与合作社的交易额进行利润返还，对于外来资本(包括社会投资和社员的基本会费以外的股份)则实行按股分红。

从业务范围来看，我国的林农合作组织的专业领域基本涵盖了林业生产的各个环节，包括森林管护、病虫害防治、林道建设、造林、营林、种苗生产、林产品加工、销售、物资采购、技术和信息服务等。其中既有技术服务型和销售服务型等业务单一的专业合作组织，也有集产、供、销、服务一体化的综合性的合作组织。

从组建方式来看，主要包括农民自主组建型、乡村集体组建型、企业带动组建型、政府部门扶持组建型、国际组织扶持组建型。

由龙头企业带动组建的合作组织是20世纪90年代出现的“公司+农户”模式的延伸和发展。“公司+农户”模式在一定程度上可以减少农户的市场风险，但是农户却始终处于被动和弱势的地位。在新的“公司+专业合作社+农户”模式中，合作社却可以充当连接公司与农户之间的桥梁，这样既可以维护农民的利益，又可以减少企业与单个农民交易的成本，并在三者间形成合理的利益分配机制(王登举等，2006)。

吕明亮(2007)按照合作内容和方向对林业合作社进行了划分，主要包括以下几个大类：种苗类专业合作社，经济作物类专业合作社，林产品加工类专业合作社，标准化生产专业合作社，无公害生产专业合作社；另外，有一些龙头企业为了开发绿色食品、森林食品和有机食品等，按照无公害林产品的标准与生产技术规程，建立了无公害林产品标准化生产示范基地，来进行无公害生产。

根据合作组织内部契约的对象和性质的不同，黄丽萍(2008)将林业专业合作经济组织分为了以下三种类型：以要素契约为主的专业合作经济组织、以商品契约为主的专业合作经济组织和典型的商品契约的专业合作经济组织。

2.7.3.3 发展林农合作组织的必然性和必要性

集体林权制度改革后，出现了家庭承包经营制度，造成了林地细碎化和市场经济发展要求的规模经营之间产生了矛盾，这是学者们认可的林农合作组织产生的主要原因。程云行等(2004)提出，由于林地所有权主体的模糊、林地所有权和使用权边界也不清晰、林地使用权主体组织化程度低和规模分散、林地收益分配制度的不规范，集体林权制度则有待改进。为了实现生产要素的最佳配置，很需要加速建立和发展林农合作组织。王登举、李维长等(2006)详细地分析了家庭为主体的林业经营模式的局限性，并指出了因规模小而分散，使森林病虫害防治和林道建设等都难以实施，新的技术很难普及，森林经营水平也很难得以提高，因而造成了劳动力的浪费；因为资金的限制，所以很难形成拳头产品，创出自己的品牌，因而也降低了产品的竞争力；因为信息渠道的不畅通，个体农户都比较难来应对千变万化的市场，因而降低了抵御市场风险的能力；因为缺乏联合，在与市场对手进行交易谈判的过程中，林农始终都处于弱势的地位。

高立英、王爱民(2007)从林权分散、降低风险和林业的特性三个方面阐述了在林业分散经营的条件下，为确保林业经营效率的不断提高和林农的利益得到更好的实现，应该积极地建设林业合作经济组织。合作经济也是林农在市场经济条件下的必然选择，是解决“三林”(林农、林业、林区)问题与增加林农收入的重要途径。

孔祥智、陈丹梅(2008)在《统和分的辩证法》一书中，提出并验证了下面的三个假设：①小农户对包括劳动力在内的生产要素的合作需求，促使合作林场成立；②大农户在经营中面临资金、管理和社会资本的约束，促使具有股份制合作性质的林业合作经济组织快速发展；③当合作的收益小于成本时，自发性的林业合作经济组织很难出现，但如果这种合作具有正外部性，能实现政府目标时，政府有可能牵头成立相应的林业合作经济组织。孔祥智则更为明确地指出了，建立由农民自己组织的各种类型的林农合作组织，这才是帮助农户解决生产经营中存在的“单家独户办不了或办不好、不划算、政府又不能办”的事情的有效途径。成立林农合作组织可以提高林农组织化程度，并推进林业组织化和产业化的进程(孔祥智，2009)。而郑少红则用福建林权制度改革前后的林业合作经营林地面积对比情况来说明林权制度改革后林农合作组织形成的必然性(郑少红，2008)。

黄丽萍、王文烂(2008)认为，林权制度改革是迫切需要林区发展农民专业合作经济组织的。学界对农民专业合作经济组织的研究已有广泛的积累，但是国内很难见到专门对林权制度改革之后的林区农民专业合作组织发展的研究。在林权制度改革给林农带来的林业生产组织变化的研究中，通过以福建省和江西省为例，对农民应对林权制度改革而建立的“护林联防协会”内部契约选择的合理性分析进行了分析。并得出了结论：组建和参与“护林联防协会”将是林权制度改革后林农解决“护林难”的现实选择。

肖雪群等(2008)指出，林权改革是个大的社会系统工程，如果没有相关部门的支持与配合来形成合力，配套改革就会很难奏效。林权制度改革打破了集体林统一经营的格局，千家万户成为了林业经营的主体。但是一家一户的小农林业经营却不是林权改革的最终目的，林农必须自愿组合起来，走规模化发展之路，才能实现产业化，林业才能走向市场，林农增收、经济发展、社会和谐才能得以实现。黄和亮等(2008)指出，2003年福建省全面开展了以明确产权为基础的集体林产权制度的改革，农户得以自主地选择具体的经营方式。从实际情况来看，虽然此次福建省集体林产权制度改革明确要求了以农户为基本单位来落实山林的经营权，但是很多农户都选择了参与各种林业合作经营组织，进行合作化的经营。

2.7.3.4 林农合作组织的现状与问题

现有的研究主要是针对林农合作组织现状和问题进行的，主要关注了林农合作组织作为联合经营模式本身存在的问题，以及林农合作组织发展过程中面临的问题。

张红宵等(2007)通过案例研究，指出了林业股份合作模式的核心在于能起到权力制衡和监督作用的产权治理结构。但是，制度设计却将经营管理权授予了管理委员会，而管理委员会与村行政组织往往是合二为一的，因此，政企不分的产权治理结构就为林业股份合作制的失败埋下了伏笔。王登举等(2006)、汤杰等(2009)从缺乏相应的法律保障、必要的政策扶持、管理体制不顺、研究和教育滞后等角度探讨了外部发展环境问题，并从性质和业务不统一、组织制度不健全、民主管理机制难以贯彻等角度探讨了内部运作机制的问题。许向阳等(2007)提出，林农合作组织还处在并不成熟的起步阶段，林农的素质普遍比较低，缺乏集体意识和联合进行经济活动的愿望，这就确定了林农合作组织的弱质性。针对浙江省的研究表明，林农合作组织存在以下几方面的问题：法律地位不明确；资金渠道受阻；政府介入过度；组织规模较小和创新服务能力弱；利益分享机制不稳定和不健全；内部管理机制缺乏；信息化程度低等问题(沈月琴等，2005)。

沈月琴、徐秀英等将浙江省林农合作组织的特点归纳为：创办时间较短；第一产业居多，第二、三产业较少；合作组织起步虽然比较迟，但发展比较迅速，有了一定的辐射面；经济实力较薄弱，社员返利较少(沈月琴、徐秀英，2005)。而孔祥智、何安华等将我国林农合作组织的特点归纳为：从总体上呈现出了规模小、分散和服务单一的特点，有统一经营业务的合作组织并不是很多；林农合作组织之间的竞争也比较小；在经营管理上缺乏民主，决策大权总是落在少数人的手上；发展良好的林农合作组织在运作方式上比较接近美国的新一代合作组织；比较有效地解决了小农户与大市场、小农户与大企业之间的矛盾(孔祥智、何安华等，2009)。

对福建省进行的研究则表明，林农合作组织存在以下几个问题：行政权力过度干预，林农合作组织的发展容易造成“民办、民管、民受益”合作原则的扭曲；缺乏有效的监督、约束机制则难以克服领导人的机会主义行为和道德风险，降低了林农合作组织的效率；林农合作组织资源获取困难，尤其是难以获取发展所需资金；运行模式存在弊端(洪艳真等，2009)。此外，黄和亮等(2008)从微观的角度，通过对福建省的实际调查，对林农参与合作经济组织的影响因素进行了研究。得出以下结论：靠近城区的农村和经济发达的农村，因为林业是其主要收入来源，林农合作经济组织发展是比较快的。但是相反地，那些以林业为主的偏远地区则是偏向于联户经营或者独户经营。程云行等认为，在林地产权制度改革之后，农户在经营组织化方面有两个方面的缺陷：一是农户经营规模太小，从而限制了劳动生产率和商品率的提高，林地规模也限制了资本的投入；二是农户经营行为也过于分散，缺乏协调性(程云行，2004)。

对林农合作组织运行的问题和形成原因，我国很多学者主要从法律政策、管理体制和组织运行机制等方面寻找并提出：法律缺失、政策扶持不足、管理体制不顺，以及组织管理制度不健全、分配机制不合理是目前林农合作组织运行状况不良的主要原因（王登举、李维长、郭广荣，2006；汤杰、续珊珊，2009）。另外还有一些学者是通过实证研究，去寻找影响农户参与林农合作组织的因素以及目前股份合作林场和各种协会形成的原因。黄和亮等（2008）从对福建省样本农户的调研结果中得出，农户参加林农合作组织的影响因素主要包括以下方面：其他产业发展对农户收入替代；就业替代水平；农户家庭基本特征和地方林业政策导向。孔祥智等（2008）通过分析不同类型林农合作组织发展状况，得出了以下的结论：合作的高机会成本会阻碍小农户自发性组织的发展；资金、管理和社会资本的需求会促使股份合作林场快速发展；对外效应则可以推动政府引导成立各种协会。

现有的林农合作组织内部运行存在着管理和分配的问题，这是很多学者的共识（沈月琴、徐秀英，2005；王登举、李维长等，2006；汤杰、续珊珊，2009）。但是运用合作组织理论并对林农合作组织运行机制进行系统研究的主要有两位人物，分别是孔祥智和陈丹梅。他们在《统与分的辩证法——福建省集体林权制度改革与合作经济组织发展》一书中，从成立机制、产权结构、利益分配机制、决策机制等角度对林农合作组织进行了理论与实证的研究，并得出：①根据创办者身份，林农合作组织可分为农村能人领办、广义政府机构组织、龙头企业带动三种类型。以身兼多重身份的农村能人作为合作林场的主要领办人的这种成立机制兼顾了政府支持与能人两大优势；提供良好的外部环境则是实现真正以农民为主导的林农合作组织成立与发展的关键。②无论是哪一类的林农合作组织，即便是市场化程度较高的股份合作经济组织，存在的共同产权问题也是所有权与经营权几乎是合一的，因此必然存在大股东对合作组织业务的过度干预和缺乏专业化管理等一系列问题。③家庭合作林场，包括股份合作林场，在分配机制上存在着与国际通行的合作组织基本原则相对立的按股分红的现象，更像是合伙经济。④在决策机制上，“一人一票”让位于“一股一票”的方式在我国农村目前资本比较稀缺的状况下使用，但是，大多数农民林业合作经济组织很大程度是依靠外部力量，成员会产生“搭便车”想法，这都导致了决策权的集中化，即一股独大的组织领头人掌握着日常控制权。

2.7.3.5 林农合作组织发展问题

第一，发展历程。

关于我国林农合作组织的发展历程，有的学者将其主要划分为三个阶段（王登举等，2006；洪燕真等，2009；汤杰、续珊珊，2009）。①新中国成立初期的自主合作化阶段。在新中国成立初期，国家就在土地改革的同时开展了山林制度改革。1952年起，农业生产互助组在全国迅速发展，各地出现了以劳动力互助合作为主，从事造林和采伐作业的林业互助组。从1957年开始，农业生产互助组进一步发展为初级合作组织。②人民公社时期的高度集体化阶段。1956年开始，初级合作组织升级为以生产资料公有制为基础、按劳分配为原则的高级合作组织，社员的土地、耕畜和大型农具等均转为集体所有，不再参与分配，社员只获得劳动报酬。③党的十一届三中全会以后，随着农村联产承包责任制的实施，对集体林管理体制也进行了改革。随着社会主义市场经济体制的建立和完善，这种以家庭为主体的林业经营模式的局限性也逐渐显现出来。20世纪80年代后期，各地出现了“公司+农户”等以企业为龙头的林业合作经营模式，在南方集体林区出现了股份制合作林场；90年代又出现了林农协会、林业合作社等以林农为主体的林农合作组织。

第二，制约林农合作组织发展的因素。

从林农的角度看，黄晓玲等(2009)研究指出，林农合作组织成员需要从文化素质、科技意识、参与意识、民主意识和对林农合作组织的认知等方面都要不断提高，因为这些都对林农是否加入林农合作组织和组织是否规范运行有着很大的影响。林业的生产周期比较长，短期内林农都将主要精力放在了非林生产中，生产，这可以带来比较高的经济利益，因此林农的短期行为就反映出林业合作需求的不强烈。在由小农户成立的林农合作组织中，领导人都承担了绝大多数的工作，组织机制无法防止内部其他人“搭便车”的行为，领导者由于得不到应有的报酬，他们也就缺乏足够的积极性去组织生产，就导致了组织效率较低，发展较慢。林农决定是否加入合作组织最重要的影响因素应该是加入合作组织是否会给他带来收益的增加，也就是，林农是否加入合作组织取决于成员的交易成本是否低于非成员的交易成本。此外，农户加入合作组织还受到农户自身的属性和合作组织发展前景的影响。黄和亮等(2008)认为影响林农合作组织发展的主要因素有：其他产业发展对农户收入的替代、就业替代水平、农户家庭基本特征和地方林业部门的政策导向。郭红东等(2004)认为影响林农合作组织发展的因素有：农户户主的个人特征；农户的家庭特征；农户的农业生产特征；当地市场发育特征；当地政策因素特征；当地经济发展特征。

从林农合作组织的角度看，郑少红(2007)指出产权，特别是收益权和转让权是否能得到明确的界定和有效实行，对林农合作组织的形成与发展起着至关重要的作用。张明林等(2006)指出林农合作组织的有效合作条件主要取决于以下三点：合作组织提供的集体产品要有较高的超可加性效益；成员存在差异性；组织的制度安排可以给每一成员带来合作激励，关键在于要建立一套行之有效的利益分配和成本分摊机制。

林农和林农合作组织都是制约林农合作组织发展的内在因素，还有一些研究针对外部环境产生的制约作用进行了分析。高立英等(2007)提出林农合作组织是一种弱势的民间组织，处于弱势的市场经济体系边缘，林业的弱质性和林业生产的特殊性，都决定该组织比一般的农村合作组织更加需要政府的扶持和帮助。李大银等(2009)认为，目前各种林业生产组织是完全由其自己运作的，长期维持下来很难，也更难走上规范化道路，这就是造成林农合作组织长期不稳定的主要原因。当前的研究主要是针对市场(林产品市场和林业生产要素市场)、法规政策(采伐政策、林权抵押贷款政策和法律地位等)、政府干预行为等外部因素来进行探讨的。

林业生产要素市场存在着资金来源单一、林地细碎化、劳动力转移等问题，制约了合作组织的发育和成长，因此政府的干预行为就会显得很重要。政府作为林农合作组织发展的外部力量，主要是通过政策法规规范林农合作组织的发展，可以加速或减缓合作组织的发展速度。徐旭初(2005)指出，合作组织的行政合法性与政治合法性只有从政府那里才能获得。张晓山(1991)认为在市场经济起步阶段，国家干预对林农合作组织的发展是必不可少的，但政府干预也存在着潜在的危险，在步入正轨后，林农合作组织就应该以自力更生为基点来处理与政府的关系，这也涉及政府在林农合作组织发展过程中的角色定位问题。

第三，发展路径。

从产权基础看，与“分股不分山，分利不分林”产权安排不同的是，结合当前的大部分集体林地分包到户的实际情况，张红宵(2007)提倡以均山为基础的林农合作组织发展。马志雄(2009)通过对4种林权改革方式的比较分析，得出结论：均山制可以较为彻底地界定农户对山林的使用权，并较好的解决林权改革过程中农民利益受到损害的问题，从而减少冲突，体现出对集体林业改革中对成员权力的尊重。他并对“均山制+林业专业合作”的林业经营模式的可行性进行了论证。改革开放三十年，随着市场机制日益完善，从集体所有到均山制的路径和从均山制到林业专业合作的路径，都已经有了实施的可能及条件。“均山制+林业专业合作”的模式集中“统”和“分”的优势，有利于促进林地的流转集中，能比较好地解决林业的外部性问题，可以为林业股份合作制改进提供一些制度借鉴。

从优先发展看，黄丽萍(2009)认为组建和参与护林联防协会是林权制度改革后农民解决“护林难”的现实选择。我国目前林业、林农和合作组织发展的实际来看，林农对合作必要性的认识仍存在比较大的差异，股份合作组织的规范还要走很长的路。因此，以要素契约为主的股份合作组织现在还不能急于广泛推广。林农在林业管护阶段的合作关系比较简单，管护阶段的特点决定了通过商品契约建立的护林联防协会具有比较大的优势，福建尤溪等地护林联防协会的发展也体现出来了这一个优势。因此，组建和参加护林联防协会，将是林权制度改革后林农的现实选择。沈月琴等(2005)根据浙江林业产业实际，提出建立健全各类横向专业合作组织。横向专业合作组织是直接面向农户的，是专业合作组织体系的基石。建立规范的基层专业合作组织，可以提高林业产业竞争力，并促进林业行业健康持续发展。另外，还要建立多层次的纵向专业合作组织结构。在浙江全省各地已经建立了很多的专业合作组织，但这些组织规模小，相互之间及与政府部门之间缺乏有机协调，带动能力不够强。所以，建立多层次的纵向组织体系，可以加强对各组织的指导和协调。

此外，在考虑外部环境和内部规范的基础上，程云行等(2004)提出了林农合作组织的发展路径是要依赖龙头企业，与龙头企业构建利益共同体。

不管是采取何种发展路径，林农合作组织的构建与发展都应坚持一些基本原则，郑少红(2007)提出构建一个有效率的农村合作经济组织，一定要遵循市场经济发展规律和产业特点；在坚持家庭承包经营制度的基础上，必须不断进行制度创新；适合农村生产力发展的合作组织必须是产权完整明晰的和经营主体明确的，需要建立和健全有益于产权安排的激励约束机制，本着维护和保障农民权益的宗旨；也要因地制宜地发展，推进规模化经营，提高组织化的程度，创新政府的管理体制，实现农民增收和农村小康的发展目标。

第四，发展对策。

王登举等(2006)提出林农合作组织发展的对策为：①在外部环境方面为林业合作组织的发展创造条件；②基于我国林农现状和林业合作组织的特点，迫切需要加强对林业合作组织进行规范化管理，完善内部管理制度。汤杰与续珊珊(2009)提出的发展对策为：①正确认识林业合作经济组织的性质和作用；②加快立法进程，明确林业合作组织的法律地位；③加大政策扶持力度；④加大培训宣传力度，培养高素质的合作管理人才；⑤加强内部制度建设的指导和监管，规范组织运行机制。沈月琴等(2005)提出的对策为：①营造良好的外部环境，坚持民办性质，明确政府定位；②建立示范性的林业专业合作经济组织，出台示范章程，促其规范运作管理；③建立健全内部管理机制，规范财务管理，创造条件向信息化发展。许向阳(2007)通过对林农合作组织发展中政府干预的必要性和危险性进行分析，提出了政府干预的尺度、时间以及通过立法规定政府干预权限。

针对福建的情况，洪燕真等(2009)提出，为了提高福建省林农合作组织效率，应该引入“公司+林业合作组织+农户”的经营模式，来取代传统的“公司+农户”的模式。孔祥智认为，只有坚持“民办、民管、民受益”的原则，鼓励多形式的发展，坚持市场运作和政府引导相结合的方式，才会建立起真正运营有效的林农合作组织。孔祥智等(2009)提出，为推动林农合作组织的发展，可采取以下几方面的对策：政府在政策方面予以放开；提供优惠的税收政策、信贷政策；林业部门应建立专项资金给予扶持，提供有利的林地流转政策；完善规章制度等。

2.7.4 小 结

综上所述，对林农合作组织的现有研究主要都集中在概念的界定、发展对策和国内外成功经验的介绍上，却没有对林农合作组织的内部运行规律、创新机制、绩效评价和经济学分析等问题进行更加深入和广泛的研究，主要存在着如下几个方面的特点和不足：

从研究对象上来看，大多数研究都主要集中在经营周期比较短的林产品合作组织上，而且很多都是对协会的研究，特别缺乏对用材林的林农合作组织的研究，并缺乏对用材林合作经营形式单一的现象进行合理的解释。

从研究区域上来看，对林农合作组织的案例研究，主要都是对市场化、产业化和专业化分工水平高的经济发达省市和区域上的研究，而对于那些处于更为弱势的贫困山区和林区的林农为什么没有出现更多自我合作的问题，缺乏从不同角度和理论进行的深入研究。

从研究理论和方法上来看，当前的研究大都是倾向于实证分析，主要通过对各地具体案例的分析，总结出存在的问题，却缺乏着相应理论的支撑。因此，需要在相关理论和实践相结合的基础上，对林农合作组织发展过程中存在的现象和问题进行更好的解释和理解。

从研究的系统性上来看，当前的研究大多存在以面盖全和以个性研究为主的问题，都是试图以某一形式的林农合作组织，如林业专业协会的案例来说明林农合作组织的发展问题，特别缺乏说服力，而且研究的内容也比较分散，内容之间缺乏系统的联系。因此，需要在个性研究的基础上，寻找出林农合作组织的内在发展共性，对我国林农合作组织的产生与发展问题进行更加系统的研究。

第 3 章 集体林改与木材供给的关系

3.1 概念界定

本书以新一轮集体林权制度改革对集体林区木材供给的影响作为研究内容，根据本研究的研究内容和研究方法，将有关的概念进行界定，以明确研究范围。

3.1.1 集体林权制度改革

3.1.1.1 集体林与集体林区

我国森林资源权属主要是国家所有和集体所有两种。《中华人民共和国森林法》第三条规定“森林资源属于国家所有，法律规定属于集体所有的除外”。集体林是由法律规定的属于集体所有的森林资源，相对应的概念是“国有林”。

集体林区是指我国集体林分布比重比较高的省市区，集体林主要分布在集体林区。本论文研究所指的集体林区是指被划为此次集体林改的全国各省集体林所在的所有集体林区，不特指南方集体林区。

3.1.1.2 林权与集体林权

林权是指权利主体对森林、林木、林地的所有权、使用权、收益权和处分权。所有权是指森林、林木与林地的财产归属的权利；使用权是指林权所有者或使用者根据森林、林地、林木的性质加以利用，以满足生产和生活需要的权利；收益权是指林权所有者或使用者在对森林、林地、林木的经营过程中获得收益的权利，既可以是实物形态也可以是价值形态。在所有权与使用权相分离的状况下，收益权将在所有者和使用者之间按照法律或合同的规定进行分配；处置权是指林权所有者或使用者对森林、林地、林木进行处分的权利。在所有权与使用权相分离时，所有权与使用权成为产权中的基本权利，收益权和处分权将在所有者与使用者之间进行分配。

集体林权是指集体所有制的经济组织对本单位的森林资源所享有的占有权、使用权、收益权和处分权。集体林权是一个集合概念，通常理解为是由森林、林木、林地所有权组合而成的权利束，其中林地所有权归劳动群众共同享有，而林地使用权可与林地所有权相分离，在集体林承包经营中，经营者行使的是集体林地的使用权，所有权性质不变。这种统分结合的双层经营体制，相对于以往高度统一的集体所有、集体经营而言，有一定的优越性，在充分保证林地使用权长期稳定的前提下，可以有效解决集体林经营中的责权利相统一问题。

集体林权制度改革是在坚持集体林地所有权不变的前提下，依法将林地承包经营权和林木所有权，通过家庭承包方式落实到本集体经济组织的农户，确立农民作为林地承包经营权人的主体地位。林地的承包期为70年，承包期满，可以按照国家有关规定继续承包。集体林改后，农户拥有了集体林地的使用权、林木的所有权。

3.1.1.3 林权制度改革的定义与内涵

本研究所指的林权制度改革，是指在2003年《中共中央 国务院关于加快林业发展的决定》和《中华人民共和国农村土地承包法》实施后，福建、江西、辽宁等省进行了以“明晰产权，放活经营权，落实处置权，保障收益权”为主要内容的集体林权制度改革，是指新一轮集体林权制度改革(以下简称林改)。2008年中央出台《中共中央 国务院关于全面推进集体林权制度改革的意见》，新一轮集体林改进入了全面推进和深化的阶段。

此次林改是以明晰林地使用权和林木所有权、放活经营权、落实处置权、保障收益权为主要内容的综合性改革。主要包括两层涵义：一是依法实行农村集体林地承包经营制度，确立本集体经济组织的农户作为林地承包经营权人和林木所有权人的主体地位，逐步解决集体林权纠纷、林权流转等历史遗留问题，维护农民和其他林业经营者的合法权益；二是依照《中华人民共和国物权法》《中华人民共和国农村土地承包法》《中华人民共和国森林法》等法律规定，完善制度建设和深化林业体制机制改革，保障农民和其他林业经营者依法占有、使用、收益、处分林地林木的权利。

此次林改的主要任务包括六个方面：一是明晰产权，在保持集体林地所有权不变的前提下，把林地承包经营权和林木所有权落实到户，确立农民的经营主体地位；二是勘界发证，核发全国统一式样的林权证，做到图、表、册一致，人、地、证相符；三是放活经营权，实行商品林、公益林分类经营管理，对商品林农民可依法自主决定经营方向和经营模式；四是落实处置权，在不改变林地用途的前提下，承包人可以依法进行转包、出租、转让、入股、抵押或作为出资、合作条件；五是保障收益权，农民依法享有承包经营林地的收益；六是落实责任，在签订承包合同时，必须落实好防止乱砍滥伐、森林防火、防治病虫害等管护责任。

3.1.2 林权制度改革研究的范畴

本书研究的林权制度改革主要是通过衡量林改的一系列措施和改革的做法来作为这一制度变迁的代理变量。主要包括三个方面：一是落实到农户的各种权利；二是以农户家庭承包经营为主体的集体林的经营方式；三是勘界发证。

落实到农户的各种权利主要包括：林地转农地的权利、改变林地类型的权利、改变树种的权利、林下资源使用的权利、林地林木的流转权利、林地林木的抵押权利、林权证的抵押权利(针对已拿到林权证的农户)和林地抛荒的权利。

这些权利的总和可以作为林改确权的代理变量，分开的权利是为了更好的研究林改中哪些权利因素对木材供给产生的影响更重要。家庭自营的林地面积比作为家庭承包经营的指标。是否发放林权证以及家庭拥有林权证的林地面积比作为林权证的指标。

3.1.3 木材供给的概念界定

3.1.3.1 森林资源的分类

按照《中华人民共和国森林法》(1998)第四条规定，森林资源分为五大类：①防护林：以防护为主要目的的森林、林木和灌木丛，包括水源涵养林，水土保持林，防风固沙林，农田、牧场防护林，护岸林，护路林。②用材林：以生产木材为主要目的的森林和林木，包括以生产竹材为主要目的的竹林。③经济林：以生产果品，食用油料、饮料、调料，工业原料和药材等为主要目的的林木。④薪炭林：以生产燃料为主要目的的林木。⑤特种用途林：以国防、环境保护、科学实验等为主要目的的森林和林木，包括国防林、实验林、母树林、环境保护林、风景林，名胜古迹和革命纪念地的林木，自然保护区的森林。

为了促进人工商品林的培育和合理利用，规范人工商品林的采伐管理，国家林业局2003年12月30日下发了《国家林业局关于完善人工商品林采伐管理的意见》(林资发[2003]244号)，其中关于人工用材林的采伐利用有如下规定：

人工商品林包括人工培育的用材林、薪炭林和经济林。其中，人工用材林是指人工培育的以生产木材为主要目的的森林和林木，包括人工播种(含飞机播种和人工撒播)、植苗、扦插造林形成的森林、林木及其上述森林和林木采伐后萌生形成的森林和林木。人工用材林分为定向培育的工业原料用材林和一般用材林。定向培育的工业原料用材林，是指以生产工业用木质原料为主要目的，定向培育的森林和林木，包括短轮伐期用材林和速生丰产用材林。一般用材林，是指除前款以外其他以生产木材为主要目的的森林和林木。

3.1.3.2 本研究中用材林和木材供给的概念界定

基于以上的法律条款和相关文件，本书对集体林区木材供给的影响，主要研究的是基于一般用材林的林地生产的原木和竹林所生产的竹材。不包括短轮伐期的用材林。同时，本研究中的木材供给是指作为原材料的原木和竹材，从生产到采伐这一环节的供给。其中，木材供给的木材是指原木和竹材等原材料，不包括其他木质林产品；木材供给的环节不包括进行初加工以及以后的供给过程。本书将竹材纳入到研究的范畴，一是因为竹材的生产和加工是国家《产业结构调整指导目录》中指出的作为主要节材代木发展的鼓励项目；二是因为随着我国竹地板、竹制家具等竹制品生产工艺的提高，技术的进步，竹材的需求也越来越大。

3.2 数据来源

本部分的研究使用了北京大学 EEPC 项目组关于集体林区的调查数据作为研究数据，调查样本由随机抽样产生，由两次调查构成。第一次调查在 2005 年展开，第二年完成；第二次调查在 2010 年，对同一样本进行回访。

首先，研究林改对集体林区森林资源的影响时，使用了全国八省包括福建、江西、湖南、安徽、浙江、辽宁、山东、云南在 2005 ~ 2006 年的第一次调查的村级调查数据作为研究的数据，其次在研究林改对农户用材林投入行为和采伐行为的影响时，使用了这八省中森林资料较为丰富，林权制度改革较早并取得丰硕成果的江西省的村级和户级调查数据（由 2005 年第一次调查和 2010 年回访调查构成的面板数据）。

2005 ~ 2006 年之间八省的调查是遵循随机抽样的方法进行样本选择的。在调查前期准备阶段，首先确定调查的县的名单，这个名单是根据各省的地理条件、区域划分、林业资源丰富程度来确定的，每个省抽取 5 个县作为调查的样本县，每个县随机抽取 3 个乡镇作为调研的样本乡，每个乡随机抽取 2 个村作为调研最终的样本村。其中，样本乡的确定是根据各个乡镇的森林资源禀赋情况随机抽取的，样本村的确定则完全由随机抽样产生，最后仍然使用随机抽样原则，在每个村最近的农户花名册上选择 10 个农户作为最终的入户调查样本。如果调查的农户在调查当天不在家，就按照顺时针的原则，确定当天在家的其他农户作为受访对象。

2010 年的回访，则跟踪访问上一次调查确定的样本村和入户调查的农户。2005 年，江西省接受访问的为 5 个县，30 个村，300 户农户，在 2010 年回访的仍是这 5 个县，30 个村，300 户农户，接受回访的有 225 户农户，回访率 75%，主要是由于一些访户在回访时已经搬离了原来的居住地，或是由于工作需要或生活需要离开了家等一些随机因素造成的。

本书使用的数据主要有村级和农户调查表。村级调查表包括了村干部访谈表、村财表和村资源表，涵盖了样本村的基本信息，林权改革实施的过程，林改前后林地各项权利是否发生变化，该村土地利用的情况，村组的基本信息，公共项目的投入；村财政收入和支出的情况；村森林资源变化情况。农户调查表，采取入户调查填写问卷的方式完成，每个调查员访问一个农户，问卷的内容主要涵盖了农户家庭成员的基本信息，该农户是否参加了林改，该农户家的林地地块在林改前后是否发生了变化，地块的投入情况、农户是否造林及造林投入情况，家庭生活收支状况，家庭固定资产情况，财务状况、社会关系、参与的社会组织与村干部信任状况等方面的内容。

3.3 木材供给的理论分析

3.3.1 最优轮伐期的确定和短期木材供给

运用经济学理论研究木材短期供给时，假定短期林地生产规模不变，那么森林资源的经营和利用问题，核心就是确立林木采伐时间——即确定最优轮伐期。

假定林地在采伐后进行了迹地更新，设进行采伐迹地更新的时间为 $t=0$，设 $Q=Q(t)$ 为森林的蓄积量，时间 t 是连续的，在 $t\leqslant T$ 时，森林的平均生长率非负，在 T 之后森林进入过熟期，开始逐渐衰退，即平均生长率为负。森林在造林更新到进行采伐的这段时间就被称为轮伐期。

3.3.1.1 数量成熟——年均生长量最大 MAI 标准

假设我们希望最大化每次采伐的木材量，那么年均的木材采伐量即为 $\frac{Q(T)}{T}$，被称为林木年均生长量(MAI)，那么轮伐期的确定问题，即为在使得林木年均生长量(MSY)最大的时间进行采伐，被称为生物学的以数量成熟为标准确定的最优轮伐期，用公式表达为：$\text{Max}\,\frac{Q(t)}{T}$，即满足平均生长量与边际生长量相等，由MAI 标准确定的轮伐期记为T^*，有：$T^*=Q(T)/Q'(t)$。

$$\text{Max}\,\frac{Q(T)}{T} \qquad \text{F. O. C.}\ =>Q'(t)=\frac{Q(T)}{T},\ \textit{denote with}\ T^*$$

经济意义：边际生长量 = 平均生长量

3.3.1.2 经济成熟——经济净现值最大 NPV 标准

假设我们希望得到最大化每次采伐带来的净收益，则对应着经济学的最优轮伐期。经济学对于最优轮伐期的决定是以经济成熟为标准，即经济净现值

(NPV)最大。我们用 p 表示单位木材的价格，用$e^{-\delta t}$来代表现实中的贴现率。

单个轮伐期：假定生产规模既定，木材采伐后将不进行采伐更新，那么单个轮伐期的决定，为最大化净收益$\pi_s = pQ(t)e^{-\delta t}$，单个轮伐期的采伐时间记为$T^{**}$，$pQ'(T)$为推迟采伐将带来的边际收益，$\delta pQ(T)$表示推迟采伐将带来的边际机会成本。

$$\text{Max}(\pi_s) = \text{Max}[pQ(T)e^{-\delta T}] \qquad \text{F. O. C.} \ => pQ'(T) = \delta pQ(T),$$

进一步化简为：$\dfrac{Q'(T)}{Q(T)} = \delta$，*denote with* T^{**}

经济意义：林木的生长率 = 社会贴现率。

3.3.1.3 Faustmann 最优轮伐期

经济学对最优轮伐期的研究，可以追溯到 19 世纪的经济学家 Martin. Faustmann，他指出，林业生产决策即最优轮伐期的确立应该建立在森林价值最大化原则的基础上，此后 Ohlin 对 Faustmann 的理论进行了数学化描述，建立了所谓的 Faustmann 模型。

我们仍然用 p 表示单位木材的价格，用$e^{-\delta t}$来代表现实中的贴现率，C 代表迹地更新的成本，那么采伐的收益则为：$\pi = [pQ(t) - C]e^{-\delta T}(1 + e^{-\delta T} + \cdots) = \dfrac{pQ(t) - C}{e^{\delta t} - 1}$，最大化经济净现值即满足$\dfrac{d\pi}{dT}$，记最优轮伐期为$T^{***}$，$pQ'(T)$仍然为推迟采伐将带来的边际收益，$\delta[pQ(T) - C]$为推迟砍伐沉没的利息支出，$\delta\pi$ 为推迟采伐带来的机会成本，这两部分构成了推迟采伐的边际成本。

$$\text{Max}\pi = \text{Max}\left[\frac{pQ(t) - C}{e^{\delta t} - 1}\right]$$

$$\text{F. O. C.} \ => \ pQ'(T) = \frac{\delta[pQ(T) - C]}{1 - e^{-\delta T}}$$

$$=> pQ'(T) = \delta[pQ(T) - C] + \delta\pi, \ \textit{denote with} \ T^{***}$$

经济意义：T 时期决定等待(推迟砍伐)的边际价值 = 土地的机会成本(当前损失 + 未来损失)。

3.3.1.4 不同标准决定的轮伐期与短期木材供给的关系

不同标准确立的最优轮伐期在适当的设定下是可以比较大小关系的，例如，不失一般性地，把森林生长函数设定成 $Q(t) = e^{a - b/t}$，$b > a > 0$ 的函数形式，那么数量成熟标准确立的最优轮伐期是$T^* = b$，经济成熟标准确定的单个轮伐期$T^{**} = \sqrt{b/\delta}$，比较 Faustmann 多个轮伐期和单个轮伐期的一阶条件，在单个轮伐期下有：$pQ'(T) = \delta pQ(T)$，在短期，不存在迹地更新，则有 $C = 0$，由 Faustmann 模型决定的多个轮伐期为：$pQ'(T) = \delta pQ(T) + \delta\pi$，由于 $\delta\pi$ 的存在，有

$T^{***} < T^{**}$，大小程度则取决于社会贴现率 δ，通过比较三个最优轮伐期，显然 $T^{***} < T^{**} < T^{*}$。

假设森林生长曲线为逻辑斯蒂生长曲线，森林生长曲线的高度反映的是蓄积量。单位蓄积是反映林地生产力的重要指标，林地生产力高的森林资源生长曲线会更高。在这里，短期只考虑既定的生产规模，在固定的森林生长曲线上比较不同标准确定的最优轮伐期。如图 3-1 所示，在 T 之前，边际生长率为正，T 之后森林资源开始衰退，那么数量成熟和经济成熟对应的位置如图 3-1 所标示出的，有：$T^{**} < T^{*}$。放入多轮伐期，三个轮伐期详细的图形比较，其中，T^{***}，T^{**}和T^{*}的含义同前。

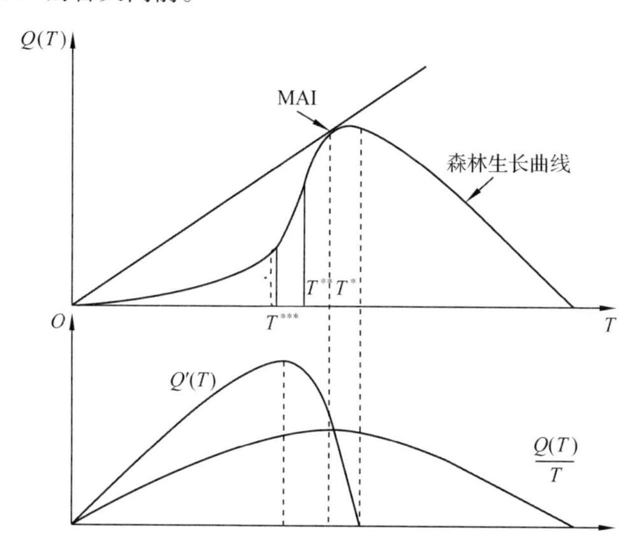

图 3-1 既定森林生长曲线下不同标准确立的最优轮伐期比较

Fig. 3-1 The comprision of different standard on rotation of the same scale

可以看出在短期，Faustmann 最优轮伐期T^{***}早于经济净现值决定的最优轮伐期T^{**}也早于数量最优决定的最优轮伐期T^{*}，即轮伐期提前了，短期供给增加。

3.3.1.5 短期木材供给的理论推演结论及假说

通过比较既定森林生长曲线下不同标准确立的最优轮伐期，可以得到三个主要结论：

(1)从生态效益和森林资源可持续经营的角度来看，森林生长曲线既定的前提下，数量最优(MAI)标准确定的最优轮伐期优于经济净现值最大(NPV)标准确定的最优轮伐期。

(2)从木材供给角度看，经济净现值最大(NPV)标准确定的最优轮伐期提前，将使木材短期供给量多于数量最优(MAI)标准。

(3)在既定的森林生长曲线约束下，以轮伐期提前的代价来换取短期木材供给的增加无助于改善生态。

根据短期木材供给能力的理论推演，给出关于短期的两个假说：

假说Ⅰ：如果林改的实质是林业确权和分林到户，这将赋予农户更大的空间做理性决策，农户决策将尽可能地以经济净现值最大(NPV)作为标准。结果是，不管是单个轮伐期还是多个轮伐期，最优轮伐期都比数量最优的标准提前了。如果符合假说，林改将缩短木材轮伐期，增加木材的短期供给。

假说Ⅱ：如果采伐限额制度确定采伐指标是基于数量最优(MAI)标准，在既定的森林规模下，严格执行采伐限额制度可以保证木材供给将维持在一个可持续利用的水平，有利于保护生态环境。

由于假定森林资源规模既定，短期的理论推演解释能力非常有限，再加上只看森林自身生长曲线也排除了人类行为，两个假说显得脱离实际，因此，有必要放宽理论推演的假定，将木材供给的分析引入长期。

3.3.2　林地生产规模改变和长期木材供给

一般认为，森林资源属于可更新资源，可更新资源都有自身的运动方程。因此，模拟长期需要考虑到包括生产规模在内的所有要素都是变量，长期木材供给将由森林生长曲线和林地经营者的经营行为共同决定。农户的生产经营活动、政府的行为等因素都会改变林地生产规模，进而改变林木的最优轮伐期。

3.3.2.1　有投入改变林地生产规模对最优轮伐期和木材供给的影响

在长期，尽管经济模型能够直接提供的信息有限，但是我们仍然可以通过比较森林生长曲线改变的不同情况进行判断。正如前文提到，林地经营者长期的生产和经营活动不仅可以改变林地规模，还会改变林木的最优轮伐期。若林地生产规模发生变化，森林生长曲线的改变将会出现多种不同情况。

图3-2中较矮的森林生长曲线代表林地生产规模没有改变时的资源禀赋，也就是分析短期时既定的森林生长曲线，在图中用虚线画出；在长期，由于存在人类行为(如农户经营投入或政府行为等)将改变森林资源的规模，而新的森林生长曲线的变化可以有各种情况。

可以预期的是，无论是造林的投入还是营林的投入，都反映在总蓄积量(纵轴)增加的指标上，图中$Q^{**}>Q^{*}$；如果营林者对林地的长期投入是预期其经济收益最大，用T^{**}表示增加林地投入后的经济净现值最大(NPV)确定的最优轮伐期，T^{*}仍然表示原来规模既定时候数量最优(MAI)的轮伐期。

图3-2中(Ⅰ)和(Ⅱ)两种情况说明一个事实：在长期，森林生长曲线变化

后以经济成熟(NPV)标准重新确定的最优轮伐期T^{**}可能大于、小于或者等于之前(生产规模既定时)数量最优标准(MAI)确定的轮伐期T^{*}。但是需要指出的是，图中两种情况下在T^{**}的森林蓄积量都高于之前数量最优标准下的林木蓄积量，因为投入增加了林地的生产规模，增加了木材供给能力。

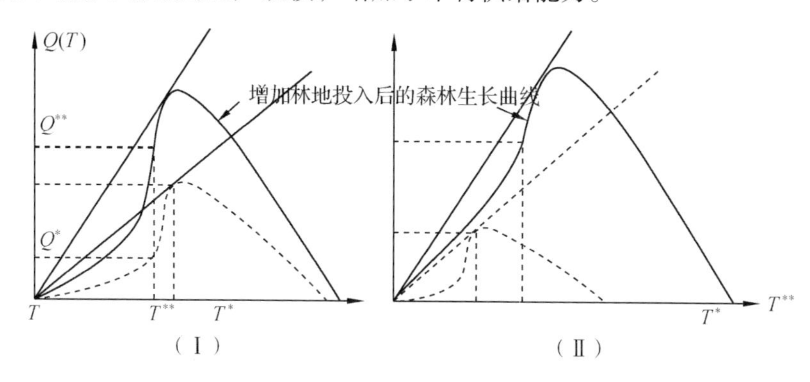

图 3-2 森林资源生长曲线改变的比较

Fig. 3-2 The different case of forest growth curve

一般来说，存在投入都将使得林地生产规模扩大(森林生长曲线上移)。但是在理论上，图 3-3 也是长期中可能的一种情况。新的森林增长曲线需要在一定时间$\tilde{T}$之后才表现出森林蓄积量增加的趋势。可能对应的现象是，经营者提前采伐是为了改变森林资源类型，转而经营生长周期更长的树种，在一定时间$\tilde{T}$内表现为原来的森林资源提前耗竭；或者是，经营者早期过多采伐而没有进行林地投入，在一定时间之后才开始投入，需要经过较长时间$\tilde{T}$才看出森林蓄积量的增加。尽管是一种特殊的情形，但其具有较强的政策含义。这说明，林业政策所决定的林地经营方式必须长期稳定，才能最终达到预期效果(至少在$\tilde{T}$时期之后)。政策的不稳定或者随意变更，都将出现原来的森林生长曲线提前耗竭，而新的森林生长曲线不再出现的情形。

20 世纪 80 年代林业“三定”政策至今可能是图 3-3 一个很好的例证。从 1981 年中共中央、国务院颁布了《关于保护森发展林业若干问题的决定》(中发[1981]21 号)提出分林到户开始，到 1987 年中共中央、国务院发出了《关于加强南方集体林区森林资源管理，坚决制止乱砍滥伐的指示》(中发[1987]20 号)，指出要执行年森林采伐限额制度，停止分林到

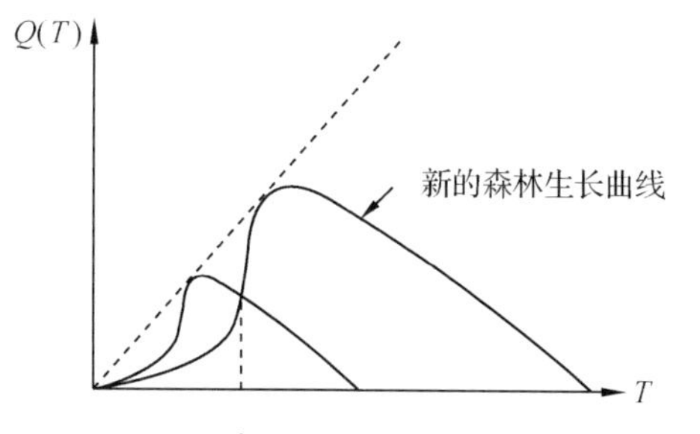

图 3-3 森林生长曲线的变化

Fig. 3-3 The possible forest growth curve

户工作，短短六年时间，林业“三定”夭折。从图3-3的情形判断，很难想象具有较长生长周期的森林资源能够在六年时间里就超过 $\tilde{T}$，就表现出总蓄积量增加的趋势。

政策的随意变更使经营者对政策缺乏信任，提前采伐以规避产权不稳定的风险，新的森林生长曲线将不再出现。最后的结果是，挫伤农户积极性，破坏森林资源，继续高昂的管制成本和超采盗伐的隐患。若政策的稳定性低，带来的负面影响严重，而且，新政策要再次获取农户的信任就更加困难。

3.3.2.2 长期木材供给的理论推演结论

通过分析林地投入带来林地生产规模的改变，及其对最优轮伐期和木材供给的影响，可以得到三个结论：

(1)短期木材供给的理论推演得出的结论适用于长期推演中任何既定的森林生长曲线。即使是在变化之后的森林生长曲线上，经济净现值最大(NPV)标准确定的最优轮伐期仍然倾向于提前采伐，增加木材供给量。

(2)从生态保护和森林可持续经营角度看，在变化之后的森林生长曲线上，数量最优标准(MAI)确定的最优轮伐期仍然优于经济净现值最大(NPV)标准。

(3)在长期，最优轮伐期的长短不是判断木材供给能力的唯一标准，关键要看林地生产规模(包括面积和蓄积)，这与林业生产经营活动和林地投入密切相关。

根据长期木材供给能力的理论推演，给出长期的两个假说：

假说Ⅲ：如果集体林权制度改革通过家庭承包经营的方式完成分林到户，发放林权证这些措施，确实能够刺激农户投入行为的话，无论是营林投入还是造林投入，都将使森林生长曲线上移。在新的森林生长曲线上，以经济净现值最大(NPV)标准提供的木材供给量和供给能力一定超过短期(NPV)情形。从这一点上说，如果有政策能够确实刺激经营者增加营林或造林投入，放松对经营者的采伐限制，那么这项政策对于社会来说将是一种帕累托改进；如果这项政策能够实现初衷，那么唯一需要保证的就是政策的稳定性。

假说Ⅳ：如果存在林地投入(无论是政府行为还是个人行为)，使得森林生长曲线上移(总蓄积量增加)，又能够实现以数量最优标准(MAI)确定的最优轮伐期供给木材的话，那将增加国内木材供给能力，实现林业的可持续经营。

3.3.3 森林采伐限额制度对实际木材采伐量的影响

在我国，森林资源主要有三种权属形式：国家所有、集体所有和个人所有。这三种权属形式的森林资源在采伐时都必须严格遵守森林采伐限额制度，个人所有的森林资源也不得随意采伐，除了农村居民自留地、房前屋后个人所有的零星林木不编制采伐限额外，以及根据《国家林业局关于改革和完善集体林采伐管理改革的意见》(林资发[2009]166号)，“十二五”期间非规划林地上林木的采伐不再编制年森林采伐限额，由经营者自主采伐，这两种特殊情形外，在规划林地上，凡采伐胸径5cm及以上的林木，必须编制年森林采伐限额。由于采伐限额的存在，在一定时期内实际的木材供给量主要由采伐指标决定。

3.3.3.1 森林采伐制度

1985年，我国颁布的《森林法》中明确提出“对森林实行限额采伐”；同年，林业部发布的《制定森林限额采伐暂行规定》，对森林采伐限额的实施办法和机制作了详细的规定。1987年，中共中央、国务院《关于加强南方集体林区森林资源管理，坚决制止乱砍滥伐的指示》颁布以后，标志着森林采伐限额制度开始正式运行。森林采伐限额制度按照采伐量低于生长量的总原则，根据森林资源消长状况和经营管理情况，采伐量每5年为一个计划期进行调整，分别按省(自治区、直辖市)编制。森林采伐限额制度是我国森林管理中一项非常重要的制度，其设立的目的是为了保护森林资源，改善生态环境。

森林限额采伐制度自开始实施至今，经过了多次的修改完善。最初的采伐限额制度仅仅是从总量上对森林采伐进行控制，分别对各省、自治区、直辖市的采伐数量给出具体的指标，要求采伐量不得超过规定的采伐限额总量。此后，在总量上控制之外，按照各类分项限额指标，对国营林业企业和国有林场也分项列出了采伐限额指标。再后来，森林采伐限额不仅按照森林的消耗结构进行分类，而且进一步从采伐类型上进行分类。随着制度的日益完善，林业乱砍滥伐现象得到了较好的遏制。但是，这一制度在本身设计以及实际运行中存在的诸多问题，都对林业的发展产生了许多负面影响。

第一，森林采伐限额编制方法。

以“十二五”期间年森林采伐限额编制方法为例。“十二五”期间年森林采伐限额按采伐类型、森林类别、森林起源和林木权属设置分项采伐限额。

采伐类型分项限额分为主伐限额、抚育采伐限额、更新采伐限额和其他采伐限额。

森林类别分项限额分为商品林限额和公益林限额。商品林限额按采伐类型分为主伐、抚育采伐和其他采伐限额(包括低产林改造和薪炭林采伐、疏林采伐、四旁树采伐、散生木采伐、经济林采伐以及因特殊情况进行的商品林采伐)；公益林限额按采伐类型分为抚育采伐、更新采伐和其他采伐限额，其他采伐包括低效林改造和疏林采伐、四旁树采伐、散生木采伐以及因特殊情况进行的公益林采伐。

森林起源分项限额分为：天然林采伐限额和人工林采伐限额，其中，人工林采伐限额中的短轮伐期用材林主伐限额需要单独列出。

林木权属分为：国有、集体、个人、非林业系统和其他采伐限额(合资、合作、合股、联营等)。

在林业系统中，国家所有的森林和林木以国有林业局、国有林场为单位编制森林采伐限额。新疆生产建设兵团以团为单位编制采伐限额。集体、个人所有的森林和林木以县为单位编制采伐限额。达到一定规模的森林经营主体，可以单独编制采伐限额，其中"一定规模"的标准由省级林业主管部门根据本省具体情况确定。

非林业系统的铁路、公路、城建、水利、部队、农场、厂矿等限额编制单位的确定，由省级林业主管部门协商有关省级主管部门共同确定。

采伐限额编制要根据森林资源规划设计调查(二类清查)成果测算出的森林合理年采伐量来确定，凡是2006年及以后完成二类清查的，经县级以上的林业主管部门审定，数据可以直接用于编制"十二五"期间的森林合理年采伐量测算，在2006年及以后未进行二类清查的，要补充数据，按照不同的技术要求，开展的森林资源调查将资源数据更新到2008年年底。更新后的数据，用于森林合理年采伐限额量测算。

用材林主伐的限额编制主要使用模拟测算法进行。模拟测算法依据森林经理学原理测算森林的合理年采伐量，基于法正林理论，是一个面积采伐控制模型，对于主伐，按照相同年伐量进行采伐，只对成、过熟林进行采伐，要求年伐量小于年生长量，森林采伐后当年完成更新。

第二，森林采伐限额的申请。

《中华人民共和国森林法实施条例》第五章第三十条规定，申请林木采伐许可证的单位和个人，应分别情况提交下列文件：①林业局、国有林场应提交伐区调查设计文件和上年度更新验收证明；②其他单位应提交有采伐的目的、地点、林种林况、面积、方式和更新措施等的文件，部队还应提交师级以上领导机关同意采伐的文件；③个人应提交包括采伐的地点、面积、树种、株数、蓄积、更新时间等内容的文件。

3.3.3.2 林改之后森林采伐限额制度的变化

2008年6月8日中共中央、国务院《关于全面推进集体林权制度改革的意见》明确提出"实行商品林、公益林分类经营管理。依法把立地条件好、采伐和经营利用不会对生态平衡和生物多样性造成危害区域的森林和林木，划定为商品林；把生态区位重要或生态脆弱区域的森林和林木，划定为公益林"。商品林按照基础产业进行管理，主要由市场配置资源，发挥市场在配置资源中的基础作用，政府给予必要扶持。"对商品林，农民可依法自主决定经营方向和经营模式，生产的木材自主销售”，这就赋予了农户将木材作为商品，可以自主决定要不要卖、卖给谁以及怎么卖。

林改后，商品林经营与森林采伐限额制度之间的矛盾，在现阶段主要有以下这两个观点。一种是基于物权保障的观点，这种观点认为，林业分类经营管理后，公益林可以依法限制采伐利用，商品林要取消森林采伐限额制度管理和行政许可制度，保障林木所有者的处分权，通过市场机制调动农民造林育林的积极性，向农户宣传森林资源保护的知识，加强农民的护林意识和护林积极性。当林改深入，农户对林权的意识加强，那么农户保护自有私有财产的意识就会增强，便不会出现乱砍滥伐的现象。另一种是基于资源保护的观点，这种观点认为取消森林采伐限额管理和行政许可制度，会由于部分人急功近利的做法，带来森林资源的过量采伐，从而对生态安全产生威胁。目前，我国特殊的经济发展情况和森林资源现状条件下，取消森林采伐限额制度的条件尚不具备。

基于这两种观点，新一轮林改提出“编制森林经营方案，改革商品林采伐限额管理，实行林木采伐审批公示制度，简化审批程序，提供便捷服务”。

图3-4比较了“十五”“十一五”和“十二五”期间年森林采伐限额的变化，可以看出，随着集体林权改革的深入，国家对于商品林，尤其是人工用材林的采伐限额做了调整，大大放宽了对人工用材林的限制。在年森林采伐限额逐年增加总体背景下，对天然林的采伐逐渐降低，对人工林的采伐力度则逐渐增强。

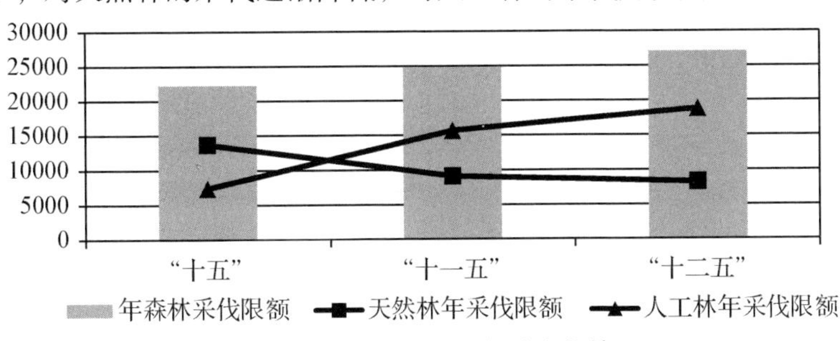

图3-4 我国森林采伐限额的变化情况

Fig. 3-4 The forest cutting quota system

根据表3-1，从“十五”到“十一五”期间，年森林采伐限额增加了11.23%，其中主伐的限额增加了38.95%，而抚育采伐和其他采伐的限额都有所下将，其减幅分别为7.09%和4.76%。从“十一五”到“十二五”期间，年森林采伐限额增加了9.23%，其中主伐的限额增加了20.22%，抚育采伐增加了23.84%，其他采伐的限额则下降了19.16%。

根据表3-2，与“十五”期间相比，“十一五”期间，全国人工林年采伐限额增加7087.2万m^3，增长率为112.43%，除去工业原料林的采伐限额指标，仍增加了664.3万 m^3，增长率为8.99%；天然林年采伐限额减少4581.9万 m^3，减少了33.44%；商品材年采伐限额增加4179.5万 m^3，非商品材年采伐限额减少1674.2万 m^3。与“十一五”期间相比，“十二五”期间，全国人工林年采伐限额增加了3136.0万 m^3，增长率为19.98%，其中工业原料林年采伐限额增加了2383.9万 m^3，增长了42.13%，除去工业原料林外，人工林的采伐限额仍增加了752.1万 m^3，比上一个五年计划增加了87.8万 m^3；天然林年采伐限额进一步缩小，减少了9.28%。图3-5、图3-6直观的显示了“十五”“十一五”“十二五”期间森林采伐限额与天然林人工林采伐限额变动的情况。

表3-1　“十五”到“十二五”森林采伐限额的变化

Tab. 3-1　The forest cutting quota in different times

	“十五”期间（万 m^3）	“十一五”期间（万 m^3）	增长率(%)	“十二五”期间（万 m^3）	增长率(%)
年森林采伐限额	22310.2	24815.5	11.23	27105.4	9.23
主伐限额	8451.8	11743.7	38.95	14118.8	20.22
抚育采伐限额	6053.2	5624.1	-7.09	6965.0	23.84
其他	7805.2	7447.7	-4.76	6021.6	-19.16

数据来源：根据中华人民共和国国务院办公厅网站整理。

表3-2　“十五”到“十二五”森林采伐限额的结构变化

Tab. 3-2　The change of structure of forest cutting quota in different times

	“十五”期间	“十一五”期间	增长率(%)	“十二五”期间	增长率(%)
天然林(万 m^3)	13703.3	9121.4	-33.44	8275.3	-9.28
人工林(万 m^3)	7387.9	15694.1	112.43	18830.1	19.98
其中：短轮伐期		5422.9		7706.8	42.13
毛竹(万根)	56991.9	由省级林业主管部门确定，报国家林业局同意后实施		不再规定	
杂竹(万根)	47644.6			不再规定	

数据来源：根据中华人民共和国国务院办公厅网站整理。

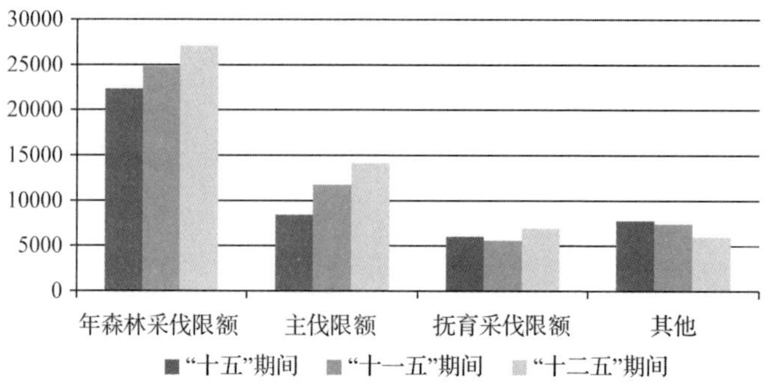

图3-5　不同时期的森林采伐限额

Fig. 3-5　The forest cutting quota in different times

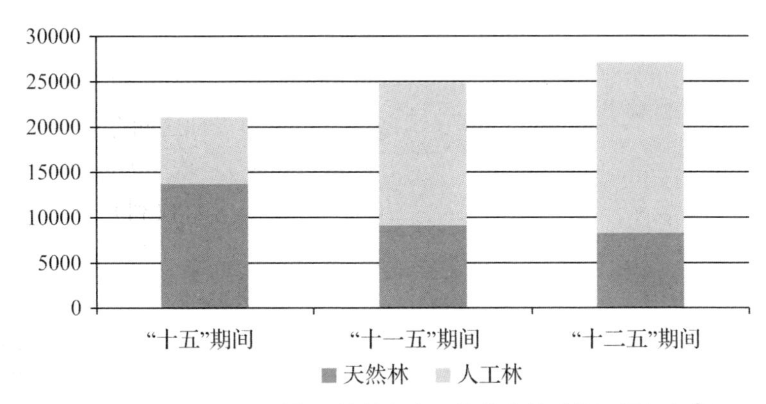

图 3-6 不同时期天然林和人工林的森林采伐限额(万 m^3)

Fig. 3-6 The forest cutting quota of natral forest and artifitial forest in different times

从以上分析可以看出，随着林改的深入，国家对于木材采伐限额做出了很大的调整：国内的木材供给主要由人工用材林来承担，人工用材林的采伐限额逐年增加，"十二五"期间，对基本完成集体林权制度改革主体改革的省份，人工林年森林采伐限额增加 870.8 万 m^3。对于林地经营的微观主体来说，森林采伐限额对于农户采伐决策的约束正在逐渐变弱。同时，也可以看出商品林经营尤其是用材林经营，受到采伐限额制度的约束越来越小，可以说伴随着林改的深入，森林采伐限额制度已经大大放宽了。

3.3.3.3 采伐限额制度与林改确权

采伐限额制度的存在阻碍了林改确权的完成度，尤其是采伐限额制度对农户的采伐权和收益权产生了最直接的限制。根据前面的分析，虽然在林改深入的同时采伐限额制度也有所放宽，农户的自主采伐权有了提高，但是在现实中，采伐限额制度与林改确权之间仍存在着很强的相关性。利用江西省的实地调查数据，这部分将讨论森林采伐限额制度与林改确权之间的相关关系。如果采伐限额制度与林业确权之间具有负相关关系，那么采伐限额制度影响了林改的效果，对林改促进森林资源增长、林业的可持续经营等目标也将产生影响。

表 3-3 中采伐限额指标的构造方法是：2006 ~ 2010 年间农户实际得到的采伐量/想要申请的采伐量，旨在衡量采伐限额与农户意愿的差距，该指标一般情况介于 0 ~ 1(除非实际得到的采伐量超过想要申请的采伐量)，数值越大说明采伐限额越宽松。权利指标有：流转权、抵押权(由林权证的抵押权、林地和林木抵押权这两个指标构成，若农户具备任何一个，则认为农户具有抵押权)、林下资源使用权、改变树种的权利以及改变森林资源的权利。这些权利指标都是 0，1 变量，0 代表农户认为没有这项权利，1 代表农户认为拥有这项权利。

表 3-3 给出的是对于采伐限额指标与这些权利指标之间没有相关关系这一假说的 T 检验值和 P 值。较大的 T 值和较小的 P 值都是拒绝原假说的证据。可以看出，表中列出的各项权利指标都表现出与采伐限额指标之间存在显著的正相关性。这说明，随着采伐限额指标的增大(即限制放宽)，农户拥有的各项林业产权也将更大，也就表明集体林改的效果越好(即农户更有权利)。尽管这不是一个严格的因果关系的检验，但至少这是两者存在相关性的有力证据。

表 3-3 采伐限额制度和林权的相关性检验

Tab. 3-3 The correlation between forest cutting quota and the collective forest tenure reform

	流转权	抵押权	林下资源	改变树种	改变类型
采伐限额	0. 0567	0. 060	0. 042	0. 046	0. 049
T - test	3. 45	3. 57	1. 79	2. 62	1. 82
P - value	0. 001	0. 000	0. 074	0. 024	0. 070

本研究将在后面部分严格地探讨各项权利指标对森林资源状况以及农户林地经营行为(投入和采伐)的具体影响。如果林业确权会直接影响到农户对林地的经营行为，那么根据采伐限额与这些权利指标的相关性就可以推知，采伐限额的存在，除了控制农户的木材采伐量外，还将对农户的林地经营行为产生间接的影响。

3. 3. 3. 4 森林采伐限额对集体林区木材供给的影响

根据前面关于森林采伐限额的分析，本书认为采伐限额对集体林区木材供给的影响分为两部分：一部分是直接影响，对一定时期内木材采伐量进行总量控制。另一部分是间接影响，通过影响林业确权来影响集体林区的木材供给。

森林限额采伐制度产生的直接影响。在集体林区，农户拥有的用材林都是一般用材林，不同于短轮伐期的用材林，林木的生长周期长，一般都在 20 ~ 30 年以上。从森林采伐限额编制的方法来看，用材林的主伐，只对成、过熟林进行采伐，即在森林的边际生长率为负的时期内采伐，那么其采伐的时间一般晚于经济净现值最大标准确定的采伐时间。

根据前面的分析，森林采伐限额限制了农户做理性决策的权利，若农户打算在经济净现值最大标准确定的时间进行采伐，但由于没有申请到采伐指标，那么农户将推迟采伐，在一定时期内的木材采伐量主要由当地的采伐指标决定。而农户没有申请到采伐指标，有可能采取一些销售方式来规避采伐限额，例如卖给能申请到采伐限额的大户，采取卖青山的方式销售立木，或者超采盗伐。采伐限额严重损害了农户对林木的收益权，同时使得木材采伐量达不到农户理性决策将实际采伐的木材量(若发生超采盗伐，则有可能达到)，也对农户对林业经营的积极性产生了负面影响。

在短期里，森林采伐限额使得木材供给量可能多于也可能等于集体林改之前的供给量。在长期，由于森林采伐限额限制了农户的林木收益权，可能会出现减少投入的现象，阻碍了用材林森林生长曲线的上移，对木材的长期供给能力具有消极影响。

3.4 林改与集体林区木材供给

3.4.1 林改与集体林区木材供给的四个假说

在分析了木材供给的一般影响因素的基础上，进一步分析林改和采伐限额制度共同作用下，集体林区的木材供给情况。根据前面的分析，假定年森林采伐量根据数量成熟标准(MAI)来确定。林改的实质是通过家庭承包经营的形式来完成分林到户和林业确权，同时，采伐限额制度较之前已经大大放宽，农户在做采伐决定时，一方面受到采伐限额制度的约束越来越小，同时可以通过一些销售木材的方式和渠道来规避采伐限额申请不到造成的损失，这样可以认为林改赋予了农户更大的空间做理性决策，在林改后，农户决策将尽可能地以经济净现值最大(NPV)作为标准。在此基础上，提出四个假说：

假说Ⅰ：林改之前，集体林由村集体经营，采伐严格按照采伐限额制度来执行，那么最优轮伐期则对应着数量成熟标准，并且实际的采伐时间可能在数量成熟标准确定的轮伐期之后。林改后，若不受到采伐限额制度的约束，农户完全按照 NPV 标准来决定采伐。那么，林改带来的效果是：不考虑森林的生态效益，最优轮伐期提前，短期供给增加。

假说Ⅱ：在既定的森林规模下，由于森林采伐限额制度的约束，只有部分农户可以按照 NPV 标准来采伐木材，那么短期内部分林木轮伐期提前，短期供给仍然增加，只是增加量少于假说Ⅰ的情况，此时生态效益优于假说Ⅰ。

假说Ⅲ：如果林改刺激农户投入，将使得用材林的森林生长曲线上移(总蓄积量增加)，在新的森林生长曲线上，部分农户以经济净现值最大(NPV)标准决定木材采伐时间，一定时期内的木材供给量增加。从这一点上说，如果林改确实能够刺激经营者增加营林或造林投入，同时又放松对经营者的采伐限制，减少或者消除行政成本，那么这项政策对于社会来说将是一种帕累托改进；如果这项政策能够实现初衷，那么唯一需要保证的就是政策的稳定性。

假说Ⅳ：如果存在林地投入(无论是政府行为还是个人行为)，使得森林生长曲线上移，又能够实现以数量最优标准(MAI)确定的最优轮伐期供给木材的话，那将增加国内木材供给能力，同时森林的生态效益得以最大程度的发挥。

前两个假说基于森林生长曲线既定的假设，分析了不同标准确定的轮伐期对短期木材供给能力和生态功能的影响，后两个解说基于林地规模可变的假设，推演了人类行为和轮伐期共同对长期木材供给影响和生态功能的影响。四个假说的主要特征见表3-4，表中不同的假说按照生态功能从次到优进行了排序。

表3-4 理论推演四个假说的比较

Tab. 3-4 The four hypothesis of timber supply

假说	时期	林地生产规模	最优轮伐期标准
Ⅰ	短期	既定	NPV
Ⅱ	短期	既定	MAI、NPV
Ⅲ	长期	扩大	NPV、MAI
Ⅳ	长期	扩大	MAI

3.4.1.1 林改、采伐限额制度与短期木材供给的关系讨论

根据图3-7，假说Ⅰ和假说Ⅱ对应着短期的木材供给情形。假说Ⅰ对应的经济含义是，如果不存在林地投入（营林或造林），林地规模不发生变化，按照经济净现值最大标准（NPV）进行木材采伐，轮伐期提前，短期木材供给增加。

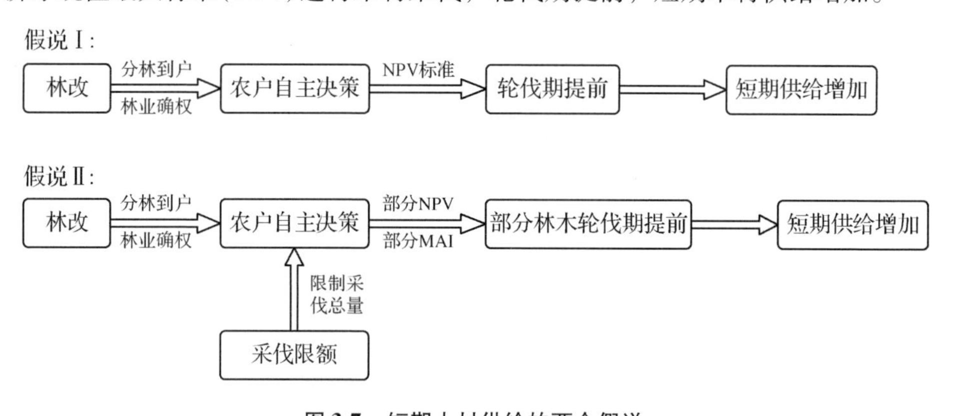

图3-7 短期木材供给的两个假说

Fig. 3-7 Two hypothesis about timber supply in short - run

假说Ⅱ对应的经济含义是，在假说Ⅰ的假设基础上，仍然实行按照数量最优标准（MAI）确定的森林限额采伐制度，那么部分农户提前采伐，短期木材供给仍然增加，增加量小于假说Ⅰ，但是森林生态效益优于假说Ⅰ。根据这个假说，如果没有任何投入，不考虑任何的政策执行成本，现行采伐限额制度应该严格执行。

在短期，若采伐限额制度能够严格执行，在不考虑政策的执行成本的前提

下，采伐限额制度的实施保护了森林资源，尽管林改分林到户，只有能得到采伐指标的农户能够以经济净现值最大做出采伐决策，申请不到采伐指标的农户将在数量成熟的时期进行采伐。

3.4.1.2　林改、采伐限额制度与长期木材供给的关系讨论

根据图3-8，假说Ⅲ和假说Ⅳ对应着长期的木材供给情形。假说Ⅲ对应的经济含义是，林改后农户增加对林地的投入，用材林规模扩大，但是采伐限额制度阻碍林改确权的实现程度，因此限制了农户的林地投入，同时约束了农户自主采伐，最后部分农户按照经济净现值最大(NPV)标准确定的最优轮伐期，部分林木轮伐期提前，长期供给增加。

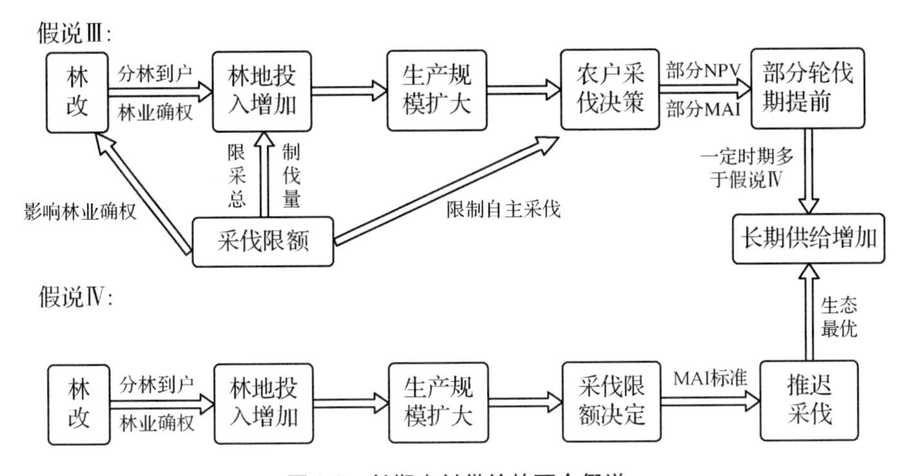

图3-8　长期木材供给的两个假说

Fig. 3-8　Two hypothesis about timber supply in long－run

假说Ⅳ对应的经济含义是，在假说Ⅲ的假设基础上，如果按照数量最优标准(MAI)确定的最优轮伐期来进行木材采伐的话，对于森林资源生态作用的发挥将是最优的，同时年木材供给量也将达到最大，若林改后，国家依然按照数量最优的标准控制农户的木材采伐，即严格执行采伐限额制度，同时又规定农户必须进行除了迹地更新之外的其他林地投入，例如投入更多的资金或者采用更先进的技术，那么这将达到社会最优的情形。假说Ⅳ的情形是一种帕累托最优状态，但在现实中，私有产权和数量最优共同存在的情形不可能发生，因为几乎没有政策能够实现既最有效地刺激营林者投入，又把营林者排斥在应得的森林利用价值之外。

通过以上分析，基于理论推演给出的四个假说中，第一个假说是一种最差的情形，表示一种只砍不种，急功近利的状态；第四个假说是一种最理想的情形，

表示一种理想状态。与实际结合比较好的是假说Ⅱ和假说Ⅲ，假说Ⅱ可能对应长期的采伐限额制度，严格执行采伐限额的同时抑制了农户的投入；假说Ⅲ可能对应新一轮林改的一系列宗旨：明晰产权、放活经营，提高林农的积极性，促进林地质量和生产力的提高，增加木材有效供给。对于新一轮林改，明晰产权是核心，但不是全部，还有一系列配套措施。理论上说，如果相关措施确实能够促进农户的投入、放松对农户采伐的实际限制，如果这些措施又能长期稳定，那么理论上就对应着假说Ⅲ的情形，正如前面的讨论，这是一种帕累托改进。如果林改与森林采伐限额制度共同作用下的集体林区的木材供给情况则符合假说Ⅲ，那么本研究将通过分析以下几个问题来验证假说Ⅲ是否符合实际情况。

(1)采伐限额制度在林改中扮演的角色。这项制度的存在多大程度上限制了林改的确权，制约了农户的采伐自由，抑制了农户林地投入的积极性。

(2)林改前后的森林资源规模的变化是否源于林业确权等林改相关的政策和措施。

(3)林改对农户用材林的投入的影响是什么？采伐限额制度是否限制了农户对用材林的投入行为？

(4)在用材林林地规模扩大的同时，农户实际采伐量是否也有所增加，或者说木材的实际供给是否受到了林改政策的影响，如果有影响，具体哪些措施的影响最大，影响的方向如何。

3.4.2 林改前后用材林资源赋存及木材采伐量的统计描述

3.4.2.1 林改前后用材林资源赋存的变化

森林面积和森林蓄积量是反映森林资源数量的主要指标。我国第六次和第七次森林资源清查结果截止日期分别为2003年年底和2008年年底，正好跨越了林改从试点到全面推广的时期，图3-9比较了两次森林资源清查的森林面积和蓄积量，可以看出在两次清查期间，各省和全国的森林面积以及蓄积都有所增长，其中云南省森林面积增加了257.7万hm^2，增长了16.52%，为图中各省增加最多的省份，其次为四川省、海南省。全国的森林面积从17490.92万hm^2增加到19545.2万hm^2，增加了2054万hm^2，增长了11.74%；安徽省的森林蓄积量增长幅度最大，达到了367%，其次为四川省增长率达到了96.71%，全国的森林蓄积量从1245585万m^3增加到1372080万m^3，增长了10.15%。图3-10比较了两次森林资源清查期间人工林面积的变化情况，可以看出各省人工林面积都有不同程度的增加，其中云南省增长率最高，达到29.95%，其次为四川省，全国的人工林面积从5364.99万hm^2增加到6168.84万hm^2，增加了14.98%。图3-11显示了历年来各省造林面积的变化情况，除了个别省份外，全国主要省区的造林面积都呈现出增长的趋势。

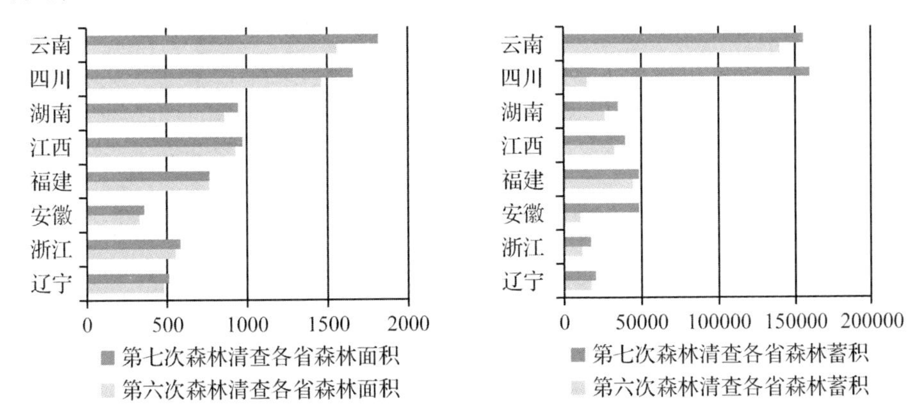

图 3-9 8 省森林面积和蓄积第六次和第七次森林资源清查数据(万 hm^2、万 m^3)

Fig. 3-9 Forest area and forest volume in the 6th and 7th forest inventory

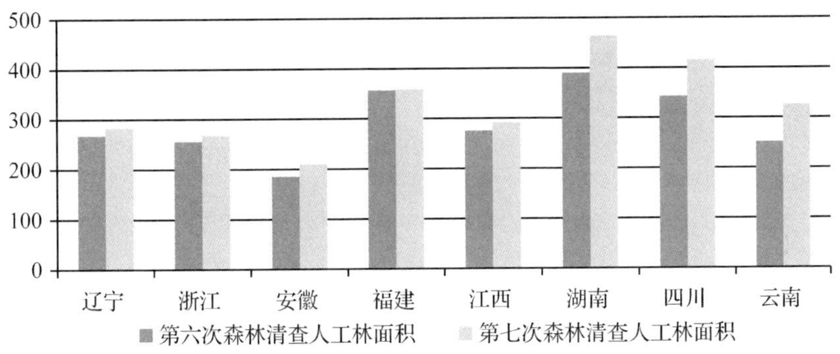

图 3-10 8 省人工林面积第七次森林资源清查数据(万 hm^2)

Fig. 3-10 Planted Forest area in the 6th and 7th forest inventory

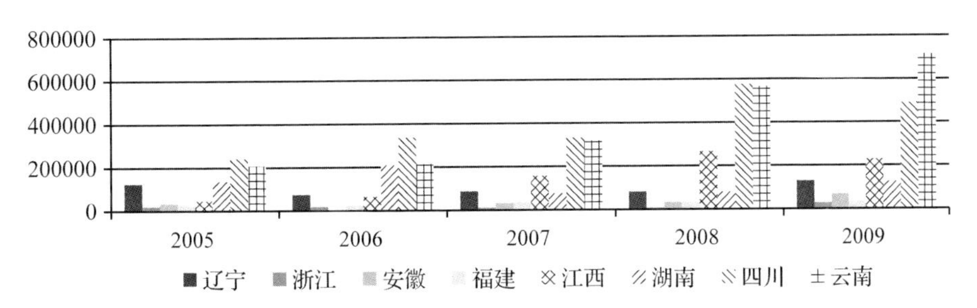

图 3-11 历年来 8 省的造林面积(hm^2)

Fig. 3-11 Planted Forest area in recent years

资料来源：根据林业统计年鉴整理

与统计年鉴反应的趋势类似，实地调查数据中也反应出在林改前后各项森林资源都有所增加的趋势。表3-5是实地调查的8省样本村的主要森林资源指标在2000~2005/2006年间变化的情况。能够看出，2000年以来，集体林区的用材林面积增加了10.58%，蓄积增加了4.59%。总的森林资源呈稳定增长趋势，主要森林资源的指标都有不同程度的增加。森林面积增加了2.66%，蓄积增加了23.04%。人工林面积增加了9.04%，蓄积增加了27.59%；从面积看，福建、安徽、湖南的森林面积增加不多，而江西、辽宁、山东、云南的森林面积增加的幅度大一些。福建、安徽、湖南三省用材林的面积有小幅下降，而江西、辽宁、山东和云南三省的用材林面积增加较快。从蓄积看，除了辽宁省蓄积量大幅下降外，其余的省份均呈现增长的趋势。用材林的蓄积在云南省有较大幅度的减少，其余各省均稳步增长。根据图3-12，从8省的总量来看，林改后，总森林面积和蓄积、用材林面积和蓄积以及人工林面积和蓄积都有所增加，这表明林改后林地的经营有所改善，造林面积扩大，林业经营水平提高。

表3-5　8省用材林面积蓄积、森林面积蓄积、人工林面积蓄积

Tab. 3-5　Forest area and volume of 8 province

省份	年份	森林面积（千亩）	森林蓄积（千 m^3）	人工林面积（千亩）	人工林蓄积（千 m^3）	用材林面积（千亩）	用材林蓄积（千 m^3）
福建	2000	13.35574	39.21038	4.99389	16.68658	6.25949	30.03572
	2005	13.38198	45.33945	5.32923	23.50519	5.97483	35.86328
江西	2000	79.2944	169.9756	18.3792	39.73261	22.67119	81.74233
	2005	80.92188	231.4383	21.34544	59.44939	30.31592	115.792
浙江	2000			16.6415	24.9205	18.3495	25.209
	2005			16.6415	24.9205	18.3495	25.209
安徽	2000	10.31284	28.24686	3.13042	9.11504	6.55538	18.3227
	2006	10.72767	32.93038	3.9242	12.74028	5.34433	19.999
湖南	2000	0.18669	7.84025	0.08811	3.97278	0.10268	4.89589
	2006	0.18848	8.58942	0.08931	4.09022	0.09879	5.31
辽宁	2000	0.78102	39.80385	0.18554	12.44367	0.19586	11.67846
	2006	1.12121	7.84025	0.31754	22.63642	0.31616	22.89985
山东	2000	0.44655	0.42244	0.46407	0.48378	0.08567	0.09492
	2006	0.56054	0.8424	0.59458	0.90823	0.2025	0.36552
云南	2000	1.399	123.0092			0.8896	82.634
	2006	1.769	147.3042			1.02746	41.42392

（续）

省份	年份	森林面积（千亩）	森林蓄积（千 m^3）	人工林面积（千亩）	人工林蓄积（千 m^3）	用材林面积（千亩）	用材林蓄积（千 m^3）
总均值	2000	15.11089	58.35837	6.26896	15.33642	6.88867	31.82663
	2005/2006	15.52439	75.82976	6.89169	21.1786	7.70369	33.35782
增长率	2005/2006	2.66%	23.04%	9.04%	27.59%	10.58%	4.59%

注：空白表示该省的样本村中包含2000年和2005/2006年数据的缺失。

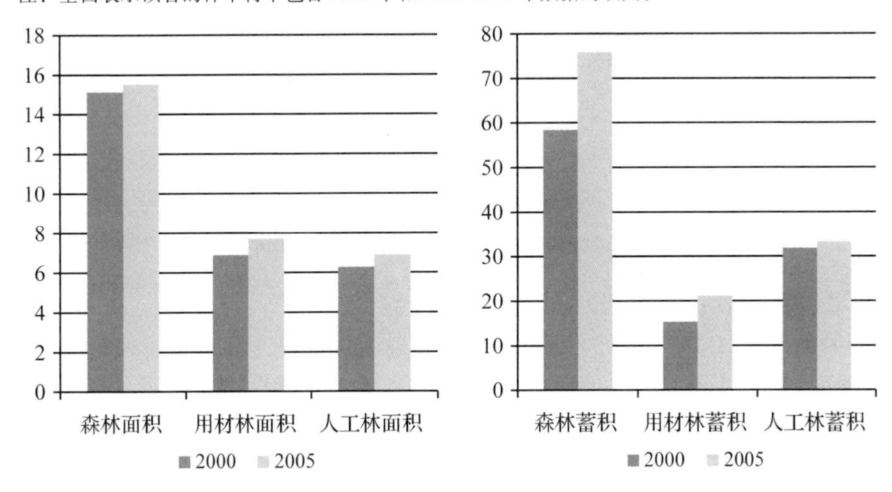

图3-12 林改前后森林资源变化情况

Fig. 3-12 Forest area and forest volume before and after the collective forest tenure reform

从江西省的户表调查数据来看，根据表3-6、图3-13，2005年用材林的蓄积平均为23.6344m^3/户，而2010年增加到60.1842m^3/户，增加了近3倍，竹林的立竹量也从2005年的463百斤增加到了2010年的640.6百斤，增加了38.36%，可以看出在林改后用材林的蓄积和竹林的立竹量都有所增加，说明林改后农户经营林地的积极性提高了，林地的生产力有所提高。

表3-6 2005年和2010年农户用材林蓄积和竹林立竹量变化统计表

Tab. 3-6 Timber volume and the bamboo quantity in 2005 and 2010

	年份	均值	标准差	最小值	最大值	观测值个数
用材林蓄积（m^3）	2005	23.6244	69.8293	0	1000	300
	2010	60.1842	157.0575	0	1400	205
竹林立竹量（百斤）	2005	463.0078	1936.245	0	27606.67	300
	2010	640.6126	1895.35	0	18840	205

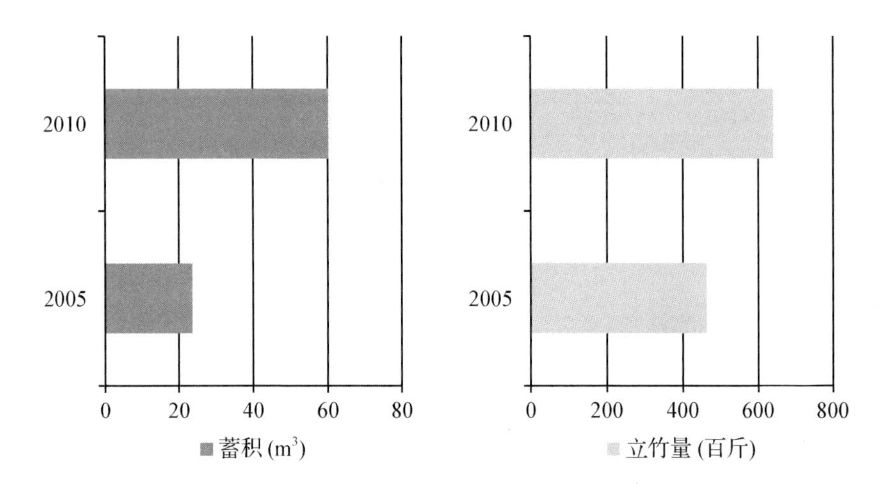

图3-13 2005年和2010年江西省农户用材林蓄积量和竹林立竹量

Fig. 3-13 Timber volume and the bamboo quantity in 2005 and 2010

3.4.2.2 林改前后用材林投入的变化

农户对林地的投入按照性质来分，可以分为造林投入和营林投入，按照投入的种类，可以分为资金投入和劳动力投入，其中资金投入主要包括农家肥投入、化肥投入、农药投入、畜力投入、机械投入、造林的种苗费等，劳动力投入包括自投工、帮工换工和雇工，图3-14反映了自2000～2010年以来农户对用材林的资金投入变化和投工变化情况，2000年以来，农户的投入一直处于增长的趋势，投入金额从2000年的459.2元/户增加到2010年的1624元/户，这10年间增长

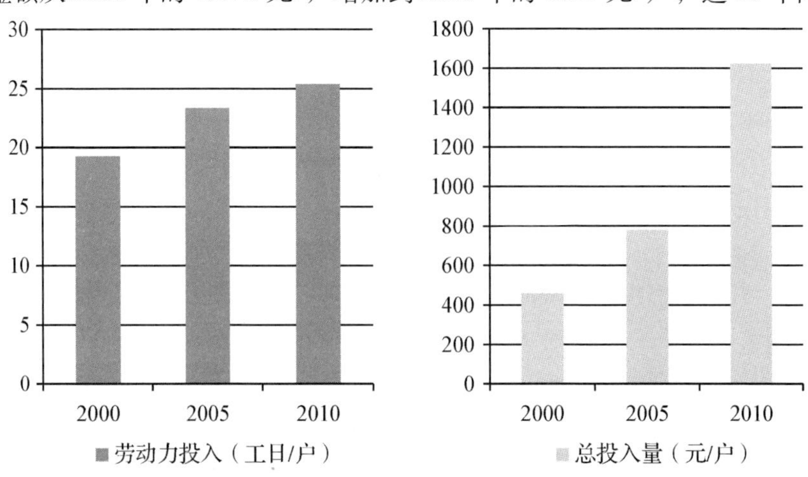

图3-14 林改前后农户用材林劳动力投入和总投入量

Fig. 3-14 Labor invest and total invest on timberland in 2000 and 2005 and 2010

了近4倍，但从劳动力投入来看，从2000年的19.28工日/户增加到2010年的25.38工日/户，劳动力的投入增加并没有总投入金额的增长速度快，但是可以看出在这十年的时间里，农户对林地投入确实有了大幅的增长。

3.4.2.3 林改前后造林情况的变化

从表3-7可以看出，从2005年以来，造林的农户家庭一直呈现增长的趋势，造林的地块也从20块增加到了96块，其中用材林的造林增长远远大于经济林。从造林性质看，图3-15显示，主要以补种为主，迹地更新和次改次之，荒山造林在这5年间有了较大的增长，值得注意的是在最近几年出现了农地转用材林和经济林转用材林的现象。这充分说明了，林改以后农户经营用材林的意愿增加，随着林改的深入和农户权利的完整，农户更倾向于经营用材林而非经济林，这就扩大了木材供给的林地生产规模。虽然在江西省出现非林地和其他类型的林地转为用材林的现象不多，但是从全国来看，有此意愿的农户并不少。相对于经济林和农地来说，用材林所需的投工少，造林有政府补贴，同时近年来木材的价格一路高涨，这极大地刺激了农户经营用材林的意愿。

表3-7 农户造林情况统计表

Tab. 3-7 Afforestation in recent years

年份	造林户数	造林地块总计	用材林	经济林
2005	16	20	12	8
2006	16	62	57	5
2007	22	69	66	3
2008	21	69	63	6
2009	33	79	72	7
2010	39	96	86	10

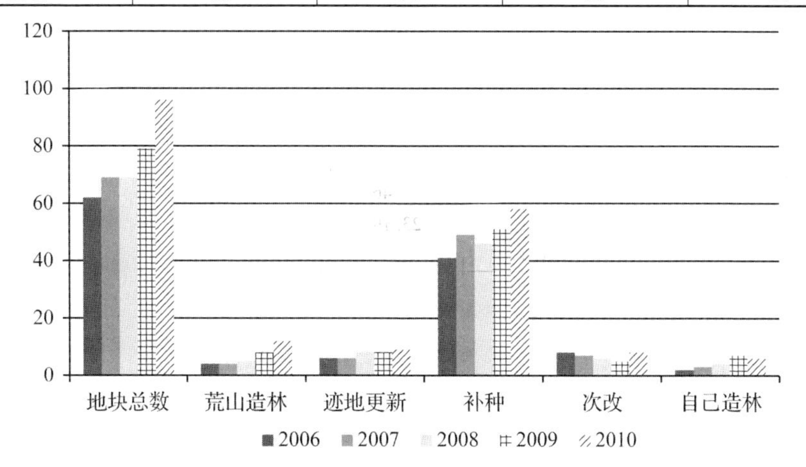

图3-15 历年来农户造林情况

Fig. 3-15 Afforestation in recent years

3.4.2.4 林改前后木材采伐的变化

根据江西省的村表，从1985～2010年，以村为单位的林产品生产情况分别如图3-16、见表3-8。可见，在这26年间，木材的产量波动较大，而竹材的产量一直呈增长的趋势。1985年，国家全面放开了集体林区的木材价格。此时的木材平均价格有55元/m^3迅速上升到120元/ m^3，图3-16反映出相应的趋势。从

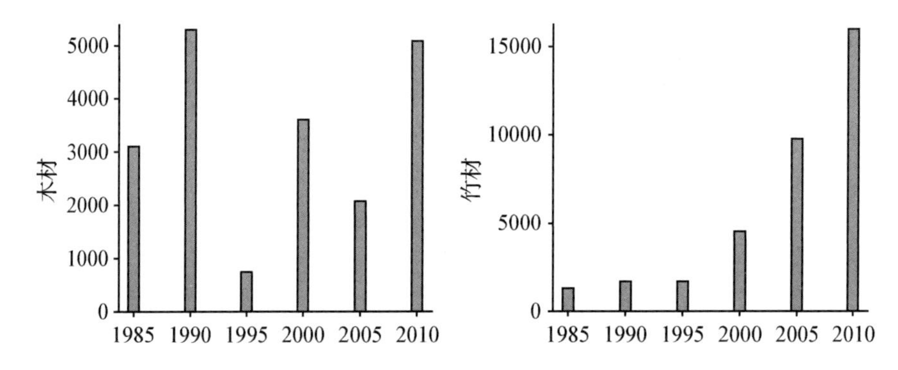

图3-16 木材（m^3）、竹材（百斤）

Fig. 3-16 The yield of timber and bamboo in different times

表3-8 林改前后样本村林产品生产情况统计表

Tab. 3-8 The yield of timber and bamboo in different times

变量名	年份	均值	标准差	最小值	最大值	村个数
商品材	1985	1057	976.1	200	3000	7
	1990	1022	1620	30	5266	9
	1995	494.8	514.2	60	1800	10
	2000	469.4	881.7	4	3512	18
	2005	382.6	510.7	4.500	2000	20
	2010	801.3	1218	70	5000	16
自用材	1985	63.33	34.28	10	100	9
	1990	35.33	17.35	10	70	9
	1995	33.50	18.57	10	70	10
	2000	52	82.46	7	400	21
	2005	30.91	23.19	4	80	23
	2010	50.88	59	2	200	17
木材总量	1985	1140	1079	260	3100	6
	1990	1086	1726	100	5296	8
	1995	382.6	248.6	80	730	9
	2000	550.5	953.6	24	3592	17
	2005	434.4	539.2	11.30	2060	18
	2010	1064	1381	215	5100	12

（续）

变量名	年份	均值	标准差	最小值	最大值	村个数
竹材	1985	5793	4615	33.33	13333	7
	1990	8455	6139	200	16667	8
	1995	7710	5988	266.7	16667	9
	2000	9835	11708	200	45927	16
	2005	15657	23274	533.3	97663	17
	2010	31847	44578	100	160000	16

1990～1995年，木材产量的波动主要是由于我国林业改革政策多变，带来了负效应。在林业“三定”时期，江西省是改革最彻底的省份，在1986年年底以家庭经营的林地面积占到了全省面积的92%，但随着“三定”的叫停，一些地方甚至出现了分下去的林地被收回来的现象，到1995年前后，江西省以家庭经营的林地面积减少到60%，导致了木材的产量逐年下降。到了1998年国家开始实施天然林保护工程，为了保证对木材原料的需求，加大了对南方集体林区的木材采伐。随着林改，江西省的木材产量也有了大幅的提升。

竹材从1985～2010年呈现出一路飙升的状态。虽然在1985～1995年间产量也有小幅波动，但是变化的幅度却小得多，这主要是因为江西竹林的产权在林改前后并没有发生太大的变化，随着木材工艺的发展，对于竹材的需求增多，竹材的供给也在逐年上升。

3.5 林改与用材林资源变化

以前的研究表明，明晰产权对森林资源产生积极影响，我国实行的集体林权制度改革是为了解决森林产权不清的问题，通过加强家庭和其他集体社区对森林资源的使用和管理，赋予他们更多更完整的权利(Sunderline，2008)；产权不清以及当地农民无权利用森林资源是导致森林过度采伐和森林资源退化的主要原因(Eliasch，2008；Chomitz，2007)；明晰森林产权，弱化地方政府和中央政府对森林资源的监管是促进森林资源增长的措施(Berkes，2003；Olsson，2004)。同样，对其他国家(如巴西、印度等)的研究也表明：明确当地农民拥有的森林权利可以增加森林覆盖率(Bray，2008)，降低森林退化的速度(Nepstad and others，2006)。此外，我国从1987年开始实行的森林采伐限额管理制度对森林资源会产生消极影响。森林采伐限额政策不仅管理难度大、实施成本高，而且限制了非公有制林业的发展(沈文星，2003；田明华，2004)；实施森林采伐限额制度的成本大于收益，脱离了其设计的目标，同时对促进森林资源增长的效果也不明显(江华，2007)；森林采伐限额制度虽然在一定程度上扭转了森林重采轻育的局面，但是也导致了森林资源增长缓慢、质量下降、结果失衡，同时也对集体林权制度改革的激励效应产生了负面的影响(田淑英，2010)。

基于本书的理论分析，研究林改对长期木材供给的影响的基础是林改促进了用材林规模的扩大，因此实证研究首先分析林权制度改革是否会促进集体林区用材林面积和蓄积的扩大，利用2005年集体林区调查的村表数据，以村为观测样本的用材林面积、蓄积以及森林总面积、总蓄积和人工林的面积、蓄积作为被解释变量，各村森林总面积和总蓄积量可以反映出林改对整体森林资源产生的作用，同时人工林的面积和蓄积可以反映出林改对农户林地经营行为产生的作用，结合林改对三类森林资源变化产生的影响，可以得出更准确的结论。

3.5.1 数据来源与变量选取

本部分实证研究的数据来自2005~2006年对全国8省集体林区的调查的村表数据，选取样本村的森林面积、森林蓄积等指标，反应各个样本村的林地各项权利的确权情况的数据，反应各个村的自然条件和经济条件的数据进行实证研究，来分析林业确权是否会对森林资源产生影响。以村为单位的全样本共有288个观测值，各省的样本分布见表3-9。

表3-9 样本分布表

Tab. 3-9 The distribution of sample

省份	县	乡	村
福建	12	36	72
江西	5	15	30
浙江	6	18	36
安徽	5	15	30
湖南	5	15	30
辽宁	5	15	30
山东	5	15	30
云南	6	12	30
总计	49	141	288

3.5.1.1 森林资源主要指标的描述

表3-10是对样本村主要森林资源指标在2000~2005/2006年间变化情况的统计表。用材林的面积和蓄积、整体的森林面积和蓄积以及人工林的面积和蓄积作为被解释变量，研究林农权利状况对他们的影响。总体的森林资源和人工林的面积和蓄积变化单列考察，是为了更准确的得出权利与用材林面积变化之间的关系。用材林的面积和蓄积最直接的决定了国内的木材供给能力，其变化是否会受到林权制度改革的影响是这部分实证研究的重点。人工林的面积和蓄积变化能更

好地反应集体林改是否增加了林业投入从而对森林资源变化产生影响。总体的森林面积和蓄积则能够反应出整体森林资源的变化趋势。如果各项权利指标能够对森林资源产生显著的正向影响，那么假说Ⅲ的基本条件也就成立了。

2005/2006 年样本村用材林的面积和蓄积、总森林面积和蓄积以及人工林的面积和蓄积统计描述如下，可以看出森林资源各项指标的最大值在5年的时间里都有较大幅度的增长，从2000～2005/2006年，面积和蓄积量都增加了，尤其是蓄积的增长幅度更快，林改后农户经营林地的积极性提高，对林地的经营管理改善，这些都反映在森林面积的增加和蓄积量的增多上。

表 3-10 样本村 2000 年和 2005/2006 年森林资源指标的统计描述

Tab. 3-10 Forest area and volume in 2000 and 2005/2006

变量名	观测值个数	均值	标准差	最小值	最大值
2000					
森林面积(千亩)	152	20.14	137.9	0.01	1704
用材林面积(千亩)	152	7.280	32.90	0	403
人工林面积(千亩)	152	5.440	30.99	0	382
森林蓄积(千 m^3)	152	57.78	251.5	0.01	3070
用材林蓄积(千 m^3)	152	30.04	109.3	0	1310
人工林蓄积(千 m^3)	152	16.66	60.66	0	721
2005/2006					
森林面积(千亩)	144	21.54	144.3	0.010	1736
用材林面积(千亩)	144	8.590	49.15	0	590
人工林面积(千亩)	144	6.500	37.38	0	449
森林蓄积(千 m^3)	144	76.82	373.2	0.06	4450
用材林蓄积(千 m^3)	144	40.61	172.6	0	2040
人工林蓄积(千 m^3)	144	24.77	96.04	0	1120

注：观测值个数不同是由于调研中有些数据缺失。

3.5.1.2 样本村林地的各项权利指标的构造和统计描述

样本村的权利变量包括使用权、抵押权、抛荒权、流转权和采伐权，以及将这四项权利加权平均后构成的权利束指标。其中，农户对林地的使用权指标是通过以下四个权利构成的：农户是否拥有将林地转为农地的权利、农户是否拥有将承包来的林地类型改变的权利(例如：将经济林改为用材林的权利，或者将竹林改为经济林的权利等)、在不改变林地类型的前提下，农户是否拥有改变树种的权利(例如：将用材林上种植的杉木改种为马尾松)、农户是否拥有林下资源利用的权利，这四项权利加权平均后生成的权利指标作为农户对林地的使用权；农户是否拥有将林地或林木抵押的权利作为抵押权；农户是否拥有将林地抛荒的权利作为抛荒权；农户对林地的流转权指标通过将农户是否拥有将林地转给本村人的权利以及是否拥有将林地转给外村人的权利加权平均构成；农户是否拥有对林地的采伐权利作为采伐权，见表3-11。

表3-11 权利指标构成及对应的问卷问题

Tab. 3-11 Right - index composition and the corresponding questions on the questionanior

权利变量		权利对应的问题
总权利	使用权	农户是否拥有将林地转为农地的权利？
		农户是否拥有将承包来的林地类型改变的权利？
		在不改变林地类型的前提下，农户是否拥有改变树种的权利？
		农户是否拥有林下资源利用的权利？
	抵押权	农户是否拥有将林地或林木抵押的权利作为抵押权？
	抛荒权	农户是否拥有将林地抛荒的权利作为抛荒权？
	流转权	农户是否拥有将林地转给本村人的权利？
		农户是否拥有将林地转给外村人的权利？
	采伐权	农户是否拥有对林地的采伐权利作为采伐权？

最后，将农户的林地使用权、抵押权、抛荒权、流转权和采伐权进行加权平均后，作为该村的总的权利束，权利束用来衡量该村林地综合确权的状况。由表3-12所示，经过上述处理，所有的权利指标取值都在0～1。

表3-12 权利变量的统计描述

Tab. 3-12 Statistics of rights

变量名	观测值个数	均值	标准差	最小值	最大值
林地转农地的权利	282	0. 356	0. 365	0	1
改变林地类型的权利	283	0. 707	0. 291	0	1
改变树种的权利	283	0. 783	0. 250	0	1
林下资源利用的权利	282	0. 939	0. 140	0	1
使用权	282	0. 697	0. 200	0	1
抵押权	276	0. 559	0. 383	0	1
将林地转给本村人的权利	280	0. 725	0. 292	0	1
将林地转为外村人的权利	280	0. 579	0. 351	0	1
流转权	280	0. 652	0. 301	0	1
抛荒权	279	0. 284	0. 363	0	1
采伐权	280	0. 758	0. 355	0	1
权利束	268	0. 634	0. 165	0	0. 970

本章使用的数据中共有 i 个村，每个村有 j 种类型的林地，每种类型的林地对应上面的问题，具有 k 项权利 $righ\ t_{ijk}$，每项权利的赋值原则为：若村干部认为村里的农户对该种类型的林地具有该项权利则赋值为1；若村干部认为村里的农户对该种类型的林地具有该项权利但是需要林业局等林业部门的批准或者村里或

者村小组或者联户经营的其他农户的同意，则赋值0.5；若农户认为不具有该项权利则赋值为0。S_{ij}为样本村i第j种类型的林地面积，则样本村i的各种林权的确权指标计算公式为：

$$Right_{ik} = \sum_{j} (right_{ijk} \times S_{ij} / \sum_{j} S_{ij})$$

新一轮的林权改革放权于基层，由各个村因地制宜选择林改的方法，每个样本村，由于林业资源禀赋不同，林业发展的历史状况不同，广大农民群众对于林权改革这一政策的理解和认知也不同，因此各样本村在实施林权改革时所采取的方式不同，但是农户认知的自己具有的各项林地权利指标可以作为新一轮林权改革的确权情况的代理变量。从农户拥有的权利大小可以判断各地林改的程度，若农户拥有的权利大，则认为林改的力度大，林改更彻底。林改后农户拥有了对林地的各项使用权利、流转权、抛荒权和抵押权；而采伐限额制度放宽，则赋予农户更大的采伐权，农户权利指标的变化反应出林改的一系列政策的效果。以村为单位加权平均后的权利束指标，可以作为集体林权制度改革确权情况的代理变量。

图3-17为权利变量的kdensity估计函数图，可以看出使用权、流转权、抵押

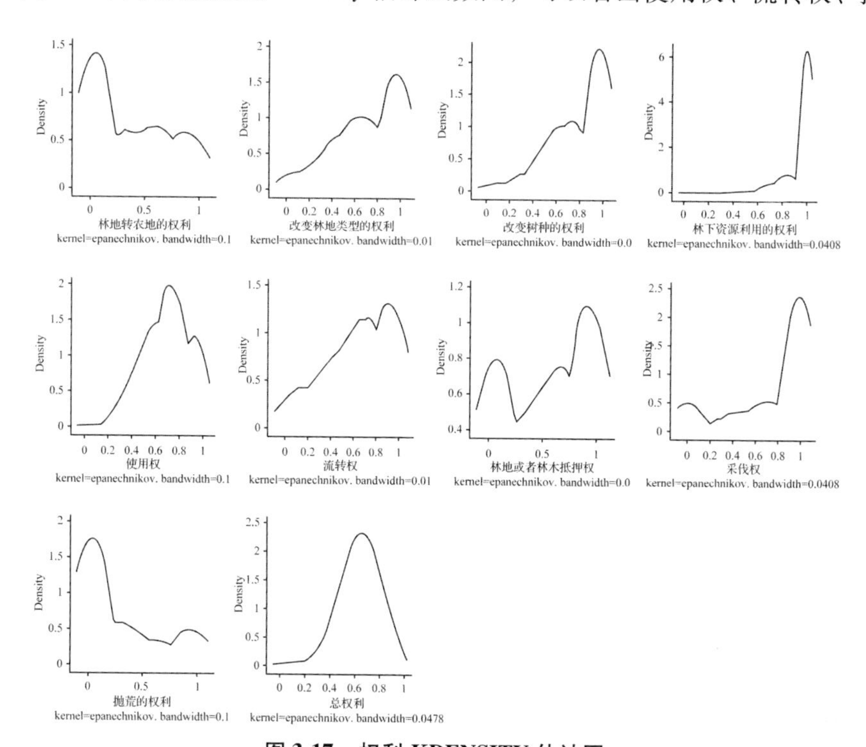

图3-17 权利KDENSITY估计图

Fig. 3-17 Kdensity Estimate of Rights

权、采伐权以及抛荒权的分布差异较大，在使用权的各项分权利中，对林下资源使用的权利最大，而林地转农地的权利最小。加总后的总权利呈现出正态分布，权利集中于0.6左右。

3.5.1.3　样本村自然条件和经济条件数据的统计描述

表3-13是对样本村的人口以及人均收入的各项指标的统计描述。村小组数量多的村表示该村的人口众多，是大村，同时人口数也相应较多。森林资源状况依据地区自然条件和地区经济水平的差异而有所不同，控制这些变化有助于分离地区间的固定差异。本章通过构造省际虚拟变量来控制样本村地区的固有差异，表3-13列出的变量是除去控制省际之外，在各村层面可能对森林资源产生影响的一些变量。为了削弱多重共线性，在实证研究中选择劳动力总人口、党员数和人均收入放入模型中。可以看出，由于地区多样性，各样本村在人口以及人均收入的变动都比较大；劳动力人口和人均收入是为了控制由于对林地的劳动力投入和资金投入对森林资源产生的影响，同时关心各村党员数量，是想要控制新政策自上而下的执行过程和执行效果，也想考察一下党员是否会存在一些造林的政治激励效应。

表3-13　样本村人口情况以及收入情况

Tab. 3-13　Population and income of the villages in the sample

变量名	观测值个数	均值	标准差	最小值	最大值
村小组数(个)	266	9.038	5.849	0	46
总户数(户)	265	339.049	220.504	39	1661
总人口(人)	264	1380.890	1609.270	135	23390
总劳动人口(人)	262	751.416	930.362	50	13327
党员数(人)	251	33.761	18.630	0	140
人均收入(元)	264	2939.777	1492.132	280	9200

3.5.2　实证分析

3.5.2.1　实证模型的设定和讨论

在这部分实证中，选取样本村的用材林面积和蓄积量作为因变量，并单列出样本村的森林总面积和总蓄积，以及人工林的面积和蓄积的相关指标作为支持依据，表3-10对模型中的因变量指标已经做了统计描述；选取与政策影响密切相关的林农的各项权利指标作为主要的自变量，权利束是采伐权指标、使用权指标、流转权指标、抛荒权指标以及抵押权指标加总后的标准化处理，政策的效果都会对应地体现在这些权利指标的变化上，表3-11和表3-12已经对这些自变量及其构造方式做了统计描述；通过省级虚拟变量来控制样本村之间的地区差异，把样本村的劳动人口、党员数量和人均收入等统计指标作为自变量放进模型也是希望以此控制各村之间的经济差异。具体的模型表述如下：

森林资源状况 = F(权利向量，村特征向量，省虚拟变量向量) + 扰动项

OLS 和 SUR 是这部分使用的两种回归方法，模型中所选择的自变量不会具有直接的内生性，各项权利指标变化是由于集体林改实施的外生影响带来的，当地森林资源状况并不会反向影响确权。全国实施新一轮的林改，是由于政策的冲击带来的权利变化，当地集体林区森林资源的状况不能决定该地区是否进行林改，而农户拥有的这些权利是由于林改带来的，所以森林资源的状况并不能决定权利，因此可以认为因变量和权利变量之间不存在内生性。这样，构造 OLS 模型再处理好其异质性就可以得到准确的结果；选取 SUR 是为了增进估计效率，由于实证中还分离出了权利变化对用材林和人工林的影响，SUR 不但能够对结果提供更好的支持，同时也能增进两个分离模型的估计效率。

3.5.2.2 实证研究与结果解释

第一，不同的权利指标对森林面积的影响。

表 3-14 是森林面积的回归结果，考察确权情况对三类森林资源面积的影响。需要指出的是，各样本村的数据中，个别村的个别指标存在一些缺失值，因此不同的回归模型在观测个数上有微小的变动，而实际回归的观测值也少于抽样村的数目，但是个别数据的缺失是调研过程中的各种随机因素造成的，并不是与研究相关的系统原因导致的。

为了避免加总的权利束与各项权利指标的多重共线性，表中第三、第六、第七和第十列考察的是加总的权力束对用材林的面积、总森林面积和人工林面积的影响，用以区别比较其他列分离的权利指标；第一、三、四、六、八、十列是六个不同的 OLS 回归的结果，都在省的层面调整了模型的标准误差；第二、五、九列是同一个 SUR 模型的输出结果；第七列是另一个 SUR 模型(其构造与第一个 SUR 模型的相同，区别在于自变量中使用加总的权利束替代了各个分离的权利)，省际虚拟变量以云南省为基组。

根据表 3-14 的回归结果，可以得出以下结论：

(1)集体林权制度改革确实促进了用材林面积的增加，从回归结果可以看出林业确权与用材林的面积、森林总面积以及人工林的面积都具有正向相关关系。加总的权利束通过了 10% 以上的显著性水平，且具有较大的影响。以总权利来作为集体林改的代理变量，可以看出集体林改的一系列政策和措施确实能够增加用材林的面积，同时也对森林总面积起到了积极的作用。即使这里使用的调查数据距离新一轮集体林改的时间只有 2 ~ 5 年的时间，在较短的几年时间里就已经看到了林业确权对生长周期比较长的森林资源起到如此积极的影响，那么将有理

表 3-14 权利对面积影响的回归结果

Tab. 3-14 Regression rusults of effects of rights on the forest area

	用材林面积			森林面积				人工林面积		
	OLS	SUR	OLS	OLS	SUR	OLS	SUR	OLS	SUR	OLS
采伐权	-4347.2*	-805.0		-6135.8*	-6860.7**			-4610.3**	-3280.9***	
	(2163.1)	(1728.4)		(2758.5)	(3163.6)			(1902.9)	(1107.7)	
使用权	-698.9	-3339.5		-889.9	1174.9			1303.9	332.6	
	(2645.1)	(2707.2)		(4871.3)	(4955.1)			(2286.8)	(1734.9)	
流转权	4407.9**	3944.3**		8070.5**	9161.3***			2910.8**	2986.1***	
	(1629.9)	(1666.6)		(2746.0)	(3050.6)			(953.3)	(1068.1)	
抛荒权	2612.9	1838.4		5112.8	5583.1*			1445.8	1477.6	
	(3107.0)	(1586.7)		(6198.2)	(2904.2)			(1244.4)	(1016.8)	
抵押权	725.3	-19.38		-442.2	-814.3			1175.8	477.5	
	(624.0)	(1283.5)		(2015.9)	(2349.3)			(797.4)	(822.5)	
劳动力	-2.920***	-3.263***	-3.186***	-6.943***	-7.387***	-7.299***	-7.709***	-1.235	-1.307	-1.695*
人口	(0.589)	(1.242)	(1.177)	(1.603)	(2.273)	(2.526)	(2.327)	(1.116)	(0.796)	(0.867)
党员数	83.97***	77.15**	73.72*	253.7**	282.4***	236.8***	255.1***	65.39*	62.58**	63.99**
(23.37)	(38.48)	(38.71)	(88.11)	(70.43)	(80.18)	(72.52)	(28.70)	(24.66)	(26.52)	
人均收入	0.290	0.649	0.505	0.918	1.272	1.165	2.185**	0.497	0.818**	1.009**
	(0.224)	(0.539)	(0.378)	(0.789)	(0.986)	(0.712)	(0.991)	(0.554)	(0.345)	(0.444)
控制省级虚拟变量	YES	YES	YES	YES	YES	YES	YES	YES	YES	YES
总权利			4610.0*			8141.9*	10676.6*			3982.0*
			(2447.9)			(4636.9)	(5596.3)			(2165.4)
_cons	-168.1	225.9	-2735.3	-6012.6	-9197.8	-9720.2	-13319.3**	-1694.6	-3619.6*	-4195.2*
	(2553.9)	(3337.2)	(3128.6)	(6803.8)	(6108.4)	(5925.0)	(6043.0)	(1407.5)	(2021.9)	(2346.5)
N	149	136	149	159	136	159	136	155	136	155
R^2	0.313	0.422	0.229	0.431	0.422	0.366	0.279	0.426	0.374	0.317

注：OLS Std. Err. adjusted for 8 clusters in province；Adjust standard errors in parentheses；* $p < 0.1$，** $p < 0.05$，*** $p < 0.01$。

由预期，若集体林改能够持续稳定的推进，在确权到户后，林权不再随意变更，那么农户对林权稳定性的预期将增加，集体林改带来的这种积极影响就会更明显。

（2）采伐权对森林面积产生负向影响，尤其对人工林面积的影响较为显著。农户具有的采伐权力越大，森林资源的面积会减少，尤其对于以木材生产为经营目的的人工用材林来说，当农户具有较大的采伐权利，在林改刚实施的这段时间里，农户会加大对用材林的采伐，这可能是由于调研的时间是2006年，新一轮林改确权的时间跨度较短，曾经经历过政策频繁变更的林户短期内可能会增加采伐来规避政策变化的风险。

（3）在其他条件不变的前提下，确保流转权能够显著地增加用材林的面积。同时，对森林总面积和人工林的面积，也都产生了非常显著的正向影响，并且流转权的经济影响也是各项权利变量当中最大的。流转权保证了林地能够流向更愿意经营林业的生产者手中，既能保证农户的经济收入又能促进森林资源的增长，尤其是对用材林来说，以生产木材为主的林地经营者更愿意扩大造林面积，促进林地流转应该是放活林地经营，提高农民积极性最优效的政策措施。

（4）劳动人口数量显示出显著减少用材林面积的结果，同时对总森林面积和人工林面积也表现出显著的负相关关系。这可以从两个角度进行解释：一是劳动人口多的村相对总人口数也多，对森林资源的压力就大，为了解决生活，获得经济利益，采伐木材获得经济收益可能是造成森林面积减少的原因。另外一个解释是劳动人口多的村，吸纳劳动力的土地有限，很多人会选择外出打工，造成留守在家的老人和妇女，劳动能力差，同时对于林改政策的认知程度也相对较低，他们不愿意经营和管理林地，造林积极性不高，对林业的投入少，这可能是造成这一现象的另外一种解释。

（5）有趣的发现是，党员数量多的林区用材林的面积会有显著的增加趋势（分别通过了5%和10%的显著水平）。林改在实施的过程中，党员数量多的地方对政策的落实可能更迅速更到位一些，尤其是确权、发证之类的自上而下的政策，那么该村的农户对政策的认知可能会相对较高，因此更多的农户会经营管理林业，造成用材林的面积增加。但是党员数量对总的森林面积和人工林面积的影响并不如用材林显著，这可能是因为用材林不仅能够带来生态效益，更重要的是能够增加当地农户的收入水平，所以农民更愿意经营用材林。同时，由党员数量带来的森林面积增加也可能是由于政治因素导致的潜在造林激励。

第二，不同的权利指标对森林蓄积的影响。

表3-15中同样列出了六个OLS模型和四个SUR模型的主要回归结果，表3-15中所有模型的构造原理与结果输出方式与表3-14完全相同，只是模型的因变

表 3-15 权利对蓄积影响的回归结果

Tab. 3-15 Regression rusults of effects of rights on the forest volume

	用材林面积			森林面积				人工林面积		
	OLS	SUR	OLS	OLS	SUR	OLS	SUR	OLS	SUR	OLS
采伐权	-11733.4	-10912.2		-10218.8	-11782.2			-4704.7	-5933.3	
	(6859.1)	(13218.1)		(7190.5)	(21304.8)			(4507.7)	(8624.7)	
使用权	-9445.2	-11575.6		21427.2	34596.0			705.2	1357.8	
	(18103.8)	(22147.8)		(37427.9)	(35697.6)			(20239.7)	(14451.2)	
流转权	22019.1	24749.1*		33943.5*	46229.9**			15584.4**	17333.0*	
	(12643.4)	(13664.0)		(15101.8)	(22023.4)			(6064.5)	(8915.6)	
抛荒权	5746.7	9421.0		1606.7	6375.8			7053.1	7999.2	
	(16390.7)	(13169.1)		(25687.1)	(21225.8)			(7831.0)	(8592.7)	
抵押权	5124.2	4540.9		12426.0	7890.0			7840.7**	8192.7	
	(6789.7)	(10141.9)		(13302.6)	(16346.6)			(2492.8)	(6617.5)	
劳动	-4.333*	-4.446	-4.215**	-12.26***	-12.42**	-12.61**	-12.88***	-4.804***	-4.832**	-4.579**
人口	(1.948)	(3.098)	(2.125)	(3.215)	(4.993)	(5.164)	(4.884)	(0.540)	(2.021)	(1.810)
党员数	82.92	73.25	21.18	-10.86	149.0	-31.96	69.32	-5.322	44.54	-37.53
	(114.7)	(223.4)	(171.1)	(428.6)	(360.0)	(226.3)	(354.1)	(119.4)	(145.7)	(80.09)
人均收入	4.061	5.980	5.556*	6.803	12.67*	8.057*	15.23**	6.892*	7.499**	8.293**
	(3.400)	(4.531)	(3.274)	(6.130)	(7.303)	(4.122)	(7.047)	(3.436)	(2.956)	(3.360)
控制省际虚拟变量	YES	YES	YES	YES	YES	YES	YES	YES	YES	YES
总权利			24735.4			70258.7**	96100.6**			32950.5**
			(19121.1)			(32417.3)	(41323.1)			(16519.7)
_cons	22244.8	18998.5	9239.2	70432.0	37668.6	61877.4*	29245.3	20595.4	15736.3	11345.3
	(24558.4)	(28451.8)	(21818.9)	(44398.2)	(45858.1)	(36784.5)	(44054.8)	(17228.2)	(18564.4)	(17546.5)
N	143	132	143	165	132	165	132	149	132	149
R^2	0.169	0.217	0.138	0.254	0.217	0.240	0.150	0.240	0.217	0.213

注：Standard errors in parentheses；OLS Std. Err. adjusted for 8 clusters in province；* $p < 0.1$，** $p < 0.05$，*** $p < 0.01$。

量都换成了森林蓄积量的相应指标(用材林蓄积、森林蓄积和人工林蓄积),旨在考察各项权利对用材林蓄积量的影响。

一般来说,某些因素影响森林面积可能能够在短时期内看到变化,因为只要人们发生了造林行为,就会表现为森林面积的增加;但是某些因素对森林蓄积量的变化的影响则会更加滞后一些,因为森林具有较长的生长周期,蓄积量的增加在短时间内并不能立刻显现出来。尽管距离新一轮林改的时间较短,表3-15也基本反映了表3-14揭示的趋势。

(1)总权利对用材林的蓄积影响不显著,但是对森林总蓄积的影响,无论是在OLS还是SUR模型中都超过了5%的显著性水平,积极的影响了森林总蓄积量的增加。同时总权利也与人工林的蓄积表现出显著的正相关关系。总权利对用材林蓄积影响不显著,结合表3-14的结果,分析原因可能是由于林改后新造林的用材林在短时期内蓄积量的增加还无法显现出来,具有一定的滞后性。但是从整体森林蓄积情况来看,确权确实促进了蓄积量的增加。

(2)流转权利对用材林蓄积有积极影响,同时也显著正向地影响森林总蓄积量。

(3)抵押权对用材林蓄积影响不显著,但是显著的影响人工林的蓄积量。这个结果可以从侧面反应出抵押权可以促进农户对人工林的经营和投入,林地生产力高,林木生长条件好,蓄积量高,那么抵押贷款得到的钱就多,这样刺激了农户的林地投入。

(4)与采伐权对用材林面积影响作用不同,采伐权对于用材林蓄积的影响并不显著。

(5)劳动力人口显著负向地影响用材林的蓄积。

第三,林业确权对用材林的影响。

比较表3-14和表3-15结果的差别,我们能够得到一些有趣的结论:

(1)在现有的确权状况下,采伐权利的放宽对用材林的面积会有一定的负向影响,而且是显著的;但是在考察其对用材林蓄积的影响时,这个影响却消失了,在任何一个用材林蓄积的模型中(无论OLS还是SUR),采伐权的指标都不再显著,没有发现采伐权导致用材林蓄积减少的证据。采伐权对用材林面积的负向影响并没有伴随着用材林蓄积的减少,这说明放宽采伐限额的实质可能反而是促进了森林的经营,增加了单位蓄积。

(2)另外,与表3-14不同的是,抵押权对人工林蓄积的影响达到了正向5%的显著水平,集体林改后虽然林地使用权和林木的所有权以及林木的使用权都归农户所有,但是林地的所有权仍然是归集体所有,所以如果农户是没有权利将林地进行抵押的(实地调研中,农户对是否拥有林地或林木的抵押权的回答,绝大多数都是林木可以，林地不可以)，到那时农户可以抵押林木来进行贷款，也就是说在农户拥有的林地面积既定的情况下，如果林地的质量好，蓄积量高，那么农户贷款将得到的钱也会多，这就刺激了农户林业投入的积极性。这也说明了为什么抵押权对各项面积的影响都不显著，而对于人工林的蓄积却达到了5%的显著水平。

(3)党员数量对森林蓄积的影响也消失了，联系表3-14的结论可能说明，种树的激励可能来源于近期，森林生长周期长，以至于对森林面积显著的正向影响不等于就能增加森林的蓄积量，在此其显著性不再有，甚至连符号也不能确定。

(4)人口对森林资源会造成压力。

3.6 小 结

经济学对短期和长期的界定不是一个时间长短的问题，而是生产要素变化与否的问题。在生产规模既定条件下，分析短期木材供给的关键是确定最优轮伐期，Faustmann轮伐期早于经济净现值最大确定的轮伐期，更早于以数量成熟为标准确定的轮伐期。在长期，包括林地生产规模在内的所有要素都是变量，在分析长期的木材供给时，要综合考虑人类行为和最优轮伐期的确定。同时，由于森林采伐限额制度的存在，也对木材供给产生影响，影响的途径分为两部分：一是通过控制一定时间内的木材量对木材供给产生影响；二是通过影响林改的林业确权，间接对木材供给产生影响。

在一般木材供给的理论分析基础上，进一步分析了林改和森林采伐限额制度对集体林区木材供给产生的影响，分别对林改、采伐限额与短期和长期木材供给之间的关系进行了讨论，提出林改在短期促进了木材供给，对长期木材供给产生的影响包括两个方面：一是林改对长期供给能力产生的影响，具体而言就是林改对用材林资源禀赋带来的影响和已经这种影响是否是通过林改改变农户用材林投入行为产生的结果。二是林改对农户实际的木材采伐量产生的影响。同时采伐限额制度的存在限制了农户的林地投入也约束了农户的自主采伐权利。从实地调查数据的统计描述来看，林改后用材林的资源丰度增加了，农户对用材林的投入也增加了，同时木材产量也有了提高。基于这些分析，指出了本研究在实证研究部分的主要内容：①采伐限额制度在林改中扮演的角色。②林改前后的森林资源的变化是否源于林业确权等林改相关的政策和措施。③若林改确实促进了森林资源的增长，是否是由于林改通过改变农户用材林的投入而产生的结果？采伐限额制度对农户用材林的投入的影响又将如何？④木材的实际供给是否受到了林改的影响，如果有影响，具体哪些措施的影响最大，影响的方向如何。

通过实证研究对林业确权对用材林面积和蓄积的影响，本研究发现林权制度改革促进了森林资源的增长，也就是说假说Ⅲ成立的基本条件已经得到满足。基于实证研究提出了集体林改在深化改革时，应该以法律手段确保农户的林权，加大林权证的发放力度，保证林地的流转权，规范林权抵押贷款。

尽管研究所采用的数据距离新一轮集体林改的时间较短，但是林业确权带来的效果已经有所体现，而且随着时间的推移，政策的稳定和进一步的深化必将对森林资源带来积极的影响。

(1)集体林权制度改革应该保持政策的稳定性，以法律形式保障农户拥有的林权。赋予农户清晰的林权可以促进森林面积的增加和森林蓄积的增长，赋予农户更完整更大的权利会增加用材林的面积，而用材林作为以木材生产的主要林地类型，其面积的扩大对于提高国内木材供给能力具有重要的意义。集体林权制度改革在继续推进和深化的过程中，应该加大发放林权证的力度，以法律手段保护农户拥有的林权，保证各项配套政策的稳定性。

(2)规范林地流转，培育林权流转市场。促进林地流转的政策能够有效放活用材林的经营管理，促进森林资源增长，提高集体林地的木材供给能力。同时，通过林地流转促进规模化经营。实现林农的规模化经营有两条途径：一是通过林权流转市场实现，二是通过基于社区的合作实现，在实现之中，人们似乎更倾向采用林权流转来实现林地的规模化经营(李周，2008)。

(3)规范林权抵押贷款。林权抵押权利可以促进农户对林业的投入，提高林地生产力的同时，也增强了农户的融资能力。

(4)加强村干部对集体林权制度改革的认知。因为各地政策推行的力度以及效果都与村干部对政策的认知度以及理解程度高度相关，村干部对这项改革的理解越深越到位，那么该村林改达到的效果就会越好，同时也要避免村干部为了政绩而做出一些激进的行为。

第 4 章

集体林改对农户行为的影响

4.1 林改与农户用材林投入行为

集体林权制度改革确实促进了用材林规模的扩大，在此基础上，将进一步分析林改对农户的林地投入行为产生的影响，若林改促进了农户对林地的投入，不管是造林投入和营林投入，都将带来林地生产规模的扩大，从而增加长期的木材供给能力。集体林权制度改革通过家庭承包经营的方式完成分林到户和林业确权以及林权证的发放这些做法和措施，是否会对农户用材林的投入行为产生影响。如果这些因素对农户用材林的投入行为产生了积极影响，也就证明了林权改革通过改变农户对林地的经营行为来改变集体林地长期的生产力低下的状况，促进森林资源增长，增加集体林区长期木材供给的能力。

4.1.1 产权制度影响农户林业投入行为的争论

国内外的很多文献已经论证了土地产权会对农户的投入行为产生影响。土地产权可以被看作是一种对剩余价值的索取权，而对剩余价值的追求正式激励资源管理者努力监管的重要因素(Alchian & Demesetz，1972)。当产权缺失时，这种激励的力度就大打折扣。一般的土地产权实际上是一组权利的组合，包括土地所有权、收益权、使用权、处置权，除此之外稳定性也是构成产权的一个重要因素(Besley，1995)。在现有的分析产权与土地投入之间关系的文章里，很大一部分是在研究某一种产权经营模式会对生产带来怎样的影响，而不是具体的研究拥有或失去某项权利，将会对生产投入带来怎样的影响(Ahaban，1987)。也有学者尝试研究土地交易权对生产投入的影响，但是由于没有控制除了交易权以外的其他权利因素。因此，得出的结论并不可信(Besley，1995)。

国内对林改后农户林业投入行为进行了大量的研究，但是研究的结论却不尽相同。有些研究从我国现行的采伐制度出发，认为农户对用材林的投入意愿最小，同时投入的金额也最少。张俊清(2008)基于辽宁省林权改革的调查数据，利用 logistic 模型分析了林权改革后，农民投入林业的意愿依次为经济林、生态林和用材林，造成这一意愿现象的原因为农民对经济林的投入意愿主要受资金、立地条件等因素的影响，政策性限制较小；农民对生态林和用材林的投入意愿除了受农民自身特征、资金、林地面积的影响以外，还分别受限额采伐制度和生态补偿制度的影响，政策性限制较强。李娅等(2007)在江西的调查发现，农民造林和抚育的对象主要是毛竹，这和毛竹采伐受到的政策性约束最小直接相关。这是农民对制度安排作出的理性反应，因为林权制度的配套改革相对滞后，将会扭曲农民的林业投资行为，无法实现生态环境改善和木材供给平衡的目标。而张蕾等(2008)在对江西、福建、辽宁和云南 4 省的实地调查中发现，林权改革以后，经济林面积下降而用材林面积上升。究竟在林改后，农户是否更愿意经营以木材生产为主的用材林仍无定论。

本书在理论分析的最后一部分中给出了林改后江西省农户林业投入行为的统计描述，可以看出在林改后以生产木材为主的用材林投入确实占到了农户林业投入的主要方面，并且出现了经济林转用材林的现象，造成这一现象的因素可能和地理区域有关，但是就江西省来看，农户用材林的投入确实呈现增加的趋势。

4.1.2 农户对用材林投入决策的影响因素分析

4.1.2.1 数据描述

第一，农户是否投入用材林的数据描述。

农户对用材林的投入按照投入的性质可以分为营林投入和造林投入；按照投入的种类可以分为劳动力投入和资金投入。这部分中，农户是否进行投入是 0，1 变量。赋值规则为：农户只要对用材林进行了劳动力投入或者资金投入，都认为农户对用材林进行了投入，赋值 1，若既没有劳动力投入也没有资金投入，则赋值 0。根据表 4-1，2010 年进行用材林投入的农户比 2005 年减少了，但是投入的总金额却从 779.202 元增加到了 1128.627 元，增加了 44.84%，这可能说明了在近几年里，在我们的样本中愿意经营用材林的农户数量减少了，但是继续经营用材林的农户对其投入却增加了，农户对于林业的经营有了一定的选择。

在研究农户用材林投入决策时使用的数据为 2005 年和 2010 年调查数据的样本和，为 525 个观测值。模型主要关心的自变量包括了家庭特征、自然条件、林业确权状况、社会经济变量以及采伐限额指标。

表 4-1 农户是否投入用材林变量的统计表

Tab. 4-1 Statistics of whether invest on timber – forest

变量	年份	均值	标准差	最小值	最大值	样本数
是否投入(1=是; 0=否)	2010	0.4533	0.4989	0	1	225
	2005	0.6333	0.4827	0	1	300
	Total	0.5562	0.4973	0	1	525
总投入额(元)	2010	1128.627	2831.941	0	17420	225
	2005	779.202	3487.685	0	57420	300
	Total	928.956	3224.777	0	57420	525

第二，农户的家庭特征及林地的立地条件。

(1)农户的家庭特征变量。农户家庭特征变量包括：家庭人口数、非农就业的人口、家庭平均年龄、家庭中受过初中及以上教育的成年人数(成人定义为：年龄≧18)、是否有家庭成员是村干部以及是否有家庭成员是党员，其中若家中有成员是村干部/党员则赋值1，无则取0。控制家庭的基本特征有助于分离出本书关心的政策和经济因素，同时家庭基本特征本身也反映出特定的经济关系，比如非农就业人数和平均年龄可以反映出家庭的劳动力状况，计算非农就业比例是为了控制家庭中从事农林等劳动的人口比例。受教育水平以及是否村干部和党员可能会对家庭决策产生影响。家庭收入水平衡量农户家庭的经济水平。表4-2显示出样本农户家庭规模中等居多，非农就业比例较低，只有33.8%，整体的受教育水平低，受过初中及以上教育的成人人口数均值仅有1.16，党员数量较少。

表 4-2 农户家庭特征变量统计表

Tab. 4-2 Statistics of the family features

变量名	均值	标准差	最小值	最大值	样本数
家庭人口(人)	5.065	2.001	1	15	525
非农就业人数(人)	1.747	1.396	0	9	525
非农就业比例(%)	0.338	0.243	0	1	525
平均年龄(岁)	35.39	11.01	14.40	80	525
初中及以上教育水平的成人数(人)	1.162	1.329	0	8	525
家庭成员是否有党员(1=是; 0=否)	0.272	0.479	0	2	525
家庭成员是否有村干部(1=是; 0=否)	0.059	0.236	0	1	525
家庭总收入(万元)	0.589	0.879	0.03	24.96	525
家庭人均收入(万元)	0.107	0.942	0.0075	10.426	525

(2)农户的林地特征变量。林地特征变量主要包括：林地到家的距离、林地到最近的可以跑拖拉机的公路的距离、是否具有灌溉条件以及林地的坡度。其中

前两个距离变量的单位是公里；灌溉条件是0，1指标，1代表有灌溉条件，0则表示没有；坡度指标用1，2，3三个等级来衡量，1表示该地块坡度大于25°，相对陡峭，2代表地块坡度在15°~25°，是中等水平，3则表示地块坡度小于15°，林地比较平缓。这些自然特征变量以农户家庭进行计算，样本中共有 i 个家庭，每个家庭有 j 块林地，对应的面积为 S_{ij}，每块林地的特征为 V_{ijq}，即上面提到的几个变量。则农户 i 所拥有的各项林地立地条件的计算公式为：

$$V_{iq} = \sum_j (V_{ijq} \times S_{ij} / \sum_j S_{ij})$$

在各项指标中出现0值的情况是由于有些被访户家中没有林地。林地立地条件可能会对农户经营决策和经营行为的产生影响，比如相对于离家远、离公路远或坡度陡的地块，农户可能更倾向于经营可进入性好、回报高的地块。由表4-3可见，江西省的林地立地条件一般，80%的林地都没有灌溉条件，到家和公路的距离也都远于1km以上，且林地坡度较大，江西的林地多在大山里。

表4-3 农户林地立地条件特征变量统计表

Tab. 4-3 Statistics of forestland features

变量名	均值	标准差	最小值	最大值	样本数
是否有灌溉条件(1=是；0=否)	0.221	0.403	0	1	505
林地到家的距离(km)	1.869	1.715	0	13.74	505
林地到公路的距离(km)	1.338	1.587	0	16.67	505
林地的坡度(1：>25°；2：15°~25°；3：<15°)	1.339	0.659	0	3	505

(3)市场因素。木材和竹材的价格是反映市场因素的主要变量，此外控制县级虚拟变量，可以控制其他的例如附近区域的加工厂数量或者木材收购企业数量等因素(表4-4)。

表4-4 木材和竹材价格

Tab. 4-4 Statistics of price of wood and that of bamboo

变量名	均值	标准差	最小值	最大值	样本数
木材价格(百元/m^3)	0.493	0.1617	0.2	1.1	525
竹材价格(元/百斤)	7.426	2.731	2	23.3	525

注：价格为2005年和2010年价格的均值。

第三，农户的权利指标等因素。

一个有效的制度安排通过改变目标群体的权利状况或经营类型等经济特征，诱导农户的决策和经营行为的转变，来实现政策的既定目标。这些间接的经济手段有别于行政手段，能有效避免高昂的管制成本，将会带来更深远的影响。因此，林业的确权状况、林地经营类型和林权证发放情况是这部分研究的主要解释变量。

确权情况主要通过各项权利指标来反应，主要包括：改变林地用途或者特征的权利、流转权、抛荒权和抵押权；除此之外本书将农户是否取得林权证比以及家庭经营林地面积比也作为重要的衡量权利指标的变量。改变林地用途或者特征的权利主要有：是否有权利将林地改为农地？是否有权利改变承包的林地的种类？是否有权利改变树种？是否有权利利用林下资源？流转权的构成是基于以下这两个问题：是否有权利将林地转给本村人？是否有权利将林地转给外村人？将这两个权利平均作为流转权。有的研究认为只要农户拥有将林地转给本村人或者外村人的任何一个权利，则认为农户拥有流转权(孙妍，2008)。但是，由于林地或者林木的流转对象受到限制，那么也就是限制了农户的林地流转权，所以本研究采用将这两个权力进行平均的做法来构成流转权指标。是否有权利将林地抛荒？是否有权力将林权证抵押？若没有林权证是否有权力将林地或林木抵押？这两个问题中有一个给予肯定回答，则认为具有抵押权，具体见表4-5。

表4-5 权利变量及其对应的问卷问题

Tab. 4-5 Right – index composition and the corresponding questions on the questionanior

权利变量	对应的问卷问题	构成方式
改变林地特征的权利	是否有权利将林地改为农地？ 是否有权利改变承包的林地的种类？ 是否有权利改变树种？	
林下资源使用的权利	是否有权利利用林下资源？	
流转权	是否有权利将林地转给本村人？ 是否有权利将林地转给外村人？	将两项权利加权平均得到流转权
抵押权	是否有权利将林权证抵押？ 若没有林权证是否有权利将林地或林木抵押？	如果农户认为有任何一项权利则认为有抵押权
抛荒权	是否有权利将林地抛荒？	

本书的样本中共有 i 个农户家庭，每个农户家庭有 j 块地，每块地对应上面的问题，具有 k 项权利 $right_{ijk}$，每项权利的赋值原则为：若农户认为该地块具有该项权利，则赋值为1；若农户认为该地块具有该项权利但是需要林业局等林业部门的批准或者村里或者村小组或者联户经营的其他农户的同意，则赋值0.5；若农户认为不具有该项权利则赋值为0。S_{ij}为农户 i 第 j 块地的面积，则家户 i 的各种权利指标计算公式为：

$$Righ\ t_{ik} = \sum_j \left(\frac{righ\ t_{ijk} - \mathrm{Min}(righ\ t_{ijk})}{\mathrm{Max}(righ\ t_{ijk}) - \mathrm{Min}(righ\ t_{ijk})} \times S_{ij} / \sum_j S_{ij} \right)$$

因为，在样本中，林地的每项权利指标，最大值均为1，最小值均为0，所以公式可以简化为：

$$Righ\ t_{ik} = \sum_j (righ\ t_{ijk} \times S_{ij} / \sum_j S_{ij})$$

以农户家庭为研究单位，通过林地面积对林权指标进行加权平均，更能反映出农户的决策行为，图4-1显示了农户在林改后拥有的各项权利，可以看出拿到林权证的农户比例只有不到40%，可能是因为在2005年发证率还不高，影响了2005年和2010年混合后的发证比例，家庭经营的林地面积达到了将近70%的林

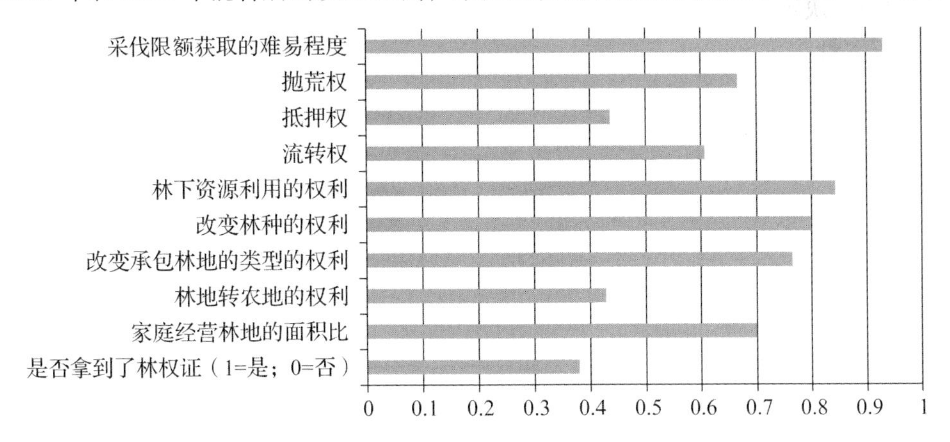

图4-1　农户拥有的权利变量及经营方式变量

Fig. 4-1　Rights and management factor in sample

地总面积。各项权利中林下资源利用的权利最高，而抵押林权证的权利最低，这和发证比率低是相关的，在调查中，2005年拥有林权证的农户有45户，发证率只有15%，其中只有12个农户都认为林权证可以抵押，不到发证农户的30%；2010年拥有林权证的农户有147个，发证率达到71.71%，其中50个农户认为林权证可以抵押，占到发证农户的34.01%，可以看出随着集体林改的继续推进，林权证的发证率提高了，但是认为林权证的可以抵押的农户比例并没有很大的改变，这可能反应出在实际中，农户对林权证可以抵押获得贷款的权利认知度并不高，还有可能是现实中进行林权证抵押贷款的难度很大。2005年，在没有获得林权证的255个农户家庭中，有73个认为林地林木可以抵押，占到28.63%；2010年，在没有获得林权证的58个农户家庭中，有15个认为林地林木可以抵押，占到25.86%，如图4-2。

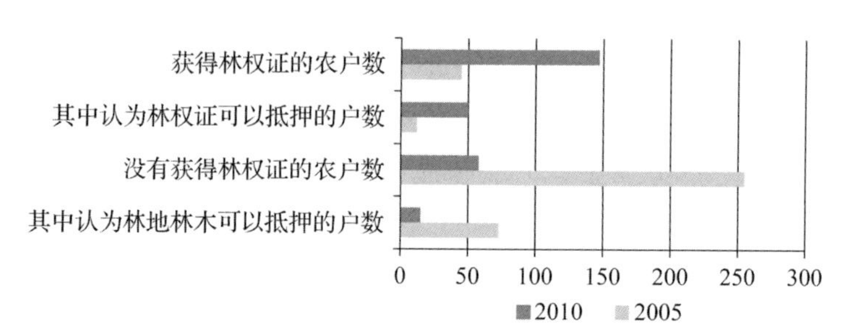

图4-2　2005年和2010年农户拥有的抵押权情况

Fig. 4-2　Mortage right in 2005 and 2010

4.1.2.2　决策模型的选择

很多计量方法可以估计离散选择模型，不同的方法基于对残差分布的不同假设，故本书选取三种不同的模型来研究农户投入的决定：线性概率模型(LPM)、Probit模型以及Logit模型。如果基于不同假设的模型的估计结果相似，比如显著性、方向或者偏效应大小，那么就更有理由相信模型的结果确实反映出了正确的经济关系。

更进一步地，为了使各项指标的偏效应(对概率的贡献)可以相互比较，也为了使不同模型的结果可以跟线性概率模型(LPM)统一，采用了不同的方法(Dprobit以及Margeff)来修正Probit和Logit的系数估计值，旨在分离出真正的经济影响，有助于研究中比较各项因素之间的重要性。

这部分的研究是基于江西省2005年和2010年的实地调研数据，在2005年随机抽样的300户中，2010年回访到225户。实际回归时把两期的面板数据混合起来估计，以农户为单位修正异方差性，这样做主要是考虑到能够扩大总样本量，增进估计效率。

4.1.2.3　模型结果及解释

家庭特征的影响。根据表4-6，从模型的估计结果来看，年龄结构是唯一显著影响农户投入决策的家庭特征因素，所有模型结果的显著性水平都超过了5%。平均年龄越大的农户越不倾向于对用材林进行投入，在统计上非常显著，但是其经济影响却很小。

自然因素的影响。农户对用材林的投入必然受到各种自然条件的制约，模型的结果说明，农户倾向于在离公路较远的地块进行投入，这可能与平常的预期不一致，分析样本数据，可以发现：在505个样本中，有291个农户家庭对用材林投入，其中有174户的林地到公路的距离大于等于均值，将近占到了进行投入农户的60%，由于使用的数据自身的特征，导致了回归结果显示出农户更倾向于

表 4-6 农户对用材林的投入决策回归结果

Tab. 4-6 Regression results of invest on timber – forestland

是否投入	LPM	Dprobit	Probit-margeff	Logit	Logit-margeff
非农就业比例	-0.0552	-0.216	-0.0685	-0.365	-0.0688
	(0.0920)	(0.286)	(0.0873)	(0.490)	(0.0888)
平均年龄	-0.00459**	-0.0147**	-0.00468**	-0.0253**	-0.00478**
	(0.00194)	(0.00619)	(0.00185)	(0.0106)	(0.00187)
初中及以上教育水平的成人数	-0.0224	-0.0617	-0.0196	-0.116	-0.0218
	(0.0155)	(0.0470)	(0.0142)	(0.0781)	(0.0139)
家庭成员是否有党员	0.0263	0.109	0.0342	0.165	0.0309
	(0.0801)	(0.256)	(0.0767)	(0.414)	(0.0735)
灌溉条件	-0.0191	-0.0601	-0.0191	-0.0908	-0.0171
	(0.0551)	(0.163)	(0.0499)	(0.276)	(0.0501)
离家距离	-0.0137	-0.0463	-0.0147	-0.0794	-0.0150
	(0.0131)	(0.0444)	(0.0136)	(0.0763)	(0.0138)
离公路距离	0.0407***	0.134**	0.0426**	0.221**	0.0418**
	(0.0136)	(0.0557)	(0.0169)	(0.0977)	(0.0176)
坡度	0.0403	0.118	0.0376	0.229	0.0433
	(0.0351)	(0.109)	(0.0331)	(0.190)	(0.0340)
距离林改的时间(年)	-0.00837	-0.0364	-0.0115	-0.0600	-0.0113
	(0.0235)	(0.0718)	(0.0219)	(0.130)	(0.0235)
家庭经营林地面积比	0.163***	0.490***	0.156***	0.800***	0.151***
	(0.0588)	(0.171)	(0.0509)	(0.288)	(0.0509)
是否拿到林权证	0.0410	0.110	0.0347	0.205	0.0382
	(0.0552)	(0.176)	(0.0526)	(0.301)	(0.0529)
改变承包的林地类型的权利	-0.0259	-0.142	-0.0451	-0.152	-0.0287
	(0.108)	(0.349)	(0.107)	(0.542)	(0.0987)
改变林种的权利	0.132	0.459	0.146	0.710	0.134
	(0.137)	(0.441)	(0.135)	(0.711)	(0.129)
林下资源利用的权利	0.152	0.452	0.144	0.786	0.148
	(0.117)	(0.371)	(0.112)	(0.639)	(0.115)
流转权	0.0233	0.0596	0.0189	0.0734	0.0139
	(0.0617)	(0.183)	(0.0561)	(0.309)	(0.0561)
抵押权	0.0409	0.128	0.0408	0.235	0.0444
	(0.0502)	(0.149)	(0.0455)	(0.255)	(0.0461)
抛荒权	-0.151***	-0.444**	-0.141***	-0.797***	-0.150***
	(0.0544)	(0.173)	(0.0513)	(0.301)	(0.0522)
人均收入	0.0491***	0.181**	0.0575***	0.289**	0.0545**
	(0.0161)	(0.0706)	(0.0214)	(0.120)	(0.0216)
木材价格	-0.309	-0.960	-0.305	-1.772	-0.334
	(0.358)	(1.291)	(0.393)	(2.291)	(0.414)
竹材价格	0.00148	0.0202	0.00641	0.0393	0.00742
	(0.0154)	(0.0705)	(0.0215)	(0.120)	(0.0218)

（续）

是否投入	LPM	Dprobit	Probit-margeff	Logit	Logit-margeff
农户获取采伐限额的	0.189***	0.563***	0.179***	0.975***	0.184***
难易程度	(0.0631)	(0.206)	(0.0613)	(0.365)	(0.0639)
控制县级虚拟变量	YES	YES	YES	YES	YES
N	505	505	505	505	505
R^2	0.221				
pseudo R^2		0.180	0.180	0.181	0.181

注：Standard errors in parentheses；Std. Err. adjusted for 300 clusters in hhid；* $p < 0.1$，** $p < 0.05$，*** $p < 0.01$.

在离公路较远的地块进行投入。同时，江西省的用材林较经济林来说，距离公路的距离都较远，并且离公路远的地块面积普遍大于离公路近的地块，这样也会造成这一结论。此外，模型的因变量是否投入，费用投入或者投工(自投工和雇工)都算成是对用材林地块有投入，这样离公路较远的林地自然自投工的情况就会更多地出现，因此模型的结果表现出林地离公路越远，则农户越倾向于用材林的投入。

林地经营方式影响。所有模型的估计结果都说明，家庭自营林地的比率与投入意愿之间的显著正向关系，显著性水平都超过1%；更重要的是，家庭自营林地的面积比产生的经济影响很大，对投入决定的影响达到了15%~16%的概率水平。这个结果表明，农户更倾向于在使用权最稳定的地块上进行投入。家庭自营会避免产生不必要的纠纷。

林业确权状况的影响。除了抛荒权之外，其他的权利指标都不显著。这主要是由于两个原因导致：一方面，各项权利指标之间本身存在较强的多重共线性；另一方面，本书在理论分析部分对采伐限额的探讨时指出，采伐限额与每一项权利指标都有很强的相关性，这些因素都影响了回归结果的显著性。如果不把采伐限额放进模型中，可以得到林下资源使用权和树种的决定权对农户用材林投入决策产生正向显著影响，这也说明了采伐限额与各项权利之间很强的线性相关削弱了权利对农户投入意愿的作用。但是如果模型中不包括采伐限额变量，则可能面临遗漏变量偏误的风险。所以，本书选择放入采伐限额指标。

社会经济变量的影响。人均收入高的农户更倾向于对林地的投入，所有模型的估计结果都超过5%的显著水平，经济影响大概在5%的概率水平。本部分是对用材林地块投入意愿的研究，用材林有别于经济林，其生长周期长，平时投工照料较少，收入水平高的农户可能更倾向于投入林地，这有两种解释：一是收入水平高的农户进行用材林投入的资金雄厚，二是用材林除了在造林时需要较多的劳动力投入以外，营林只需要投入较少的劳动力，这样可以将劳动力分配到非农就业当中(外出打工或自营其他行业，例如开商店等)。

采伐限额制度的影响。在本研究的样本覆盖地区，采伐限额对农户木材采伐的限制已经大大放宽。即便如此，限制采伐并不是采伐限额制度影响的全部，更深层的影响是，采伐限额制度确实限制了农户对林地的投入积极性。所有模型的结果都表明，采伐限额制度对农户投入决策的影响超过了1%的正向(按照本书采伐限额指标的构造方式，较大的数值表示较宽松的限制程度)显著性水平，经济影响达到了最大的18%。采伐限额限制了农户对林木的收益权，降低了农户对用材林投入的概率。

4.1.2.4 农户用材林投入决策的主要结论

本部分借助不同的计量模型来考察农户对用材林投入决策的影响因素，根据模型的估计结果，可以得到两个主要的结论：①农户在很大程度上倾向于在家庭自营的地块上投入，其实质就是倾向于对更有自主权的林地进行投入，因此保证农户更多林地使用权的政策应该长期坚持；②采伐限额制度的存在是影响农户对林地投入最大的障碍，根据实证结果农户申请到采伐限额越容易则越倾向于用材林的投入，并且比较所有的影响因素，采伐限额获取的难易程度对农户用材林投入的意愿产生的影响最大。这表明，采伐限额制度在一定程度上阻碍了林业的可持续发展。

4.1.3 农户用材林投入行为的实证分析

4.1.3.1 变量选择和数据描述

林业生产中农户投入的化肥、农药无法在当年获得回报，属于长期投入，因此当年林地上的资金投入可以作为分析产权因素对林业投入影响的因变量(孙妍，2008)。除此之外，农户的劳动力投入也是重要的林地投入因素。这部分将用材林的总投入量进一步细分为营林的投入量和造林的投入量，更详细的研究农户的投入行为。

农户的林业投入按照投入的性质可以分为营林投入和造林投入，按照投入的种类可以分为劳动力投入和资金投入。营林投入和造林投入都有劳动力投入和资金投入。其中劳动力投入包括自投工、帮工和换工以及雇工的总劳动投入，资金投入主要包括化肥、农药、杀虫剂、浇水、除草剂等生产资料的投入，畜力和机械等方面的花费。

投入金额的计算，将自投工、帮工和换工按照雇工的平均工资进行换算，折合为金额，与其他投入金额相加得到总投入额。其中劳动力的投入以工日为单位(一个工日 =8 个小时)。

这部分所关心的因变量是三个：农户对用材林的总投入(元)、农户对用材林的营林投入以及农户用材林的造林投入，旨在考查农户对用材林的投入行为。模型主要关心的自变量同样包括了家庭特征、自然条件、林业确权状况、社会经济变量以及采伐限额指标，根据建模需要选择在有的模型中控制了县级虚拟变量。模型中所涉及的因变量和各个自变量以及具体指标的构造方法已在前面进行了阐述。

在研究总投入时，使用两期的面板数据，被解释变量的数据描述见表4-7，解释变量的数据描述分别见表4-8和如图4-3、表4-9。可以看出农户在2010年对用材林的投入金额有了较大的增长，比2005年增长了将近一倍。根据表4-7，虽然在2005年进行用材林投入的农户户数大于2010年，但是其投入的总金额却少得多，这说明了在近年来，农户对林地经营有了进一步的选择，愿意经营用材林的农户加大了其对林地的投入力度，而不愿经营用材林的农户则选择了退出，用材林的经营管理情况有了好转。

表4-7 农户用材林投入金额统计表

Tab. 4-7 statistics of invest on timber-land

变量	年份	均值	标准差	最小值	最大值	样本数
总投入额(元)	2010	1128.627	2831.941	0	17420	225
	2005	779.202	3487.685	0	57420	300
	Total	928.956	3224.777	0	57420	525
营林投入(元)	2010	725.3517	1870.546	0	16048	225
造林投入(元)	2010	403.2756	1777.818	0	15260	225

表4-8 农户家庭特征数据统计表

Tab. 4-8 Statistics of family features for panel data

变量名	年份	均值	标准差	最小值	最大值	样本数
家庭人口数	2010	5.324	2.269	1	15	225
	2005	4.870	1.752	2	14	300
非农就业人数	2010	2.240	1.481	0	9	225
	2005	1.377	1.205	0	7	300
非农就业比例	2010	0.415	0.248	0	1	225
	2005	0.280	0.222	0	1	300
平均年龄	2010	36.36	11.93	17.75	80	225
	2005	34.65	10.23	14.40	69.50	300
初中及以上教育水平的成人数	2010	1.2	1.284	0	6	225
	2005	1.177	1.363	0	8	300

（续）

变量名	年份	均值	标准差	最小值	最大值	样本数
家庭成员中是否有党员	2010	0.289	0.454	0	1	225
	2005	0.260	0.497	0	2	300
家庭成员中是否有村干部	2010	0.0580	0.234	0	1	225
	2005	0.0600	0.238	0	1	300
总收入（万元）	2010	3.977	4.984	0.126	24.96	225
	2005	1.031	9.474	0.030	7.407	300
人均收入（万元）	2010	0.878	1.331	0.022	10.43	225
	2005	0.229	0.214	0.001	1.481	300

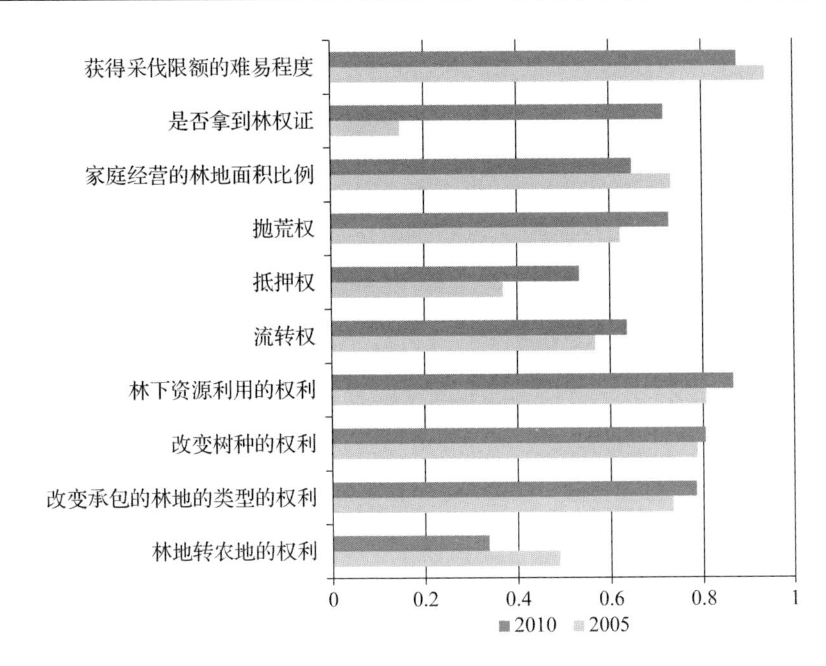

图 4-3 2005 年和 2010 年农户的各项林权拥有情况

Fig. 4-3 Rights in 2005 and 2010

表 4-9 农户林地特征以及木材价格数据统计表

Tab. 4-9 Statistics of forestland features and wood price

变量名	年份	均值	标准差	最小值	最大值	样本数
灌溉条件	2010	0.331	0.450	0	1	205
	2005	0.146	0.348	0	1	300
离家距离	2010	1.859	1.792	0	13.04	205
	2005	1.876	1.664	0	13.74	300
离公路距离	2010	1.235	1.650	0	16.67	205
	2005	1.409	1.542	0	12.02	300

（续）

变量名	年份	均值	标准差	最小值	最大值	样本数
坡度	2010	1.301	0.637	0	3	205
	2005	1.365	0.674	0	3	300
木材价格（千元/m^3）	2010	0.674	0.047	0.3	1.1	225
	2005	0.357	0.029	0.2	0.7	300
竹材价格（元/百斤）	2010	10.404	1.239	5.5	23.3	225
	2005	5.192	0.487	2	9	300

在进一步研究营林投入和造林投入时使用的是2010年的调查数据，这主要是受制于2005年的数据。2005年的调查问卷只将种苗费进行单列考察，其他的造林投入和营林投入的花费以及劳动力并没有加以区分。2010年的问卷分别问及了造林和营林的劳动力投入以及其他生产资料和生产工具的花费情况，所以能够很好的区分营林投入和造林投入。因此对总投入的分析可以借助两期的面板数据，总样本数达到525户；而营林投入和造林投入由于两期的投工数据不平衡，只能使用2010年单期的数据估计。

4.1.3.2 计量模型的选择

本部分基于不同的数据结构选择不同的计量方法：总投入拥有2005年和2010年两期的面板数据结构，采用固定效应（FE）和随机效应模型（RE）进行估计；鉴于营林投入和造林投入只能使用2010年单期数据结构，采用Tobit模型处理角点解和删失数据情形。模型以县为单位对标准误进行了修正。

理论上说，固定效应模型的假设更宽松，针对可能存在的不随时间变化的遗漏变量的情形表现会更好，本部分的实证中并没有排除随机效应模型（因为估计值通过了Hausman Test），而是把两种方法的估计值一并列出，旨在基于固定效应模型的估计结果基础上提供一个有益的补充，如果两个模型的估计结果出现出入，则更偏好于相信固定效应模型的估计结果。固定效应模型中不随时间变化的变量都将一并消失，因此模型设定的时候没有加入县级虚拟变量，其他模型中则都加入了县级虚拟变量以控制地区差异。

本部分计算投入的时候包括了资金投入和投工，实地调研中存在有的农户忽略自投工的情况，或者较少的自投工就没有报告。针对可能存在因变量删失的情况，在估计营林投入和造林投入的时候，本书采用Tobit模型来处理角点解或者删失数据，期望得到一致估计，最终估计结果见表4-10。

4.1.3.3 模型结果及解释

第一，总投入的影响。

（1）家庭特征方面，平均教育水平在RE模型中正向显著（10%的显著性水平）地影响了农户的投入，知识层次较高的农户对用材林的林地投入似乎更多，

表 4-10 农户用材林投入金额回归结果

Tab. 4-10 Regression results of invest

	总投入金额		营林投入	造林投入
	FE	RE	Tobit	Tobit
非农就业比例	1488.3	464.8	-117.0	3448.6*
	(1013.7)	(623.6)	(1394.9)	(1998.0)
平均年龄	26.94	6.603	-64.42***	28.43
	(37.66)	(13.70)	(14.74)	(47.81)
初中及以上教育水平的成人数	-74.53	195.0*	78.75	710.1*
	(316.0)	(113.0)	(186.6)	(425.7)
是否有党员	863.1	194.2	-621.1	2859.9
	(1130.4)	(610.8)	(1196.3)	(3048.7)
灌溉条件	103.0	-240.1	48.67	-306.8
	(685.3)	(370.3)	(516.0)	(1295.7)
到家距离	-87.84	96.58	-3.447	-103.8
	(216.9)	(109.6)	(132.4)	(371.6)
到公路距离	48.78	41.56	239.7	623.2**
	(201.4)	(116.9)	(149.2)	(239.9)
坡度	668.6	250.7	555.7	-859.8
	(464.7)	(230.3)	(572.8)	(814.7)
距离林改的时间	-399.2	-62.41	162.0	398.7
	(306.7)	(173.7)	(191.2)	(670.2)
家庭经营林地面积比	1338.2*	408.2*	781.1	559.4
	(752.7)	(229.5)	(960.8)	(1469.5)
是否拿到了林权证	491.0	26.78	1119.8***	906.3
	(621.9)	(373.3)	(384.0)	(1317.3)
改变承包的林地类型权利	1233.9	160.5	1043.3**	1165.5
	(1514.9)	(942.6)	(425.7)	(2322.5)
改变树种的权利	-4161.0**	-2119.3*	247.3	-4292.1
	(1870.5)	(1131.8)	(332.8)	(3689.2)
林下资源利用的权利	2755.6**	2414.3***	260.6	4654.2*
	(1263.7)	(792.0)	(1472.8)	(2443.2)
流转权	88.14	-197.0	-1438.4	-608.2
	(733.3)	(413.1)	(936.8)	(1591.0)
抵押权	-1115.6**	-167.1	62.18	84.74
	(554.2)	(343.5)	(1038.2)	(1239.8)
抛荒权	1640.1**	256.3	574.2	-820.7
	(635.9)	(371.5)	(993.5)	(1444.8)
人均收入	736.3***	2.131	418.1**	133.1
	(272.0)	(168.8)	(161.6)	(368.1)

（续）

	总投入金额		营林投入	造林投入
	FE	RE	Tobit	Tobit
木材价格	7439.5**	4816.1**	-3711.2	-15427.5
	(3302.0)	(2302.8)	(7158.4)	(10579.2)
竹子价格	-221.2	-180.0	-26.50	439.8
	(201.5)	(135.7)	(120.6)	(285.7)
获取采伐限额的难易	1387.2*	1460.0***	1438.3**	2853.6*
	(722.7)	(431.2)	(709.0)	(1580.2)
控制县级虚拟变量	NO	YES	YES	YES
sigma				
_ cons			2964.6***	4963.1***
			(531.0)	(965.9)
N	505	505	205	205
R^2	0.178			

注：Standard errors in parentheses; Std. Err. adjusted for 5 clusters in count; Tobit mana_ invest/plant invest Obs. summary: 117 /167left - censored observations at mana_ invest < =0; 88 /38uncensored observations ; 0 right - censored observations.

但没能得到FE模型结果的支持。

(2)经营方式方面，家庭自营面积比例较高则意味着更多的林地投入水平，农户实际投入也更偏重于使用权更稳定的地块，RE和FE的结果都揭示了这一点(5%的显著性水平)，经济影响也相对较大。

(3)林业确权方面，林下资源使用权无论在FE还是在RE模型的结果中都是正向显著的(均超过5%的显著性水平)，而且经济影响较大，这说明，保证农户对林下资源的综合利用权能够有效刺激农户的投入行为；改变树种的权利表现出负向影响投入量的关系，FE和RE的结果都说明这一点，分别达到了5%和10%的显著性水平，在投入时，农户倾向于选择经营成本更低的树种，降低成本，投入量减少。此外，在FE模型中，抵押权和抛荒权达到了5%的显著水平，但没有得到RE结果的支持。

(4)社会经济变量方面，RE模型揭示出家庭平均收入高的农户对林地投入更多，达到了1%的显著性水平，收入水平高的农户可能资金方面的投入会相应增加，但经济影响并不太大；木材价格作为市场推动力是最重要的影响因素，木材价格上涨农户自然会觉得林地投入有利可图，RE和FE都显示出正向的显著关系，均超过5%的显著性水平。

(5)采伐限额制度方面，FE和RE都表明，采伐限额制度的存在还消极地影响到了农户的实际投入，统计显著，经济影响也不小。正向关系的原因是采伐限额指标的构造，数值越大代表限制越宽松。

第二，营林投入的影响。

(1)家庭特征方面，平均年龄与营林投入呈现出负向的关系，尽管统计上非常显著，但是实际经济影响很小。

(2)林业确权方面，是否发放林权证指标超过了1%的显著性水平，而且经济影响较大，这说明，农户非常看重林权证对其各项权利的保障，林权保障性越高的农户越愿意经营用材林；改变林地类型的权利也正向显著地影响营林投入，达到5%的显著性水平，经济影响也大，农户对林地经营类型的改变权利越大，表明农户自由经营林地的权利越大，对农户林地生产经营的激励作用越大。

(3)社会经济变量方面，人均收入水平的提高同样促进了农户营林投入的增加，符合预期，但经济影响仍然不大；而木材价格作为市场驱动力对营林投入的影响并不显著。

(4)采伐限额制度方面，采伐限额制度是消极影响农户营林投入最重要的因素，不但达到了5%的显著性水平，而且经济影响是所有变量中最大的。采伐限额制度确实严重地限制了农户的经营和投入。

第三，造林投入的影响。

(1)家庭特征方面，家庭非农就业人口的比率越高，农户的造林投入越多；而家庭平均教育水平越高，农户的造林投入也会越多。这些结果表明，教育水平较高的农户往往非农就业人口比率也较高，这样的家庭收入也高，同时获取木材市场的信息来源更灵敏，知道木材价格高，经营用材林可以获得较高的经济收入。

(2)自然条件方面，有造林投入的农户家庭往往出现在林地离公路较远的家庭中，这与投入决策的结论具有相似性，已经进行了解释，此处不再进行分析。

(3)林业确权方面，保障农户的林下资源使用权将刺激农户增加造林投入，其经济影响是各项因素中最大的。林下资源使用的权利刺激了农户的造林行为，用材林不仅可以保障销售木材的获得的经济收益，同时立体使用森林资源，例如林下养殖业、林下种植业，可以增加农户的经济收入，刺激了农户的造林，对森林资源的综合利用拓宽了林业的收入来源。

(4)采伐限额制度方面，获取采伐指标的难易程度(数值越大代表限制越宽松)与农户造林投入表现出显著正向关系，统计上超过了10%的显著性水平，经济影响也较大。这说明，采伐限额制度的存在同样抑制了农户的造林积极性。

4.1.3.4 主要结论及经济意义

本部分基于不用的数据结构选择不同的计量模型来研究农户对用材林的投入金额，分别对总投入、营林投入和造林投入三个方面进行了实证研究，根据不同模型的估计结果，得到几个主要的结论：

首先，使用权越稳定，农户对用材林的实际投入就更多，其中家庭自营面积比率、是否拥有林权证等与使用权直接相关的指标都揭示出这样的经济关系。政策应该更加稳定地确保农户对林地的使用权，才能真正达到放活经营的目的。

其次，扩大林地使用权的外延能够促进农户对林地稳定的投入，比如改变林地类型的权利能够促进农户的营林投入，赋予农户林下资源的使用权则可以有效促进农户的造林投入。农户的造林和营林的行为，不会单纯为了木材的价值，林下资源或相关的林产品也是重要的方面。

最后，采伐限额制度的存在影响到了农户决策和投入行为的各个方面，很大程度上抑制了农户营林和造林的积极性。

本部分的实证结果还反应出一些现象：一方面，农户拥有的林地经营使用的权利越大，做理性决策的可能性就越大，这表明赋予农户完全的林地私有权并不会带来森林资源的衰退。另一方面，收入水平提高又将会有部分转化为营林投入，尽管实证中发现这种转化的经济影响还不大，但是这些现象已经反映出森林资源可持续经营的趋势，恰好是林业确权促进了这种良性循环。

4.2 林改与农户木材和竹材采伐行为

以农户家庭经营为主体的林业生产者进行木材采伐决策时会受到森林权属、造林契约以及林业管理体制的重要影响(Shashi Kant，2003)。在我国南方集体林区，赋予农户更加完整和稳定的林地经营权和收益权，林权改革显著增加了木材的采伐量，但是对于改革前后产权变化不明显的竹林则不存在显著的影响(尹航，2010)。同时，产权的稳定性对木材的采伐有重要的影响，农户更愿意在自留山上采伐林木，林地使用权的稳定性与木材采伐决策负相关(王洪玉，2009)。自1985年开始，我国实行森林限额采伐制度，按照森林采伐消耗低于森林生长的总原则制定年度森林采伐计划，实行凭证采伐。但是，森林采伐限额政策管理难度大、实施成本高，限制了非公有制林业的发展(沈文星，2003；田明华，2004)，同时超采盗伐的现象依然很严重(黄斌，2010；苏昶鑫、刘峰等，2011；兰火长，2011)。有学者通过建立政府与农民之间的博弈模型来分析森林采伐限额制度对木材采伐带来的影响，认为如果林农只重视眼前利益而忽略长远利益，那么其投资行为决定了国家必须实行森林采伐限额制度；而当农户进行长期永久性投资时，不需要政府的管制，农户也会自觉的适量采伐，实现经济利益和生态环境保护的最优组合(李莉，2011)。大部分学者认为农户的木材采伐行为直接受到采伐限额管理制度的约束，造成了农户林木处置权和收益权无法实现，是产权残缺的表现。同时由于采伐限额的约束，整个社会的木材交易量下降，造成了福利损失(黄斌, 2010)。

此外, 家庭特征, 林地特征以及市场激励都会对农户的木材采伐行为产生重要的影响。国外学者普遍认为非工业私有林地所有者的木材采伐决策会受到林业经营者的特征及其家庭特征因素的影响(Hyberg & Holthausen, 1989), 土地所有者的职业对木材采伐有显著影响, 教育水平与采伐负相关, 年龄的增加与采伐行为负相关(Binkley, 1981; Boyd, 1984; Stale stordal, 2008)。家庭收入水平会对木材采伐决策产生重要影响, 高收入的所有者与低收入的所有者相比, 采伐木材的可能性小(Binkley, 1981; Holmes, 1986; Hyberg & Holthausen, 1959)。农户拥有的林地面积、地块规模以及林地的立地条件都会对木材决策和实际采伐量产生影响(Stale stordal, 2008), 林地规模越大, 采伐的可能性和实际采伐量都会越大(Binkley, 1981; Holmes, 1986; Hyberg & Holthausen, 1959)。活立木价格上涨会导致非工业私有林地所有者采伐量的增加(Adams & Haynes, 1980; Binkley, 1981; Boyd, 1984; Hollnes, 1986), 但是也有研究得出了不同的结论, 认为价格增加降低了非工业私有林采伐的可能性(Hyberg & Holthausen, 1989)。对非工业私有林所有者采伐行为产生更多的影响是名义价格, 而非真实价格, 主要是因为所有者对真实价格膨胀滞后引起的(Binkley, 1981; Holmes, 1986)。

由于森林采伐限额制度, 在林改后尽管农户拥有林木的所有权, 但是农户自主采伐的权利并没有得到完全的体现, 本研究在理论部分, 基于宏观数据分析了采伐限额制度在集体林权制度改革的同时大大放宽, 在此基础上, 将利用实地调查数据对农户的自主采伐权利进行分析, 实证研究采伐限额制度和集体林改共同作用对农户木材和竹材的采伐行为进行分析。

4.2.1 农户自主采伐权利的界限和实施

4.2.1.1 农户获得采伐限额的难易程度

现有的研究表明, 采伐限额制度的实际执行效果并不理想, 森林采伐限额制度在执行中超限额采伐现象仍然很严重, 此外, 这项制度高昂的行政成本、广阔的寻租空间等都使其成为众矢之的。但是对于木材的供给者农户来说, 申请采伐指标的难易程度会直接影响到农户对用材林的经营, 采伐限额制度的存在在很大程度上决定了木材的采伐量。衡量农户获得采伐指标的难易程度是本章研究林业确权以及农户木材采伐行为的重要前提。

衡量农户获得采伐指标的难易程度, 将利用江西省调查数据中的村表数据和户表数据, 从两个层面进行分析。

第一, 村表数据反应的采伐限额获取情况。

表 4-11 和表 4-12 给出了 2005 年和 2010 年两年农户对木材和竹材采伐限额

的申请以及获得情况。从表4-11可以看出，2010年申请木材采伐限额的户数减少了，从85.81户减少到了42.06户，获得采伐限额的户数比例也有所下降从95.2%下降到87.7%，但是实际申请的采伐限额总量和获得的采伐量都增加了，实际获得的采伐量从234.9m^3增长到676.8m^3，从总体来看，农户2010年申请的采伐量有了大幅提升，实际获得的采伐量增长到2005年的3倍多，反映了随着新一轮集体林权制度的深化改革，采伐限额制度大大放宽了。

表4-11　村木材采伐限额申请情况统计表

Tab. 4-11　Statistics of cutting quota application for timber

变量	年份	均值	标准差	最小值	最大值	观测个数
是否需要申请	2005	0.967	0.183	0	1	30
	2010	0.917	0.282	0	1	24
实际申请的户数	2005	85.81	210.9	4	976	21
	2010	42.06	49.62	1	200	18
实际获得的户数	2005	82.81	211.6	4	976	21
	2010	36.28	36.74	0	120	18
获得的户数比例(%)	2005	0.952	0.184	0.167	1	21
	2010	0.877	0.281	0	1	18
实际申请的m^3	2005	255.1	204.2	30	810	22
	2010	752.9	1153	5	5000	18
实际获得的m^3	2005	234.9	197.2	30	810	22
	2010	676.8	1172	5	5000	18
获得的m^3比例(%)	2005	0.940	0.162	0.385	1	22
	2010	0.878	0.248	0.250	1	18

表4-11和表4-12很好的证明了采伐限额制度随着集体林改的深入，已经有了很大程度的让步，采伐指标有所增加，农户受到采伐限额制度的约束越来越小。其中木材采伐仍然会受到森林采伐限额制度的约束，而对于竹材采伐来说，森林采伐制度的约束作用已经消失了。

与表4-11反应的木材采伐限额申请的情况类似，根据表4-12，在采伐竹材时，需要申请采伐限额的村的数量减少了，在2010年的30个样本村中，有11个村采伐竹材不需要申请采伐指标，只有7个村在采伐时需要申请竹材采伐指标，剩余的村为缺失数据。同时，2010年申请竹材采伐指标的农户数确实比2005年降低了，从121户减少到76户，结合本研究理论部分对采伐限额制度在集体林权改革以后的变化的分析，可以得出：竹材采伐受到采伐限额制度的约束已经微乎其微了。同时，比较两年农户申请的采伐量和获得的采伐量可以看出，在采伐竹材时，需要申请采伐限额的村的农户获得的采伐量也增加了，从18.8吨增加到19.9吨，并且竹材采伐指标的获取比例都为1，申请竹材采伐指标的农户都全额得到了采伐指标。这些数据都说明农户采伐竹子已经不再受到采伐限额制度的限制，农户在做竹材采伐决策时，很少会受到采伐限额制度的影响。

表4-12 村竹材采伐限额获取情况统计表

Tab. 4-12 Statistics of cutting quota application for bamboo

变量	年份	均值	标准差	最小值	最大值	观测个数
是否需要申请	2005	0.533	0.507	0	1	30
	2010	0.389	0.502	0	1	18
实际申请的户数	2005	121.4	80.13	2	300	13
	2010	76	79.51	2	208	5
实际获得的户数	2005	121.4	80.13	2	300	13
	2010	76	79.51	2	208	5
获得的户数比例(%)	2005	1	0	1	1	13
	2010	1	0	1	1	5
实际申请的数量(百斤)	2005	18800	25800	533.3	97700	13
	2010	19900	18200	4000	50000	5
实际获得的数量(百斤)	2005	18800	25800	533.3	97700	13
	2010	19900	18200	4000	50000	5
获得的数量比例(%)	2005	1	0	1	1	13
	2010	1	0	1	1	5

第二，户表反映的采伐限额获取情况。

构建采伐限额获得的难易程度指标是基于2005年300户的随机抽样调研，2010年回访的225户，共525个样本。分别基于木材和竹材的采伐，在2005年的问卷中，关于采伐限额的问题有两个，即："农户近五年实际申请了多少采伐指标"和"农户近五年实际获得了多少采伐指标"。在2010年的问卷中，在保留了上述两个问题的前提下，加入了对农户采伐指标申请的意愿问题："农户近五年想申请多少采伐指标。"根据这些数据，构造指标来衡量农户获得采伐指标的难易程度。

表4-13中描述了样本中农户获得采伐限额的难易情况，构造指标的方法是：最近五年农户实际得到的采伐数额/最近五年农户实际申请的采伐数额。从2000~2005年的时间里，在300户的全样本中有42户农户申请过木材采伐指

标，有51户农户申请过竹材采伐指标，他们实际获得的采伐指标与实际申请的额度相差不大；从2006~2010年这段时间内，在225户的回访样本中，有31户实际申请了木材采伐指标，实际获得的采伐量占到了申请数额的88%，在实际申请了竹材采伐指标的24户农户中，都获得了想要申请的数额，这和2005年反映的情况相同。

表4-13 采伐限额获取的难易程度统计表

Tab. 4-13 Degree of difficulty for receive the cutting quota

衡量指标	年份	均值	标准差	最小值	最大值	观测个数
木材	2005	0.999	0.030	0.830	1	42
	2010	0.880	0.290	0	1	31
竹材	2005	0.999	0.020	0.830	1	51
	2010	1	0.100	0.600	1.270	24

2005年，接受调研的300户农户中，从2003~2005年这段时间里提出木材采伐申请的有42户，实际获得的采伐数量与申请数量之间有差别的仅有4户，并且它们之间的差异很小(几方左右)；提出竹材采伐申请的有51户，实际获得的竹材采伐量和申请的采伐指标有差别的仅有1户。2010年，接受回访的225户农户中，从2006~2010年这五年来，申请过木材采伐指标的有31户，实际得到的采伐量与农户想要申请的数量之间有差别的有6户，实际获得的采伐量与实际申请的采伐量有差异的有4户，这4户的差别都在5m^3以内；实际进行竹材采伐的农户中有24户提出了采伐申请，实际申请到的量与想要申请的量之间有差别的有5户(有的农户得到的采伐量大于其申请的量，而有的农户获得的采伐指标略小于其申请量，但是申请的总量与获得的总量是相等的)。但是与此同时，实际采伐木材的农户数量却增加了，在2010年采伐木材的农户有45户，比2005年的37户增加了17.78%。

4.2.1.2 采伐限额制约农户采伐决策和实际采伐量的讨论

结合村表与户表的数据描述，至少可以发现：第一，实际提出木材采伐指标申请的农户数量在减少，而实际做出采伐行为的农户数量却在增加。第二，申请的木材采伐量和竹材采伐量都在增加，获得的木材采伐指标和竹材采伐指标也在增加。第三，采伐竹材需要申请采伐限额的村的数量在减少。这些事实都反应出，在林改后采伐限额制度已经在很大程度上放松了，同时，农户在采伐时可以选择以卖青山或者卖给大户或者卖给加工厂的方式进行木材销售，这时就由买方来代申采伐限额，避免了由于采伐限额申请不到而造成推迟木材采伐的现象。同时，可以认为农户采伐竹材已经不再受到采伐限额制度的制约。

在调查中，80%的农户对于木材采伐限额申请的难易程度给出了较容易的评价，只有2%的农户认为根本申请不到。在调查中，也发现由于农户实际提出申请的数量可能是来源于对采伐限额的预期，这样的结果是，农户会根据可能能够批到的数量来提出实际申请的数量，就导致了数据中反映出来实际批到的额度与申请额度相等或者出入很小的情况。这种逆向选择的情况是可能存在的，因此在2010年的回访问卷中，增加了“最近五年内想要申请的采伐数量”这个问题，这样就能够构造一个更加客观合理的指标来衡量采伐限额执行程度，即：最近五年农户实际得到的采伐量/最近五年想要申请的采伐量。

表4-14反映了采伐限额在样本村(截至2010年)的实际执行情况。在2010年江西省225户的农户全样本中，仅有32户最近五年内想要申请木材采伐指标，实际得到的采伐数额占到了农户申请意愿数额的85%，这说明，木材采伐限额在实际执行的过程中，限制已经大大放宽了；而对于竹材采伐的限制实际上已经不存在了，从表中可以看出，很多村在采伐竹材时，已经不需要申请采伐限额了。在实际申请竹材采伐指标的24户农户中，实际得到的采伐额度与意愿数量(均值)之比等于1。

表4-14　2010年农户获取采伐指标难易程度统计表

Tab. 4-14　Degree of difficulty for receiving the cutting quota in 2010

衡量指标	均值	标准差	最小值	最大值	观测数
木材	0.850	0.330	0	1	32
竹材	1	0.370	0	2.390	24

比较两个统计描述表，两个不同的指标数值已经非常相近(木材指标均值相差0.03、竹材指标均值相等)，样本中仅有一户想要申请木材采伐但是没有付出行动(两个表在2010年的观测值N分别是31和32)。事实上，采伐限额制度在实际执行过程中被大大放宽了，至少对于调研的样本村来说。

在市场经济条件下，木材价格是随行就市的，但是采伐限额制度不允许林业生产经营者按照市场价格去调整采伐量，从而无法实现个人利益最大化的目标。实地调研数据中反映出来的采伐限额在执行过程中被放松的现象无疑是很好的趋势，“十二五”期间，对基本完成集体林权制度改革主体改革的省份，人工林年森林采伐限额增加870.8万m^3。一方面采伐限额制度在放宽，另一方面农户可以选择一些销售方式来规避申请采伐指标，这些分析都说明了，集体林改后农户拥有更大的自我决策的空间，农户根据自身情况来做理性决策，至少对于采伐决策和采伐行为来说，采伐限额的已经不是农户所担心的主要方面。

基于以上分析，本研究认为，森林采伐限额制度对于农户的木材采伐行为仍然具有影响，这种影响表现在两个方面：一是限制了农户可采伐的木材量；二是由于申请木材采伐限额制度的手续繁琐，带来的影响。但是，森林采伐限额制度对于农户的竹材采伐行为的影响已经不存在了，所以在研究农户竹材采伐决策和采伐行为时不再加入采伐限额因素。

4.2.2 数据描述

4.2.2.1 农户采伐决策和采伐量

因为林木的生长周期较长导致了木材采伐具有特殊性，考虑到这个问题，在研究农户木材采伐决策和实际采伐量时，使用2006～2010年这5年来总的采伐决策和采伐量作为因变量。

使用农户是否进行木材和竹子的采伐，以及采伐量作为因变量，若农户在2006～2010年间进行了采伐，则为1，否则为0；采伐量为这期间采伐的总量，木材采伐量的单位为m^3，竹材采伐量的单位为百斤。将木材和竹子分类进行分析，主要是因为木材和竹材的生长周期差别比较大，一般而言竹子的轮伐期为2～5年，在江西主要的木材树种为杉木、马尾松等，其轮伐期一般为30～70年，轮伐期的差别较大，因此将分类分析农户的木材和竹材的采伐决策(表4-15)。

表4-15 木材/竹材采伐决策和采伐量统计表

Tab. 4-15 Descriptive statistics for variables used as independent variables

变量名	均值	标准差	最小值	最大值	观测值个数
是否采伐木材	0.200	0.400	0	1	225
木材采伐量	3.810	15.20	0	166.7	225
是否采伐竹子	0.220	0.420	0	1	225
竹子采伐量	238.7	1570	0	22800	225

4.2.2.2 解释变量

家庭特征变量、林地特征变量与权利指标与研究林改对用材林投入时选取的变量及其构造方法均相同，只是在研究农户木材和竹材采伐量时使用了总权利束，图4-4为各项权利指标的Kdensity密度估计图，可以看出各项分项权利的密度分布相似，最后一个图为前五项权利的加权平均后的总权利，可以看出总权利大的农户相对多，说明集体林权改革的确权状况较好。从图中可以看出，不使用各项分散的权利指标主要为了减少权利指标之间的共线性问题，提高模型估计的效率。

家庭特征变量、林地特征变量的数据描述详见表4-2、表4-3。同时，用农户获得林权证的林地面积比替代了是否取得林权证这一变量，林权证对于各项权利落实到户具有重要的保障作用，图4-5、表4-16反映的是平均发证面积的比率

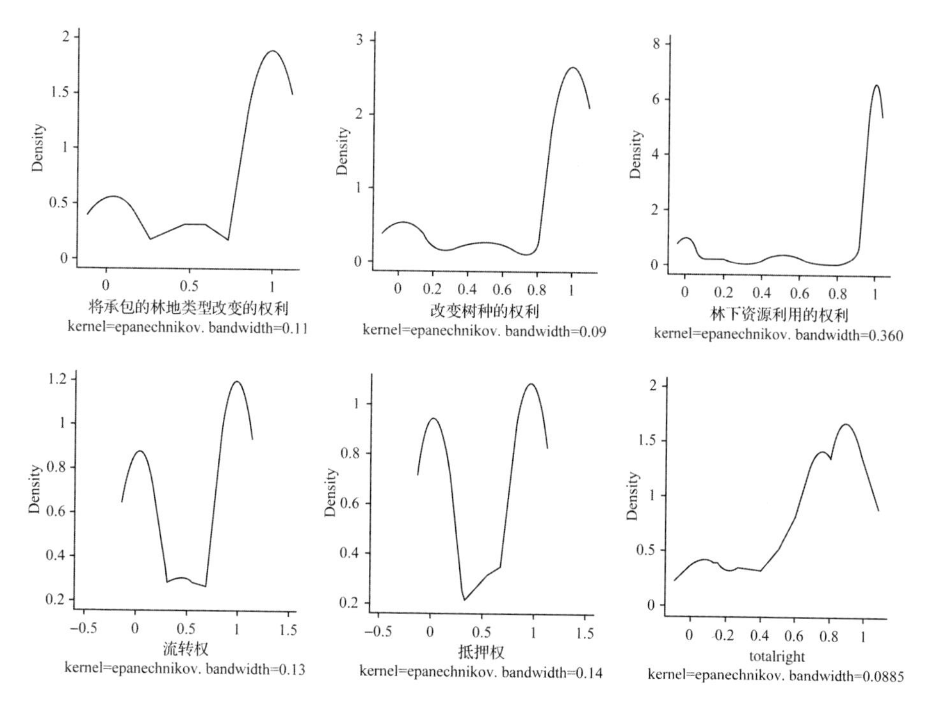

图 4-4 权利的 Kdensity 密度估计图

Fig. 4-4 Kdensity estimate of rights

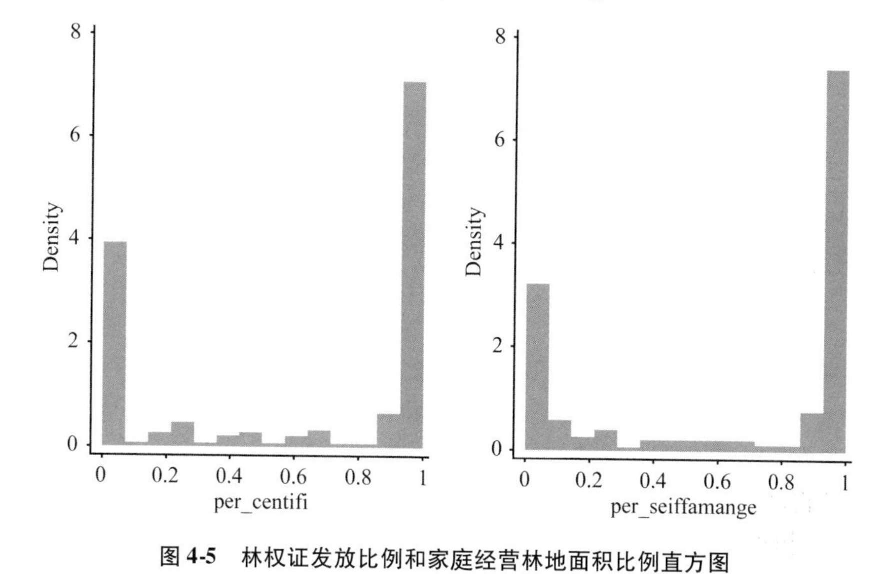

图 4-5 林权证发放比例和家庭经营林地面积比例直方图

Fig. 4-5 Histogram of forest certification and family management

和家庭自营面积的比率两个变量的密度，到2010年，存在小部分的农户只得到了部分地块的林权证，结合调研的数据，主要是因为一些由地理因素造成的无法分割的林地都采用了小组共有的方式，此外流转的林地一般是农户之间签订合同，林权证并不发生改变；家庭自营的地块也反映出同样的趋势，农户集中于两种情况，要么家户的所有地块都是自营，要么都是非自营(主要是由于有些村的林业资源非常贫瘠，没有分林到户)，小部分农户各种存在经营方式结合的情形。家庭经营主要反映了在林改后农户自己经营林地的比例，除此之外的经营方式还有林地或者林木流转、自愿联户经营、小组经营等经营方式。

表4-16 发证林地面积比例和家庭自营林地比例变量统计

Tab. 4-16 Percentage of receiving the forest – certifibation and family management

变量名	均值	标准差	最小值	最大值	观测值个数
发证林地面积比	0.619	0.444	0	1	205
家庭自营林地面积比	0.649	0.434	0	1	205

此外，加入了用材林的蓄积和竹林的立竹量变量见表4-17，因为采伐量是2006～2010年间的采伐总量，若使用2006～2010年的蓄积量的平均值，则会产生内生性，因为本年度的采伐量必将影响下一年的蓄积量，因此本书使用2005年时农户用材林的蓄积量和竹林的立竹量数据。由于2005年的蓄积量会决定以后年度的可采伐量，但这两者之间不存在共生性的问题。

表4-17 用材林蓄积和竹林立竹量以及采伐限额指标统计

Tab. 4-17 Statistica of timber volume and bamboo qutatity

	均值	标准差	最小值	最大值	观测值个数
2005年用材林蓄积量(m^3)	43.009	88.940	0	711.992	225
2005年竹林立竹量(百斤)	594.423	1591.922	0	15803.33	225
木材采伐指标获得的难易程度	0.936	0.181	0.154	1	225

由于农户的具体的木材采伐量会受到采伐限额的影响，但是农户可以采取一些销售方式来规避申请采伐指标，因此实证分析木材采伐决策时不再加入采伐限额因素，在具体分析木材采伐量时再加入采伐限额变量。构造采伐限额指标＝农户实际获得的采伐数量/实际申请的采伐数量。考虑到农户进行竹材采伐受到采伐指标限制的实际情况，在实证分析农户竹材采伐决策和具体采伐量时将不加入采伐限额制度的因素，木材的采伐限额指标见表4-17。

4.2.3 农户采伐行为的实证分析

4.2.3.1 采伐决策模型选择

研究现实的木材供给，实证中重点考察农户对木材和竹材的采伐决策和实际的采伐量。文献中常见的用于分析决策影响因素的计量模型主要有线性概率模型LPM、Probit 模型以及 Logit 模型。鉴于 Probit 和 Logit 模型能够更好地拟合非线性关系(区别仅是对残差的分布假设不同)，本章采用 Probit 模型来研究农户对木材和竹材的采伐决策，同时为了能够直接比较各个指标对农户采伐决策影响的偏效应，借助 STATA 软件中的 Margeffect 命令来修正 Probit 模型的系数估计值，目的是分离出各项权利指标以及林改相关措施因素对采伐决策的实际概率影响。

分离概率模型偏效应的方法很多，Margeffect 的原理是估计出各个样本的概率影响后基于总样本求均值，考虑到本书的模型构造，这样的分离方法相对较好。而 Dprobit 的分离原理是基于其他自变量在均值的情况下得到的概率偏效应，模型自变量中有虚拟变量的时候估计结果是不科学的，而且不好解释经济含义。

4.2.3.2 实际采伐量的模型选择

使用固定效应模型(FE)和随机效应模型(RE)来研究木材和竹材的实际采伐量情况，使用村级固定效应估计的方法是为了控制了村(以及村级以上，比如县、省)的差异，目的是控制区域固有差异，其中可能包含特定自然因素差异，也可能包含收入差异、政策落实程度等经济因素，排除了不随村变化的变量(包括可能的内生变量)。某些有经济意义的影响因素，因为不随村改变，将被 FE 模型排除，尽管如此，FE 至少保证了一个有说服力的一致的估计量。默认情况下，STATA 软件采用 GLS 估计是随机效应模型，消除异方差。与 FE 模型相比，随机效应模型的假设更强，并且，GLS 对可能存在的内生性无能为力。但是 GLS 的结果可以作为一个证据，辅助 FE 模型的估计结果，如果某个变量在两种估计方法下都显著，那么结果将更有说服力和可信度，如果两种估计方法对某个变量的估计结果冲突，本书将信任固定效应估计值。模型估计结果见表 4-18。

表 4-18 农户木材和竹材采伐行为回归结果

Tab. 4-18 Regression results of cutting behaviors on timber and bamboo

	木材采伐决策		木材采伐量		竹材采伐决策		竹材采伐量	
	Probit	Pro_ margef	FE	GLS	Probit	Pro_ margef	FE	GLS
非农就业比	-0.6688	-0.1703*	-8.15	-8.31*	-1.4691***	-0.2780***	-348.66	-283.79
	[0.4275]	[0.0963]	[5.17]	[4.58]	[0.4691]	[0.0647]	[558.00]	[500.31]
平均年龄	-0.0029	-0.0007	-0.18*	-0.18*	-0.0146***	-0.0028***	-8.84	-9.89
	[0.0080]	[0.0018]	[0.10]	[0.09]	[0.0049]	[0.0009]	[11.09]	[10.38]

（续）

	木材采伐决策		木材采伐量		竹材采伐决策		竹材采伐量	
	Probit	Pro_ margef	FE	GLS	Probit	Pro_ margef	FE	GLS
初中及以上教育成人数	0.0183	0.0046	0.46	0.25	0.1064	0.0201	-97.44	-64.70
	[0.1080]	[0.0250]	[1.01]	[0.90]	[0.0864]	[0.0145]	[108.20]	[97.72]
家庭成员是否有村干部	-0.4029	-0.0899	-1.50	-1.35	0.3364	0.0702	-114.32	-1.16
	[0.6494]	[0.1104]	[5.10]	[4.65]	[0.4276]	[0.0876]	[553.88]	[511.80]
到家的距离	0.0378	0.0096	-0.75	-0.08	0.1242***	0.0235***	-105.13	-54.45
	[0.0642]	[0.0152]	[0.82]	[0.70]	[0.0472]	[0.0082]	[89.13]	[77.56]
到公路的距离	-0.1015	-0.0258	-0.47	-0.63	-0.0402	-0.0076	-34.74	-44.91
	[0.1145]	[0.0275]	[0.90]	[0.76]	[0.0801]	[0.0132]	[97.78]	[83.87]
坡度	-0.4300**	-0.1095***	0.15	-1.66	0.0965	0.0183	28.33	-42.00
	[0.1797]	[0.0419]	[2.12]	[1.76]	[0.1658]	[0.0281]	[233.05]	[194.61]
改变林地类型的权利	-0.1460	-0.0372				-0.1538	-0.0291	
	[0.6160]	[0.1434]				[0.7080]	[0.1231]	
改变树种的权利	1.0010*	0.2549*			0.2723	0.0515		
	[0.5779]	[0.1378]			[0.8549]	[0.1486]		
林下经济利用的权利	-0.9709*	-0.2472*			-0.5067	-0.0959		
	[0.5827]	[0.1427]			[0.6784]	[0.1161]		
流转权	0.4446	0.1132			0.2924	0.0553		
	[0.4332]	[0.1021]			[0.5371]	[0.0931]		
抵押权	0.2657	0.0676			0.0959	0.0182		
	[0.2082]	[0.0465]			[0.2617]	[0.0455]		
总权利			9.27**	7.25*			1001.45**	793.33*
			[4.64]	[3.84]			[498.80]	[418.97]
人均收入	0.1265*	0.0322**	2.32***	2.36***	0.0302	0.0057	10.43	1.49
	[0.0684]	[0.0153]	[0.87]	[0.80]	[0.0470]	[0.0085]	[96.56]	[89.67]
木材价格	0.0604	0.0154	87.07***	78.24***	-1.9634	-0.3715		
	[2.9185]	[0.6766]	[24.99]	[22.40]	[2.0949]	[0.3656]		
木材采伐限额			-13.87	-13.71				
			[17.35]	[16.10]				
发证林地面积比例	0.8538**	0.2174**	0.83	2.90	0.4539	0.0859	-889.39**	-325.14
	[0.3584]	[0.0866]	[3.33]	[2.51]	[0.3833]	[0.0664]	[359.23]	[275.16]
家庭自营林地面积比例	-0.0891	-0.0227	-7.30**	-5.00*	0.5684*	0.1075*	-492.96	-458.99
	[0.2935]	[0.0680]	[3.45]	[2.90]	[0.3326]	[0.0559]	[369.72]	[313.51]
2005年用材林蓄积量	0.0009	0.0002	-0.01	0.00				
	[0.0012]	[0.0003]	[0.01]	[0.01]				
竹材价格					0.0793	0.0150	68.79	56.37
					[0.1059]	[0.0188]	[98.14]	[93.33]
竹林立竹量					0.0008***	0.0002***	0.08	0.14**
					[0.0002]	[0.0000]	[0.09]	[0.07]

（续）

	木材采伐决策		木材采伐量		竹材采伐决策		竹材采伐量	
	Probit	Pro_ margef	FE	GLS	Probit	Pro_ margef	FE	GLS
截距项	-0.9161		-34.18	-28.58	0.0591		442.96	290.46
	[2.2015]		[22.98]	[20.43]	[1.6306]		[1259.69]	[1182.17]
N	205	205	205	205	205	205	205	205

注：Standard errors in brackets；Std. Err. adjusted for 15 clusters in tid；* $p < 0.1$，** $p < 0.05$，*** $p < 0.01$。

4.2.4 实证研究结果

4.2.4.1 农户木材采伐决策的影响因素

权利指标中对农户采伐决策有影响的有：在不改变林地类型的前提下，是否拥有改变树种的权利、林下资源利用的权利；发证的林地面积比也对农户的木材采伐决策产生了影响；此外，非农就业比例和林地特征中的坡度也对采伐决策产生了影响。

(1)可以看出认为自己拥有的树种选择权利大的农户更倾向于进行木材采伐，Probit 和 probit _ margeffect 的结果都表明，树种决定权正向显著地影响农户的采伐决定。树种的选择权利可以看做是农户对林地经营的一种自主决定的权利，农户将会以经济效益最大化来进行树种的选择，选择种植经营成本最低的树种，在分析农户用材林投入行为时也发现，拥有树种选择权利越大的农户对用材林的总投入量越少，这也说明了农户拥有的权利越大，做理性决策的可能性就越大，同时以获得木材收益为目的的林地经营者就会更容易进行木材采伐。

(2)赋予农户林下资源使用的权利，可以延迟农户做出木材采伐决策。林下资源使用的权利越大，农户越不愿意进行木材采伐，发展林下经济可以弥补经营用材林生长周期长，投入回报慢等缺点，森林的立体使用，可以发挥森林资源的最大效应，有利于实现经济增长和生态改善的双重目标。

(3)林权制度改革显著地促进了集体林区的木材采伐量。FE 和 GLS 的结果都表明了总权利和木材采伐量具有显著的正相关关系，可以看出分林到户和林地使用权的私有化确实促进了农户的木材生产行为，增加了集体林区的木材产量。

(4)发证的林地面积比例越大的农户越倾向于进行木材采伐。两个模型的回归结果都揭示了发放林权证对农户木材采伐决策产生了显著的正向影响。从农户的角度来看，真正拿到林权证是最好的确权保障。农户在做采伐决策时更倾向于在产权明晰的地块上进行采伐，这表明了清晰的产权对于农户的决策具有重要的影响，是农户理性决策的前提保障。林地是特殊的资源，其经营周期长，长期稳定清晰的林业产权在本质上保证了林地放活经营，对增加木材供给具有重要的意义。

(5)林地的坡度越缓，农户进行采伐决策的可能性越小。这个结果可能是由于数据限制造成的，图4-6的左图为所有农户的林地坡度的密度，右图为进行了木材采伐的农户的林地坡度密度，比较两图可以看出，采伐了木材的农户的林地坡度集中在1，也就是坡度较大，占到了50%以上，小于坡度的平均值，所以造成了林地的坡度缓，农户反而不进行木材采伐的结果。因为使用的数据，样本量较小，一些回归结果可能与一般的预期不太相符，但是分析数据后可以得到合理的解释，并不是由于模型设定引起的。

(6)家庭特征因素。人均收入会显著的影响农户的木材采伐量和实际的木材采伐量。人均收入高的家庭愿意采伐木材，同时木材的采伐量也相对较大。平均年龄与木材采伐量显著负相关，不管是FE还是GLS都得出了相同的结果。

(7)木材的价格对实际的木材采伐量具有显著地正向影响，农户会根据木材价格的高低来确定采伐量，2005年的用材林蓄积对于农户的采伐决策和实际采伐量都没有显著影响。

(8)森林采伐限额对于木材采伐量影响不显著。

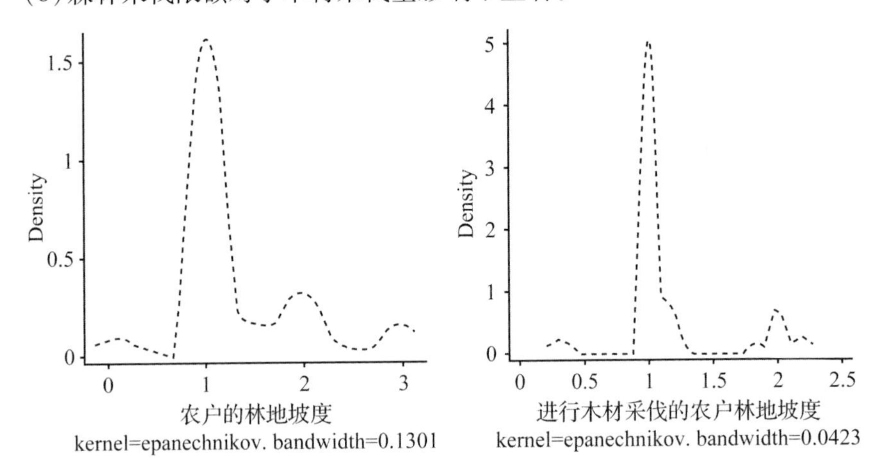

图4-6 林地坡度的Kdensity

Fig. 4-6 Kdensity estimate of forestland slop

4.2.4.2 农户竹材采伐行为的影响因素

与影响木材采伐决策的因素相比，影响竹材采伐决策因素主要表现为家庭特征因素，集体林改的因素中各项权利指标作用都不显著，这可能是因为江西省的林竹在林改前后的权利变化不明显。家庭自营的林地面积比例对竹材采伐决策产生了影响。

(1)家庭特征。非农就业比例与竹材采伐决策负相关，平均年龄越高的家庭越不愿进行竹材采伐，竹材采伐需要大量的劳动力投入，非农工作比例高的家庭，农业劳动的人数少，因此非农就业比例对竹材的采伐产生了负向影响。同时，回归结果还表明家庭的平均年纪越大，越不愿采伐竹林，同时竹材采伐量也越少，这也说明了劳动力投入对竹材采伐具有非常重要的影响。

(2)林权制度改革确实增加了集体林区农户对竹材的采伐量。FE 和 GLS 都显示出总权利指标与竹材的实际采伐量具有显著的正相关关系。

(3)家庭自营的林地面积比例对竹材采伐决策产生重要的正向影响。联系家庭自营林地面积比对木材采伐量的影响，可以看出农户更倾向于采伐产权确定，经营主体单一的用材林或者竹林。

(4)竹林采伐决策与竹林的立竹量有显著正相关关系。林地到家的距离也与竹材采伐决策正相关。这个结论也是由研究使用的样本数据结构造成的，在进行竹材采伐的 50 个农户中，有 32 个农户林地到家的距离远于平均值 1.86km，占到了 64%。进行竹材采伐的农户林地到家的距离均值为 2.44km，而没有采伐竹材的农户林地到家的距离均值仅有 1.67km，可以看出进行竹材采伐的农户林地到家距离的均值远大于总样本的均值，而没有进行竹材采伐的农户林地到家距离的均值则远小于总样本的均值。

4.2.4.3 影响木材和竹材采伐的因素分析

比较影响木材和竹材采伐决策的因素，可以发现：①集体林权制度改革既促进了集体林区的木材产量也增加了竹材产量。②相对于木材采伐决策，竹林采伐决策会考虑到劳动力因素。家庭内部的劳动力配置会影响到竹材的采伐决策。竹林的经营对于农村剩余劳动力的吸纳也可以做出重大的贡献，在经济形势不好的时期，从事竹子的生产和销售，可以吸纳剩余劳动力，保障农户的家庭收入。③林木的轮伐期比竹子长，所需要的资金投入多，保证这一类型的林地的林权证的发放，保障林权的稳定性是促进木材供给的关键。④家庭经营林地的面积越多，木材采伐量越少。

4.3 实证研究小结

针对林业确权、发放林权证以及家庭经营林业的方式对农户用材林的投入决策和具体的投入行为产生的影响的实证研究表明：随着集体林权制度改革的推进，农户对林业经营有了理性的选择。对用材林进行投入的农户变少了，但是总体的投入金额增多了，这表明了林地流转确保了用材林流向以生产木材为主要目的的林地经营者。其次，农户更愿意在林权更大的林地上投入，改变林地类型的权利和改变林种的权利，确保了农户能够选择经营成本更低，获得经济收益最大的树种进行经营。再次，采伐限额制度的存在严重的挫伤了农户对用材林的投入。最后，森林的综合利用能刺激农户扩大用材林的造林面积，增加农户的总投入。

针对研究集体林改赋予农户的各项权利对木材供给量产生影响的研究表明，集体林权制度改革确实增加了林区的木材供给和竹材供给，同时赋予农户林地的权利越大，越有利于用材林的经营和木材的生产。森林采伐限额对木材采伐量的限制作用不明显。结合实证研究，给出以下结论：

(1)森林采伐限额制度对木材供给的影响在减弱。在采伐限额对木材供给的理论分析中可以看出采伐限额通过两条途径对木材供给产生的影响。直接影响：从总采伐量来看，木材供给受到采伐限额的限制，有可能导致超采盗伐。间接影响：从影响林业确权来看，限制了确权带来的产权完整，进而影响了木材的采伐量；此外，由于采伐限额阻碍了农户对用材林的投入，对木材生产产生了不利影响。

(2)确保用材林的林权是促进木材供给的重要前提和基本保障。对农户来说，拿到林权证才是真正的确权保证，在深化林权改革的步伐中，应该更重视对用材林的勘界发证工作。在发证工作的进程中，应首先确保用材林的发证率。

(3)用材林和竹林可以采取不同的经营模式。家庭经营模式对木材采伐量的不利影响已经表现出来。赋予农户更完整的流转权是推动用材林的规模化经营的重要方式，增加国内木材产量的重要手段。在集体林权改革的配套改革措施中应该加大林权流转市场的培育，为农户进行林地流转提供有效的条件，既保障了农户享有了林地带来的经济收益，又保障了木材生产的规模化经营。林地林木的流转都是以明晰的私人产权作为前提条件的。

不同于人工用材林经营，竹林的经营会受到家庭内部劳动力配置的影响。

(4)木材供给的安全性值得引起注意。根据实证结果，木材价格会非常显著的影响农户的木材采伐量，也就是说农户会根据市场的价格波动对木材采伐量进行调整，而木材供给是一个长期的过程，避免木材供给的不稳定性。

4.4 林改后木材供给制度与政策的完善

本研究以我国新一轮集体林权改革政策对木材供给的影响为研究对象，对木材供给进行了理论分析，提出假说，并进行验证。表4-19汇总了本研究实证研究集体林改对木材供给的影响的部分回归结果，可见林改确实影响到了集体林区木材的长期供给能力和现实供给量。

基于表4-19显示的林改各种因素对集体林区木材供给的影响的方向及趋势，本书提出从促进林地投入水平、提高森林经营效率以及提高木材供给效率三个方面来提高集体林区的木材供给水平，路径设计如图4-7。

表4-19 集体林权制度改革对木材供给的影响情况

Tab. 4-19 Effect of the collective forest tenure reform on timber supply

	用材林		总森林资源		人工林		林地投入				木材采伐		竹材采伐	
	面积	蓄积	面积	蓄积	面积	蓄积	决策	总投入	造林	营林	决策	采伐量	决策	采伐量
总权利	+		+	+	+	+						+		+
采伐权	−		−		−									
流转权	+	+	+	+	+	+								
抵押权						+		−						
改变林地类型										+				
改变树种							+(a)	−			+			
林下资源使用							+(a)	+	+		−			
家庭经营林地面积比							+	+				−	+	
发放林权证/面积比										+	+			−
采伐限额获取难易程度							+	+	+	+				

注：若模型中不加入获得采伐限额的难易程度，则改变树种和林下资源使用权将表现出与林地投入决策正向相关的关系。

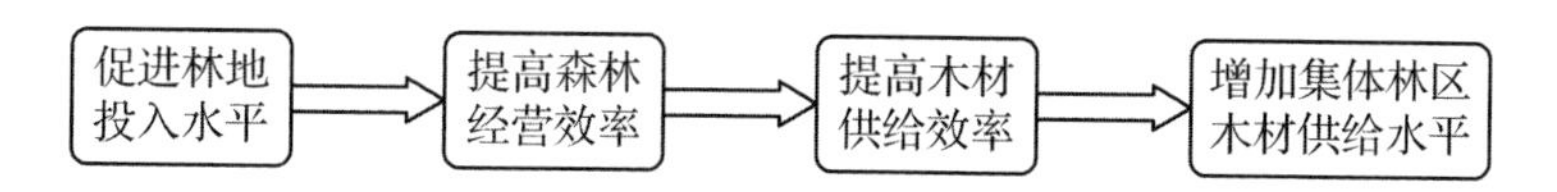

图4-7 促进集体林区木材供给的路径设计

Fig. 4-7 Path to promote the timber supply in collective forest area

4.4.1 制度建设和政策导向与促进农户投入

4.4.1.1 采伐限额管理制度的改革

采伐限额在总量上控制了一定时间内的木材采伐量，如能严格执行，并且忽略其高昂的行政成本，那么能起到促进森林生态效益发挥的作用，但是采伐限额制度的存在确实产生了一些负面的影响。一方面，森林采伐限额制度阻碍了农户在分林到户后的林地投入，不利于林地生产力的提高。森林采伐限额制度与林业生产经营者的权利之间存在显著的负相关关系，它的存在，限制了林业生产经营者的采伐权和收益权，是产权残缺的重要体现。而产权残缺将会导致经营者处于在预期的时间里无法进行采伐和获取预期收益的窘境，影响林业经营主体的投资积极性，并对其他人产生极强的示范效应，从而阻碍投资资金流向林业领域，降低林地投入，阻碍了林地生产力的提高。另一方面，采伐限额制度高昂的成本导致了其执行力度差，严重阻碍了非公有制林业的发展。本研究的数据表明，在江西，农户会选择规避申请采伐限额的木材销售方式和渠道来实现木材的采伐。采伐限额从本质上来说已经脱离了其当初政策设计的目标。

本书在木材供给的理论分析部分对农户理性决策木材采伐时间，同时进行林地投入后的森林生长曲线可能出现的几种变化情形进行了探讨，取消采伐限额制度并不会导致森林资源衰退的现象，同时在研究林业确权与森林资源关系的时候也发现，确保采伐权不会带来森林蓄积量的降低，这些都说明，确保营林者的采伐权和收益权将会带来单位蓄积的增加，林地生产力的提高。

本书认为必须改革采伐限额制度，考虑到现阶段我国的国情以及国际大环境，取消采伐限额制度可能有些激进，但是可以进行改革，本书建议对人工商品林中的木材和竹材实行不同的采伐管理办法。

(1)取消竹林采伐限额管理。取消竹材采伐限额管理，促进竹材的生产，增加代木原材料的供给。要求竹林的经营者编制为期10年的“竹林可持续经营计划书”，由地方林业主管部门进行审核，并颁发“竹林可持续经营计划证书”，在有效期内经营者可以根据自己的意愿进行竹林采伐。

(2)放宽非公有制林业的采伐限额管理。对不同规模的非公林业经营者采用不同的采伐管理制度。①对于林地规模较大(经营面积大于50亩)的林地经营者(大户经营、“公司+农户”或者合作经营的经营方式)要求其编制为期10年的“森林可持续经营计划”，由当地林业主管部门进行审核批准，并颁发有效期10年的“森林可持续经营证书”，明确规定其年森林采伐量为成熟林的百分比数。林业经营者每10年需重新编制“森林可持续经营计划书”并重新通过相关部门审核获得“森林可持续经营证书”。每个有效期内，林地经营者在木材采伐时只需向当地林业主管部门报备采伐计划，并取得木材运输证即可。②对于小规模的林地经营者仍然采用限额管理制度。进一步增加已完成基本改革的省份的年采伐指标，允许采伐指标留存和自由流转。例如：采伐指标可以在一定区域内进行自由流转(同一个县或者同一个乡)。采伐指标可以留存，当期不采伐的指标可以保留到以后使用。

4.4.1.2 完善林业补贴政策

林业补贴政策，尤其是生态公益林补偿制度和造林补贴制度对于农户对用材林的投入具有重要的意义。生态公益林补偿制度可以弥补农户产权残缺的现象，而造林补贴则会直接的刺激农户的造林行为，提高荒山造林的造林补贴。同时，建议给予农户因为推迟采伐而带来的经济损失适当的补贴。

4.4.1.3 林农资源使用权的明晰与保障

充分保证经营者的使用权是刺激林地投入的有效方式。根据本书的研究，充分的林业确权将带来森林资源的增长和林地生产规模的扩大。同时，农户拥有的权利越完整，其实现理性决策的可能就越大。在本书的实证研究中，改变林地类型的权利和改变树种的权利会显著的影响农户对用材林的投入行为和采伐行为。农户会基于自己拥有的权利和林地资源，选择获得经济收益最大的树种培育，这样农户经营林地的积极性提升，经营林地获得的收入提高，也确保了继续扩大林业经营的资金来源。

发放林权证是以法律的手段保障了农户所拥有的各项林权，给农民吃一颗定心丸。对于生长周期长的用材林，林权证的作用显得尤其重要。在今后的勘界发证工作中，应该首先确保用材林。

4.4.1.4 森林资源综合利用的促进

林下资源的使用权利会对农户的用材林投入产生积极的影响，保障农户对森林资源的立体使用权利，既增加了农户经营林业的收入也促进了农户对用材林的投入，经营用材林的农户会因为林下资源的使用权利而增加造林投入，也刺激了林地经营者的林地投入。

4.4.2 制度建设和政策导向与提高森林经营效率

4.4.2.1 林权抵押贷款制度的改革

抵押权对森林面积的影响并不显著，但是对森林蓄积尤其是人工林的蓄积产生了积极的影响。抵押权包括抵押林权证的权利也包括林地和林木的抵押权利，如果农户拥有了抵押权，则能更好地经营林地，提高林地的经营效率，对于林地的生产力提高具有显著的正向影响。

抵押权主要可以从两个方面提高农户对林地的经营效率：一方面，赋予农户抵押权，可以拓宽农户获得资金的途径，集体林改后，抵押林权证或者林地林木，增加了农户获得生活生产的渠道，农户利用这些资金可以进别的投资，也可以进行林业投资，增加了农户进行林业生产经营的资金，为提高林地经营技术以及改善林地生产力创造了条件。另一方面，农户为了获得更多的资金，会提高对林地的经营管理，这样对林地经营效率的提高产生了激励作用。这样的良性循环，在短期来看，增加了农民获得资金的渠道和获得贷款可能性，从长期来看，必将提高林地的经营效率，改善林地的生产力。

4.4.2.2 林地林木流转政策的完善

在不改变林地所有权和林地用途的前提下，按照“依法、自愿、有偿”的原则，推动林地使用权、林木所有权和林木使用权的流转，可以促进林业生产要素的合理流动，使得林地流向更愿意经营和更有能力经营的企业或者个人手中，促进森林资源的优化配置，提高林地的经营效率。

4.4.2.3 新型林木生产模式的推广

2011年的《产业结构调整指导目录》在鼓励类产业中，延续了2005年版中以次小薪材、三剩物为原料的产品开发，木基复合材料技术开发，竹制工程材料生产及综合利用等三项主要节材代木鼓励项目。可以看出竹材是非常重要的代木材原料。近年来，随着我国竹地板、竹制家具生产工艺的提高，技术的进步，对竹材的需求也越来越大。在本研究中农户竹材采伐行为的实证分析中发现集体林权制度改革可以极大的促进农户的竹材采伐量。在集体林改后，应该重视竹材的生产和经营，既可以保障竹材的供给，作为重要的木材替代产品，也可以保障农户的经营林业的收入。同时，在经济发展缓慢的时期，林地较农地可以吸纳更多的剩余劳动力，保障农民的生活，改善农民的经济状况。

4.4.2.4 林业标准化示范区的建设

林业标准化示范区是林业标准化示范区是指由国家标准化管理委员会会同国务院林业行政主管部门和地方共同组织实施的，以实施林业标准为主，具有一定规模、管理规范、标准化水平较高，对周边和其他相关产业生产起示范带动作用的标准化生产区域。

林业标准化示范区建设的根本目的是为了将先进的林业技术标准、整个生产运营模式大规模应用于实践，是把整个产前、产中、产后过程的标准体系实施大面积普及、宣传推广直至应用阶段的桥梁，是科学技术进入产业化生产的过渡形式，通过林业标准化示范区的示范和辐射带动作用，加快用现代科学技术改造传统林业，提高林业发展与服务能力。

在集体林区建设林业标准化示范区可以为农户提供现代的科学技术，改变传统的经营林地的方式，提高用材林的经营效率。同时，还可以促进龙头企业、行业(产业)协会和林农合作组织的发展，扩大集体林区木材生产的规模，提高集体林区木材的质量，促进集体林区木材供给的规模和效率。

4.4.3 制度建设和政策导向与形成有效的木材供给模式

4.4.3.1 建立“木材销售协会”等形式的木材销售组织

在林区成立专门的销售组织，林业经营者自愿加入“木材销售协会”，协会只销售会员的木材，提供木材采伐服务和销售，这种方式既可以增加木材采伐时的出材率，增加木材供给量，同时可以提高农户销售木材的议价能力，获得更多收益。

4.4.3.2 建立“公司+基地+农户”的木材供给模式

发展“公司+基地+农户”的林地经营方式，通过承包、期货或入股等方式，实现企业和农民的合作，建立稳定的原料供给的共同联盟，实现资源共享，既解决了企业的原材料购买问题，又解决了农户木材采伐的技术问题和资金问题，同时增加了集体林区的木材生产和供给，实现企业和林农的双赢。

4.4.3.3 保障林权流转权利

流转权对森林资源产生了积极的影响。不管是对总的森林资源来说，还是对按照不同分类方法界定的用材林和人工林来说，流转权都促进了它们面积和蓄积的增加。流转权确保了林地能够流向更愿意经营和更有能力经营林地的经营者手中。保障农户的流转权，通过健全的林权交易市场，林地资源可以得到最优的配置。

学术界存在着这样一种观点，认为林权改革导致了林地经营的细碎化和分散化，不利于实现林业的规模化经营，限制了林业产业的发展。事实上，林权改革和林业规模经营之间并不矛盾的，因为明晰的私人产权是实现林地规模化经营的必要条件，而实现规模化经营可以通过两条途径：一是通过林权流转市场来实现，二是通过基于社区的合作来实现，在现实中，农林合作组织的发展还在刚起步的状态，也存在着很多的问题，农户加入合作组织的意愿也不强烈，那么实现林地的规模化经营，则更应该依靠于林权流转来实现。

第 5 章

国内外人工林经营比较

本章意图通过对国内外速生丰产用材林经营现状、经营方式和发展趋势的比较研究，总结出我国速生丰产用材林经营方式与国外经营方式之间存在的差异，为进一步分析我国速生丰产用材林经营方式的选择提出值得借鉴的经验。

5.1 国外人工用材林发展及特点

全球人工林面积达 2.71 亿 hm^2，约占全世界森林总面积的 7%（FAO，2005）。其中，约有 2500 万 hm^2 为集约经营的人工用材林，主要分布在南美洲。目前，世界上主要林业国家人工用材林的造林树种主要来自少数属的种和杂种，如金合欢属(*Acacia*)、桉树属(*Eucalyptus*)、云杉属(*Picea*)和松属(*Pinus*)，此外还有少量具有区域重要性的一些属，如杨属(*Populus*)、杉木(*Cunninghamia lanceolata*)、泡桐(*Paulownia*)、落叶松属(*Larix*)和柚木属(*Tectona*)等(FAO，2009)。

根据 FAO 的相关报告(FAO，2009)，新西兰人工林面积比例为 16.1%，但人工林木材产量比例却达到 93%；智利用 17.1% 的林地面积生产出 95% 的木材，委内瑞拉用 0.2% 的林地生产出 50% 的木材，赞比亚用 1.3% 的林地生产出 50% 的木材，巴西用 1.2% 的林地生产出 60% 的木材，澳大利亚用 2% 的林地生产出 50% 的木材，阿根廷用 2.2% 的林地生产出 60% 的木材。许多国家，由于发展工业用材林不仅解决了自己的木材供应问题，而且变成了主要的木材出口国。

5.1.1 国外人工用材林发展

5.1.1.1 美 国

很久以来，美国生产的木材主要来自大规模的天然林，采伐天然林基本上就构成了所谓的木材工业。进入 20 世纪，美国林业才开始培育主要用以工业原料的速生丰产用材林。

美国的人工用材林主要集中于南部各州，这里的气候地理条件较好，林木生长快，采伐周期短，经济效益显著。目前，美国南部13个州，用材林面积8000万 hm^2，其商业性林地占全国商业性林地的49%。

美国的大型森林工业公司，普遍属于林工结合型的联合企业，其生产活动包括森林培育、木材采运和木材加工。这种经营模式就是林工一体化，组建林工联合企业统一经营。惠好公司是美国最大的林业公司之一，通过对树木改良、良种培育、林分抚育、林地施肥等，在南部营造了大量的速生丰产用材林，同时进行林工一体化生产经营。

此外，美国全国有400万户森林拥有者，平均拥有土地面积50亩。美国政府根据私有林的经济实力对造林活动实行经济补贴。联邦政府每年都要拨出一定的经费作为对林主造林活动的奖励和补助。补助标准各州不同，一般的补助幅度控制在50%左右，调动了林主经营人工林的积极性。在美国东部大约73%的阔叶木林地属私人所有，而且通常是世袭的(21世纪中国林业发展战略和政策研究课题组，1999)。

美国的林业税率，一般都比非林业税率低。如联邦政府规定，固定财产税一般按固定财产的5%上缴。但由于林业生产周期长、资金周转慢，政府免掉了国有林的固定财产税，即等于在国有林的建设中每年多投入20多亿美元（林凤鸣，1996)。美国分别对土地固定资产税、国有林固定资产税、遗产税、资本增益税、公有林所得税和土地税等免征(李忠魁，1999)。

5.1.1.2 巴 西

巴西的速生丰产用材林主要以发展桉树为主，主要用于纸浆生产。巴西在20世纪60年代开始大面积营造桉树速生丰产用材林，发展商品浆工业。由于使用桉树为生产原料，巴西商品浆生产量显著增长，同时生产成本也大大降低，出口大幅增长。2004年，巴西桉木商品浆的生产量达到547.5万吨，占世界桉木商品浆总产量的56.8%。

企业化运作和林浆纸一体化经营模式是巴西发展速生丰产用材林的主要特点。巴西的纸浆生产企业，通过营造和经营一定面积的速生丰产用材林基地，作为工业生产原料的主要来源，另一部分的原料来源，则通过同其他人工林经营单位签订合同而获得，最终形成自营基地与合同林基地相结合的原料供应体系。

采用无性系技术造林是巴西发展速生丰产用材林的一大亮点。由于采用无性系技术培育苗木，使得巴西的桉树无性系林的生长量从传统经营的每公顷 $36m^3$ 提高到 $64m^3$，个别无性系5年生时每公顷生长量超过 $100m^3$，3年生树高达20m以上，5年生时达32m。

定向培育为纸浆工业提供大量的原料供应是巴西速生丰产用材林发展的一个

显著特点。巴西速生丰产用材林的营造，先是经历了一个短暂的粗放阶段，很快转到定向培育优质高产无性系工业人工林的当代最高水平。20世纪70年代，桉树人工林的木材生长量每年约为12～15m^3/hm^2，1987年达到了45～75m^3/ hm^2，一些优良无性系还达到了100m^3/hm^2(洪菊生，1994）。

经济扶持政策是巴西速生丰产用材林快速发展的一个主要原因。巴西政府通过制定鼓励林业发展的政策措施，促使广大农民和各类林业企业开展人工造林。政策规定：凡与国家林业局签订合同者，均由政府按造林或营林成本给予75%的补助，同时还制定了优惠的税收政策，如免征造林土地税，只征收15%的产品增值税。此外，在20世纪90年代后，巴西政府还实行了以下林业投资政策：①向中小农(林)场主免费发放幼苗；②提供低息长期优惠贷款；③各州采取刺激政策组织林业组合体；④限制个体或企业更新造林的所得税收入；⑤向州和县提供财政刺激款项，推动更新造林；⑥对林产品进出口、地区之间的贸易征收附加税，为营造人工林提供资金；⑦制定义务营造人工林的法规。

5.1.1.3 南 非

第二次世界大战前，南非是个木材资源极度缺乏的国家，主要依赖进口满足国内木材需求。第二次世界大战后，南非开始营造人工林，到20世纪70年代后期，人工用材林面积达到国土总面积的1%，不仅满足了国内木材的需求，同时开始向国际市场出口。

南非现有人工用材林130万hm^2，年产木材1600万～2000万m^3；木材产品出口值占全国出口总值的3.5%。林业已成为南非富有活力的产业，是国家重要的经济支柱。它保证了12万人余人就业，其中6.4万人受雇于营林业，5.8万人从事木材加工。林业、木材业职工及其家属总人口达70万人以上，相当于全国人口的1.8%。

南非速生丰产用材林的树种主要有松树、桉树和金合欢，松树和桉树均为引进的国外品种。速生丰产用材林均营造在东部和南部沿海地区，现有面积为135.1万hm^2，占土地总面积的1.1%。其中松树占人工林面积的52.2%，桉树占38.9%，金合欢占8.3%，其他树种只占0.6%。按经营目的分，纸浆林占56.0%，锯材林占37.0%，矿柱林占3.8%，其他用材林占3.1%(韦殿隆，2004)。

南非的人工用材林建设主要依靠私营公司，国有企业所占的比例不大。私营公司的活力和贡献在南非的林业生产中得到充分体现。通过科技兴林，加大科学研究和开发，及时将林业科研成果转化为生产力，从而促进了南非林业的健康、持续和稳定的发展。

南非人工林经营专业化程度较高，规模化经营效益明显。从育苗、送苗、整地、植苗、配肥、施肥、抚育、修枝到间伐、采伐、运输和加工等工序，都是实行专业化运作和规模化经营，因此经济效益非常显著。

5.1.1.4 新西兰

新西兰森林面积770万hm^2，其中天然林占83.1%；人工林占16.9%。新西兰实行分类经营，通过发展和采伐利用人工林，来满足本国木材需求。新西兰从国土林地中划出部分集约经营人工林，实行商业化管理，每年商品材采伐量达到1800万m^3，基本全部依赖于速生、丰产、集约经营的人工林的采伐（王顺彦，2008）。

新西兰的速生丰产用材林主要是以发展辐射松为主。新西兰的辐射松人工林是世界上经营最好的，人们像经营农作物那样精心培育人工林。木材质量及经济效益也首屈一指。一棵30年生的标准木，材积2.41m^3，高35m，其中有：8m为造纸材，材积0.25m^3，价值占1.5%；锯材有16.8m，材积1.48 m^3，价值占38.5%；无节疤优质用材有5.2m，材积0.58 m^3，价值占60%。新西兰辐射松轮伐期为25~30年，年均生长量为22 m^3/hm^2（柴禾，1997）。

新西兰现有150万hm^2人工用材林，年均生长量高达25~30m^3/hm^2，25年生的人工林每公顷活立木蓄积达500~600m^3。新西兰林业部门采取的集约经营措施主要是：树木改良；适时间伐；有效处置幼林激增问题；加强森林灾害防治。在大规模人工造林的同时，新西兰对森林灾害的防治十分重视，措施得力，特别是在森林防火方面，采取了一系列有效措施，投入了大量的人力、财力（石峰等，1998）。

新西兰政府长期以来按照国家通过的"造林资助法"执行，凡小土地所有者造林，政府一律补助造林成本的一半，过去只补助400新元/hm^2，1980年提高到600新元/hm^2，目前的造林与抚育津贴为450美元/hm^2，对防火防虫还给予无偿援助和技术指导。

此外，新西兰为发展造林事业，公司、企业的造林费用，均可在税前由成本列支，等于减少了造林单位的纳税额。另外，还实行减免林业经营的税收，以用于发展林业（21世纪中国林业发展战略和政策研究课题组，1999）。

5.1.1.5 澳大利亚

澳大利亚国土面积为769.2万km^2，森林面积为1.49亿hm^2，森林覆盖率为19%，人均森林拥有量高达7 hm^2，是全球人均森林拥有量最高的国家之一。其中1.474亿hm^2为天然林，人工林面积为197万hm^2。

集约化经营模式是澳大利亚人工用材林发展的一大特点。澳大利亚的人工林集约化经营的主要内容是：精细整地；良种壮苗；适量施肥；定期间伐。在昆士兰州营造的湿地松、南洋杉人工林，都是采用集约化经营模式进行经营的。造林密度向着稀植发展，是澳大利亚营造速生丰产用材林技术的一大特点。湿地松造林一般采用4m×2.1m的株行距，每公顷造林密度为1450株。近年来，南洋杉的造林密度向着进一步稀植的方向发展，一般采用4.5m×2.4m的株行距，每公顷造林密度为830株(王豁然，1997；秦凤翥，1989)。

通过合同形式确保生产企业获得长期的原料供应是澳大利亚发展人工用材林的一个特点。林产工业企业通过与人工林所有者或经营单位，签订长期的木材购销合同，以合同形式确定林业同生产加工工业在经济上的依存关系，从而保证林产企业可以相对稳定地获得原料供应，同时也保障人工林所有者的经济利益，达到双赢目的。

澳大利亚纸浆林发展也是靠纸浆和造纸工业带动的，1981年该国纸浆产量为70.3万吨，1986年增加到91万吨，纸和纸产品由144.9万吨增加到359.5万吨；同期纸浆和纸产品的产值由19.34亿澳元(1澳元约0.88美元)增加到27.17亿澳元。由于木材加工业的发展，加速了天然林的开发利用，也大大推动了工业人工林的发展(雷锡禄，1992)。

政府资助和经济支持是澳大利亚发展人工用材林的一个特点。联邦政府和各州政府对发展人工用材林，均给予无偿资助或长期低息贷款等经济扶持。其发放的贷款有以下特点：①贷款周期长、利率低。政府发放的林业贷款，限期30～50年，年利率为5%～10%。②贷款当年确定的贷款利率在整个贷款期内保持不变，利率提高不增加林业部门原贷款余额的利息负担。③照顾林业目前无还款能力的困难，实行特殊的还贷办法(21世纪中国林业发展战略和政策研究课题组，1999)。

此外，为了鼓励发展人工用材林，澳大利亚政府分别对土地固定资产税、国有林固定资产税、遗产税、资本增益税、公有林所得税和土地税等实行免征的优惠政策(李忠魁，1999)。

5.1.1.6　印度尼西亚

印度尼西亚现有速生丰产用材林600多万hm^2，每年木材生长量为1.2亿～1.8亿m^3，蓄积量为120～180m^3/hm^2。印度尼西亚通过大力营造速生丰产用材林，为以速生丰产用材林为主要原料的木浆生产工业的快速发展创造了有利的条件，全国木浆生产量已由1972年时的2万吨，扩大到2000年的近760万吨，成为世界的木浆生产大国之一。

政府对造林采取的激励政策是印度尼西亚速生丰产用材林成功发展的一个重要前提。虽然印度尼西亚作为世界上森林资源最为丰富的国家之一，但政府一直非常重视速生丰产用材林的发展。按照政府对造林的激励政策，印度尼西亚各省林业局造林，国家用造林基金提供100%的资助。这种造林基金取自原木采伐税

(制材及胶合板原木税 10 美元/m^3，造纸材原木税 1 美元/m^3)。企业造林，国家提供35%的资助，另外还可向造林基金贷款 32.5%，其余 32.5%从政府指定的银行申请低息贷款。民间造林(与国家合营)，国家提供14%资金，另外可从基金及银行分别贷款 32.5%，其余 21% 自筹。造林基金贷款是无息的，银行贷款是低息优惠的，还贷期 7 ~8 年(沈照仁、陆文明，1995)。

此外，印度尼西亚政府为了吸引私人公司投资速生丰产用材林的建设，采取了与私人公司积极有效的合作方式，并给予优惠政策，充分发挥私人公司的资金优势，促使速生丰产用材林的集约经营得以实现。

林工一体化是印度尼西亚速生丰产用材林成功发展的一个显著特点。在政府于20 世纪 80 年代推行的工业造林计划(HTI)激励之下，设在东加里曼丹的印度尼西亚国际木材公司(ITCI)首先开展大规模造林，印度尼西亚政府给予了该公司许多的优惠政策。1989 年以来，参加速生丰产用材林造林的企业迅速增多，每年的造林面积超过 10 万 hm^2。印度尼西亚实行林工一体化使营造速生丰产用材林的培育方向、产品销路、科研目标、更新资金都得到了可靠的保证(沈照仁、陆文明，1995)。

5.1.1.7 日 本

据2009 年日本林野厅公布的 2007 年度全国森林资源现况调查数据，截至2007 年 3 月 31 日，全国森林面积为 2510 万 hm^2，其中人工林占 40% 为 1035 万 hm^2，森林覆盖率 70%。全国森林蓄积为 44.15 亿 m^3，年生长量约 8000 万 m^3，其中人工林约占总蓄积的 60%、年生长量的 80%。平均每公顷人工林蓄积量高达 183 m^3。国有林面积为 769 万 hm^2，蓄积 10.78 亿 m^3，其中人工林面积236 万 hm^2、蓄积 4.24 亿 m^3。公有林面积为 283 万 hm^2，蓄积 4.84 亿 m^3，其中人工林面积 125 万 hm^2、蓄积 3.13 亿 m^3。私有林面积为 1458 万 hm^2，蓄积28.69 亿 m^3，其中人工林面积 674 万 hm^2、蓄积 19.78 亿 m^3。

日本的人工林发展，主要始于 20 世纪 50 年代。第二次世界大战后，由于经济高速成长，日本连续制定了三个人工林发展法规，即 1946 年的《森林资源造林法》，1950 年的《造林临时措施法》，1952 年的《造林十年规划》，正是在这三个法规的支撑之下，日本不但于第二次世界大战后及时恢复了森林资源，而且使人工林比重由 1956 年的 23%，增加到了 1990 年的 41%，这期间，日本最多时一年造林 40 万 hm^2，就连陡坡上也造上了柳杉人工林(刘晓丽，1990)。

日本不论是国有林、公有林还是私有林，都有稳定而明确的所有权和经营权主体，森林的所有权属在法律上有充分保障。从管理体制看，国有林由农林水产省林野厅管理，公有林由所在都道府县的林业部门管理；私有林由所在的市町村森林组合管理，上级单位是都道府县森林组合联合会和全国森林组合联合会。

日本政府制定了一系列的扶持政策鼓励投资造林，并进行相应的经济补偿，如《林业和木材产业改善资金助成法》《促进加强林业经营基础资金融通等临时措施法》、日本政策金融公库的造林资金和树木种苗培育设施资金、农林渔业信用基金的造林育林等。国有林全部由国家投资；对于民有林，国家投资一般占30%～50%，其余的由造林者自筹，收益由国家和造林者按一定的比例分配。对森林作业提供补贴，为林主提供长期低息贷款，贷款利率1.9%～2.05%，偿还期为30～55年。此外，对所得税、继承税等税种给予一定的优惠。

5.1.1.8 刚 果

20世纪70年代开始，刚果就在黑角地区的沿海稀树荒原上发展桉树无性系速生丰产用材林。到80年代后期，已造林3万 hm^2，目前已近10万 hm^2。刚果的速生丰产用材林面积虽然不大，但造林的技术水平相当高。考虑到沿海稀树草原均为十分贫瘠的沙地，有些地方连草都不能生长，沙层之下是板结层，但选育出的无性系却能达到每年 $30m^3/hm^2$ 的生长量，有的甚至达到 $37m^3/hm^2$(国家林业局编，中国林业五十年．北京：中国林业出版社，1999)，已是一个奇迹。另外，先期造林的成功，意味着今后的发展。稍向内地延伸，黑角地区还有15万 hm^2 稀树草原适宜造林，布拉柴维尔以北的高原上还有100万 hm^2，这些潜在林地的生产力远远高于黑角地区(侯元兆，1994)。

刚果黑角地区的速生丰产用材林的营造，最初是在刚果政府组织下实施的，吸收了各方资金(包括向国际财团贷款)，并在政府补贴之下运作起来的。这其中包括法国合作援助基金、经合中央银行(CCCE)等，从1985年后，又与英荷壳牌石油公司合作，并制定了新的发展计划。营造的桉树速生丰产用材林实行企业化经营，一切作业都严格进行成本核算，加之技术水准很高，其投资回报率达18%左右（杨永龙等，1993)。

5.1.1.9 芬 兰

芬兰境内拥有丰富的森林资源，根据最新森林资源清查(2004～2008)，芬兰林业用地面积2630万 hm^2，占陆地面积的86%。森林蓄积22.06亿 m^3，森林覆盖率67%。芬兰森林都是混交林，约有22个树种，但优势树种主要为欧洲赤松、挪威云杉和桦树，分别占林地面积的65%、24%和9%，占森林蓄积量的50%、30%和17%。

芬兰森林所有权形式包括私有林、国有林、公司林和其他所有制，分别占林地面积的52%、35%、8%和5%。芬兰木材生产主要来源于私有林，占全国森林蓄积量的64.4%，国有林仅占20.6%，公司林占9.3%，其他所有制林占5.7%。

芬兰人工林主要为私有林主所有，私有林主的管理机构包括：中央农林主联盟、8 个区域林主联盟和 112 个森林经营协会。中央农林主联盟是私有林主的全国核心机构，其主要任务是维护私有林主在木材贸易中的利益、影响林业政策与立法、指导区域林主联盟的活动并保护森林经营协会的利益以及促进林主间合作。区域林主联盟是当地森林经营协会的区域性核心机构，其主要任务是促进私有林业发展和保护私有林主的利益、指导森林经营协会的活动和促进林主间合作、指导和协助私有林主的林产品销售。森林经营协会是私有林主的基层服务组织，为私有林主提供各种森林经营服务、培训与规划服务、木材销售服务、各种专业技术支持和集体组织森林认证等，从而保护私有林主的利益、提高林业经营收益并帮助私有林主实现其森林经营利用等多种目标。

林业和林业产业是芬兰经济的支柱之一，在芬兰国民经济中的地位仅次于芬兰的电子和电器产业。2008 年芬兰林业部门产值占 GDP 的 5.1%，林业部门出口额占芬兰总出口贸易额 656 亿欧元的 17.6%。2008 年林业部门就业人数达 8 万多人，占总就业人数的 3.2%。

芬兰林业的发展成就与政府执行的积极、有效的林业激励措施有着直接的关系，主要包括税收优惠和补贴措施。

芬兰森林税收一直是以立地税为基础，即以立地质量期望的平均生产量课税的，不考虑现实的采伐量、蓄积量和生长量，这在很大程度上促进了林主对森林的经营和对林业的投入，因为谁的森林经营得好，谁的收入就多。此外，芬兰对林主还采取了一系列的减税政策，包括对强制性的森林经营费用、森林更新和幼林抚育费用以及林区挖沟和建路的费用等进行减免，另外还有一些临时性的免税。

芬兰对森林改良和育林进行了大量补贴，具体包括造林补贴、育林及更新补贴、良种补贴等。1997 年颁布了《新森林可持续经营融资法》，专门用于保证国家对私有林可持续经营的补贴。对编制森林经营方案所发生的费用，国家也给予 50% 的补贴。

5.1.2 国外人工用材林发展的特点

国外人工用材林的发展是社会、经济、科学技术不断发展的结果，无论从造林的规模上，还是造林的质量上都呈现出不断扩大和逐渐提高的发展趋势。综合各国人工用材林发展的情况，可总结出以下特点。

5.1.2.1 产权清晰、市场化经营

产权清晰、市场化经营是国外人工用材林发展的一个显著特点。市场化经营就是根据消费者的需求来进行有的放矢的生产产品和销售产品，以最有效的生产工艺、生产流程和营销手段以及尽可能低的经营成本来获得最大的经济效益回报

的一种经营模式。市场化经营的前提就是要保证产权清晰，上述国家的人工用材林无一例外都是在市场经济的环境下发展起来的，市场体系健全，并由产权关系明晰的企业经营，经济运行的效率较高。

5.1.2.2 企业化经营

企业化经营是国外人工用材林发展的一个鲜明特点。现代企业是市场经济的核心和行为主体，有健全的组织机构和经营理念，产权清晰，结构合理，各部门分工明确，经济运行效率较高。现代人工用材林的经营和发展恰恰需要这种企业来进行经营。国外通行的是对人工用材林采用企业化的经营模式进行经营，提高人工用材林产出水平，加快林业发展。通常有大型骨干企业带头发展，或自己组织造林公司，或采取公司加农户方式。作为一个商业行为，企业化经营人工用材林的主要目的就是为了获得经济利益和扩大产品的市场占有份额，一切能促使人工用材林经营获取最高投资回报率的措施都可能被考虑。此外，企业化经营需要有长远的经营目标，决不会只考虑一个轮伐期，因此它势必要保障资本循环，不至于林木采伐后把再生产资金挪作他用，从而实现可持续发展。人工用材林的企业化经营拥有持续降低原料成本、逐步稳定原料供应、主动规避市场风险和努力增加经营效益的优点。

国外人工用材林通常采用企业化经营，通常是以大型骨干企业为龙头，联合专业造林公司或农户的方式(白晓艳、宋熙龙，2008)，这些企业通过人工用材林企业化经营，大大降低了生产原料成本、稳定了原料供应、规避了市场风险和增加收益。如美国的惠好公司在20世纪30年代就认识到森林永续经营是公司的生命线，该稳定的原料基地保证了工业巨额投资超过17%的收益率。

5.1.2.3 林工一体化经营

林工一体化经营是国外人工用材林发展的一个主要特点。传统林业是以砍伐木材为主要目的，森林资源破坏极其严重。而现代林业是采取分类经营，追求的目标是在协调自然、经济和社会三者基础之上的可持续发展。人工用材林的经营和发展是属于现代林业的范畴，是在现代林业理论的指导下发展起来的。通过对人工用材林实行林工一体化经营，把林业资源与工业行业有机地结合在一起，相辅相成，有效地解决森林资源日趋匮乏和林产工业行业急需生产原料的矛盾。

林工一体化经营模式是一条既经济又切实可行的解决林产工业原料不足、产销分割的有效途径。林产工业企业通过采取林工结合方式，建立原料基地，定向培育它们所需的人工林材种规格，这既符合经济规律，也有益于社会和企业的和谐发展，同时也促进了人工林事业的发展。国外通过采用林工一体化经营模式，如林浆纸一体化经营模式，人工用材林原料基地多数都是由纸浆生产企业或其合作伙伴投资经营的，并视作一个原料生产车间实行集约化经营和精心管理，很好地解决了制浆造纸原料不足和产销分割的矛盾，实现了现代林业所追求的可持续发展的经营理念。

5.1.2.4 集约化经营

集约化经营是国外人工用材林发展的一个特点。国外人工用材林基本上都采取集约经营方式，依据不同的立地条件，采取近似于农业的栽培措施，其主要技术特征是：良种的选、引、育工作；严格的规划设计和精细整地；植保、除草、修枝、施肥、间伐甚至灌溉等抚育措施，这些措施在不同程度上都促进了林木的优质高产。

集约经营作为人工用材林经营的重要特征，就是按照培育方向进行合理投入，通过先进的技术和科学的管理，实现高产优质，从而达到预期的经济效益。通过选择速生树种，遗传改良和集约经营措施，大大缩短了林木培育周期，实现了在短期内提供大量木材。同时通过干形控制等措施，确保林木的材积和出材量。而对于以生物量为主要目标的林分，例如生物质能源林，丰产则意味着单位面积高的生物量。例如新西兰辐射松工业用材林采用集约经营模式，年均生长量高达25～30m^3/hm^2，25年生人工林每公顷活立木蓄积达500～600m^3(杨守坤，2004)。集约经营也是巴西人工林经营战略的一大特点，阿拉克鲁兹公司除了精选良种、普遍采用无性繁殖、扦插育苗新技术之外，还采取一系列的集约经营措施。

5.1.2.5 规模化经营

规模化经营是国外人工用材林发展的一个特点。规模化经营模式就是通过企业生产规模的扩大，采用先进的科学技术和生产设备，降低原材料的消耗，节约劳动成本，减少物流成本，从而实现产品的成本逐渐下降和企业收益的稳步增加。规模化经营模式是当今世界林业企业生产经营的大势所趋。从本质上说，这是林业企业经营集约化和效益最大化的要求所决定的。规模化经营所具有的高效率、低成本、利于市场竞争、便于环境保护等优势，一直是林业企业所追求的目标。

5.1.2.6 产业化经营

产业化经营模式是国外人工用材林发展的一个特点。林业产业化经营模式是最具现代林业特色的组织经营模式。围绕着速生丰产用材林，形成一个集生产、加工、销售、物流运输服务等不同行业组成的产业链，形成积极有效的分工协作，实现互惠互利的紧密运作机制，最终达到共存共荣的目的。这种经营模式更适合于竞争日趋激烈的市场经济的客观要求，也更容易实现现代林业的可持续发展。国外人工用材林的发展一般都伴随着当地的木材加工业的兴起，相伴兴起的还有一系列相关行业，最终形成一个产业链。

5.1.2.7 定向培育无性系育种

定向培育无性系育种是国外人工用材林发展的一个特点。所谓定向培育，就是根据市场需求进行速生丰产用材林材种的培育。国外发展速生丰产用材林的成功经验之一就是定向培育无性系育种。作为世界三大速生树种之一的桉树具有很强的适应性，树种之间容易杂交培育出超过亲本的杂交种，并容易培育成优良无性系进行无性繁殖；桉树生长快，轮伐期短，在集约经营条件下能成倍地提高单位土地面积的产量，木材密度大于松树和杨树，相同材积产浆量高；桉树是很好的纸浆林，桉木浆适应性好、纤维含量高、造纸性能好。通过定向培育和无性系育种，使得速生丰产用材林完全按照市场需要进行有目的、有计划地进行生产经营，大大地提高了速生丰产用材林木材资源的利用效率。巴西正是通过对桉树纸浆材的定向培育无性系育种，使得巴西在短短30多年后成为世界桉木浆生产量最大的国家。

5.1.2.8 政府优惠政策大力扶持

政府优惠政策大力扶持是国外人工用材林发展的一个特点。人工用材林发展是一个复杂的系统工程，需要天时、地力、人合。天时指适合速生丰产用材林发展的光、热、降雨等气候条件，地力指适合速生丰产用材林发展的土壤、肥料等条件，人合指适合速生丰产用材林发展的专业技术人员和经营管理人员。对速生丰产用材林的规划和发展来说，需要政府出台的相关优惠政策和大力扶持。国外速生丰产用材林发展较好的国家普遍采取了诸如减免税金、资金扶持、政府补贴等政策性的扶持措施，取得了良好的效果。如芬兰对以下情况实行免税：①退农还林者免税25年；②对采伐后立即更新并且幼林生长良好，保证成林者，可以免税10~25年，荒地造林或低产林地重新更新者也适用此规定；③沼泽地排水后重新造林；④森林遭到非人为因素（风灾、林火、病虫害等）破坏时可以享受15年以内的免税待遇（21世纪中国林业发展战略和政策研究课题组，1999）。

5.2 国内速生丰产用材林发展

5.2.1 国内速生丰产用材林发展现状

根据第七次全国森林资源清查（2004~2008）结果，全国森林面积1.95亿hm^2，森林覆盖率为20.36%，森林蓄积137.21亿m^3，活立木总蓄积149.13亿m^3，森林蓄积137.21亿m^3；天然林面积1.2亿hm^2，天然林蓄积114.02亿m^3；人工林保存面积0.62亿hm^2，蓄积19.61亿m^3，人工林面积继续保持世界首位。全国森林植被总碳储量78.11亿t，森林生态服务功能年价值量超过10万亿元。全国个体经营的人工林、未成林造林地分别占全国的59.21%和68.51%。广大农民已经成为我国林业发展和生态建设的骨干力量。

目前，全国用材林面积 7862.58 万 hm^2，占全国林分面积的 45.57%；蓄积 551241.94 万 m^3，占全国森林蓄积的 45.57%。用材林平均每公顷蓄积 70.11m^3。其中，人工用材林面积 2317.89 万 hm^2，占用材林面积的 29.48%，占人工林面积的 71.78%；蓄积 114505.40 万 m^3，占用材林蓄积的 20.77%，占人工林分蓄积的 76.11%。我国用材林资源主要分布在黑龙江、吉林、湖南、广西、内蒙古、江西、广东、四川、福建和湖北等地(表 5-1)。

表 5-1　我国用材林资源主要分布省(自治区)

Tab. 5-1　Timber resource distributing province (section) in China

省(自治区)	用材林面积(百 hm^2)	蓄积(百 m^3)
黑龙江	165451	12540324
吉 林	59832	6802506
湖 南	53511	2295451
广 西	52794	2582050
内蒙古	49869	3696849
江 西	47369	2272625
广 东	45572	1968675
四 川	43311	3638298
福 建	38079	3030033
湖 北	31420	1225161

资料来源:《中国林业产业与林产品年鉴 2007》。

另据 FAO 统计数据显示，2000～2005 年，全球人工造林面积正以年均 278 万 hm^2的速度持续增长，尤其是东亚地区的森林面积正以年均 1.65% 的速度增长。中国通过人工造林实现了本国森林面积的增长，是目前全球森林面积年均增长最多的国家，用材林超过了 5400 万 hm^2(表 5-2、表 5-3)。

表 5-2　2005 年人工林面积最大的 10 个国家

Tab. 5-2　Ten countries of plantation area in 2005

国家	总计(千 hm^2)	生产性人工林(千 hm^2)	保护性人工林(千 hm^2)
中国	71326	54102	17224
印度	30028	17134	12894
美国	17061	17061	0
俄罗斯	16963	11888	5075
日本	10321	0	10321
瑞典	9964	9964	0
波兰	8757	5616	3141
苏丹	6619	5677	943
巴西	5384	5384	0
芬兰	5270	5270	0
总计	181693	132095	49597

资料来源：FAO《世界森林状况 2007》。

表 5-3 2005 年全球森林面积增长最多的国家

Tab. 5-3 The maximum increace countries of forest area in the world in 2005

国家	森林增长面积(万 hm^2)
中国	405.8
西班牙	29.6
越南	24.1
美国	15.9
意大利	10.6
智利	5.7
古巴	5.6

资料来源：FAO《世界森林状况 2007》。

速生丰产用材林以其定向培育、集约经营、速生、丰产、优质的特点可以在相对较短的时期内大量提供木材资源，缓解国内木材短缺的困境。例如，在发达国家(包括木材资源丰富的国家)，普遍把大力发展速生丰产用材林作为保障木材供给的一项战略性措施。速生丰产用材林生长周期短，比如桉树速丰林一般6~8年(纤维材甚至可缩短为4~5年)即可成材；杨树速丰林一般在10~15年就可以采伐利用；针叶速丰林如马尾松、湿地松等只需20年左右就可以利用了。通过发展速生丰产用材林，改变了传统林业生产周期长、占用资金多、资金回收慢、投资风险大等诸多问题。

我国在“十五”期间正式启动了重点地区速生丰产用材林基地建设工程。从资金投入方面来看，该工程计划投资718亿元，建设速生丰产用材林基地1333万 hm^2，工程建设期为2001~2015年。根据规划，工程的建设范围主要选择在400mm等雨量线以东，自然条件优越，立地条件好，地势较平缓，不易造成水土流失和对生态环境构成不利影响的18个省区，包括河北、内蒙古、辽宁、吉林、黑龙江、江苏、浙江、安徽、福建、江西、山东、河南、湖南、湖北、广东、广西、海南、云南，以及其他适宜发展速丰林的地区。工程分两个阶段，2001~2005年，重点建设以南方为重点的工业原料林产业带；2006~2015年，全面建成南北方速生丰产用材林产业带，建成速生丰产用材林1333万 hm^2。2003年6月25日，中共中央、国务院作出了《关于加快林业发展的决定》，明确提出“加快建设以速生丰产用材林为主的林业产业基地工程，在条件具备的适宜地区，发展集约林业，加快建设各种用材林和其他商品林基地，增加木材等林产品的有效供给，减轻建设压力”，还给予国家安排部分投资、信贷扶持等方面的优惠政策。

在国家优惠政策的刺激下，重点地区速生丰产用材林基地建设工程投资大幅增加，加之集体林权制度的改革极大地调动了农民营造速生丰产用材林的积极性。因此，近年来我国速生丰产用材林基地造林发展迅猛，使人工用材林后备资源持续增加，为立足国内缓解木材供需矛盾、满足经济社会发展对木材日益增长的需要奠定了坚实的物质基础。

据对19个重点省区的不完全统计，截至2009年年底，累计完成速丰林基地建设731万 hm^2。初步形成了以粤、桂、琼、闽地区为核心的南方工业原料用材林产业带，以长江、黄河中下游地区为核心的中东部工业原料用材林产业带，以东北、内蒙古地区为核心的北方工业原料用材林产业带。各工程省区人工用材林后备资源持续增加，为立足国内缓解木材供需矛盾、满足经济社会发展对木材的需求奠定了坚实基础(国家林业局速丰办，2010)。

5.2.2 国内速生丰产用材林发展的特点

5.2.2.1 造林面积增长迅速，但林分生长质量不高

从全国来看，近年来经过中央政府、地方政府、广大林农及各林业企业等多方的努力，已经陆续营造了集约栽培的速生丰产用材林超过730万 hm^2，面积增长非常迅速，使得中国一跃成为世界第一造林大国。但从单位面积年均蓄积和年均增长量上来看，与发达国家存在巨大的差距。

小农经济的思想根深蒂固是造成我国速生丰产用材林目前面积虽大而林分生长质量不高的重要原因之一。长期以来，我国速生丰产用材林培育处在一种刀耕火种、放任自长、不管不护、低投入低产出的状态，林分生产率低，质量差。

此外，我国速生丰产用材林经营长期以来没有摆脱传统林业的束缚，传统观念和粗放经营方式在许多地区仍占主导地位。我国的传统林业一贯是由政府号召并投资造林，没有建立资本循环机制，林子一旦砍伐后，再生产资金随之流失，再想发展，只好另外筹集资金，更谈不上有吸收科学技术的动机。事实上，我国速生丰产用材林发展的落后状况，是人工用材林经营思想、经营方式上长期落后的必然结果。

由于经营管理粗放、不能实行适地适树以及良种壮苗使用率低等因素影响，导致了我国目前成林的速生丰产用材林生长质量不高，跟国外林业发达国家相比还存在很大的差距。

5.2.2.2 林业市场体系不健全，组织化规模化经营程度低

目前，我国的林业市场体系还不健全。我国传统的经济管理体制是采取部门管理方式，结果导致部门之间的“条块”分割，导致林业、工业和贸易部门之间无法实现合作和协调发展，各自为政，使得林工结合、林纸结合问题始终得不到解决。同时也导致在速生丰产用材林分户经营条件下，难以实现现代企业化生产和规模化经营。

由于长期形成的条块分割的经济体制，我国无法实现真正的林工结合。企业

虽有林工结合的愿望，但缺乏相应的体制支撑。福建省20世纪90年代初曾规划建设80万hm^2的马尾松造纸原料林，南平、青州两大纸厂每年投入大量资金联营造林，但因没有经营权，到主伐时分益甚微，只能是买个原料流向，由于林工结合的经营体制没有解决，原料林并不一定是企业的基地，企业感到办基地没有生命力，影响了办基地的积极性。

我国南方集体林区速生丰产用材林生产基本上是以家庭为单位的。由于各家的经济条件以及劳动力供给限制，在这种生产模式下，组织化程度低，经营力量有限，对林业生产过程中的所有活动承载能力不足，很难满足其生产和生活的需要，制约了林业的发展(伍士林等，2006)。此外，经营规模上，很多地区由于多以一家一户的家庭承包经营为主，林地面积较小而且破碎分散，因此在速丰林的经营过程中，生产规模小、经营成本较高、产出效率较低，很难与林产工业进行有机地衔接。

在我国工业化和城镇化快速推进的背景下，林地小规模的家庭经营将导致林业的兼业化，兼业化将可能导致林地利用率低，林业固定资产利用率低，工作效率低，生产成本高，同时，小规模经营也使产、供、销的成本大幅度增加(孔凡斌等，2008)。

5.2.2.3 林业企业制度不完备，缺乏现代企业管理经验

我国大多数林业企业和林农还不熟悉速生丰产用材林的运作方式，没有掌握速生丰产用材林经营所必需的规划设计、生产培育技术、组织管理技巧和经营决策经验，不善于与相关产业进行协调和合作。现有的林业企业制度状况难以承担速生丰产用材林的林工一体化经营。实践证明，不进行必要的制度创新，要想在我国原有林业制度框架上发展以速生丰产用材林为核心的现代林业困难重重。

经营者缺乏林工结合的意识，速生丰产用材林不能充分满足工业生产的多方面需求。长期以来，我国速生丰产用材林经营者缺乏林工结合的意识，造林商品意识差，盲目性大，既不能对口满足工业用材的需要，又造成木材生产的浪费，挫伤了自身扩大再生产的积极性。如前几年林业部门重点建设的杨树速生丰产用材林基地，目前面临着采伐下来的木材将寻找不到用户的处境，陷入同样尴尬境地的还有我国面积巨大的南方杉木林。在这种“封闭”体制下，林业部门不知为谁造林，为啥造林的现象十分普遍，缺乏市场意识和林工一体化经营理念，在一定程度上导致了林业发展乏力。

5.2.2.4 缺乏市场观念，原料基地与木材加工产业布局不协调

国内速生丰产用材林发展，过去是不考虑利用问题，不知道为谁生产，缺乏市场观念，遍地开花，哪里都搞。因此，导致出现这样一些怪现象：木材加工厂在大城市，速生丰产用材林却在偏远山区。由于原料基地与木材加工基地距离较

远，木材要经过长途运输，导致了运输成本大幅增加，使得原料基地与木材加工产业布局不协调，降低了木材加工企业的生产利润。研究表明，雷州桉树纸浆用材林基地运输距离每增加10km，纸浆材进价就提高2% ~3%，这将使林工一体化的整体赢利减少，经济效益受到很大的影响(一言，1991)。

5.2.2.5 政府角色不到位，社会化服务保障体系不完善

在速生丰产用材林发展方面，各级政府角色不到位，不懂得如何有效地调控和引导速生丰产用材林与相关林业产业的健康发展，社会化服务保障体系不完善。速生丰产用材林的发展不仅对立地条件、光、热、水等自然条件要求较严，而且需要适宜的社会大环境和宏观经济环境，尤其是相关的社会化服务保障体系的建立。例如对广大林农及各种相关林业企业的金融服务咨询与支持、对林业产业发展的政策性指导、提供科技服务支持以及高素质林业专业人员的教育培训等。

相比传统林业，速生丰产用材林建设是属于现代林业范畴，对科技进步和知识含量要求更高，对人力资源和林业教育依赖更大，因此需要政府提供的科技服务支持和对林业教育的大力投入。发展速生丰产用材林要求有先进的营林技术(包括遗传育种技术和栽培技术)的发展和较高的资金投入水平。此外，速生丰产用材林的发展对经营者的素质要求较高，也要求有市场化运作的企业形态和灵活的经营机制。因此，速生丰产用材林建设需要政府产业政策的支持和引导，需要有较完善的社会化服务保障体系支持。

5.3 小 结

本章首先主要阐述了国外人工用材林的发展。首先介绍了国外主要的人工用材林发展较好的几个国家：美国、巴西、南非、印度尼西亚、澳大利亚、新西兰、日本、刚果、芬兰等国人工用材林发展的基本情况。随后综合各国人工用材林发展取得的成功经验，总结出如下特点：①产权清晰、市场化经营；②企业化经营；③林工一体化经营；④集约化经营；⑤规模化经营；⑥产业化经营；⑦定向培育无性系育种；⑧政府优惠政策大力扶持。

本章第二部分首先对国内速生丰产用材林发展的历史、现状进行了介绍，然后在对比国外林业发达国家速生丰产用材林发展特点的基础上，指出国内速生丰产用材林虽然近年来发展迅速，造林面积逐年增加，但是还存在：①经营管理粗放，林分生长质量不高；②林业市场体系不健全，规模化程度低；③林业企业制度不完备，缺乏现代企业管理经验；④缺乏市场观念，原料基地与木材加工产业布局不协调；⑤政府角色不到位，社会化服务保障体系不完善。

第6章

集体林改对人工林经营模式的影响

集体林权制度改革是继农村“大包干”之后，农村生产关系的又一次大调整，农村生产力的又一次解放。随着我国集体林区经过林权制度改革的全面推进，南方集体林区速生丰产用材林的产供模式发生了较大改变，由过去的集体统一经营为主转变为多种经营模式共存的局面。集体林权制度改革中的“确权到户”“分山到户”，促生了许多以家庭为单位的微观生产经营主体，林业生产中出现林权结构分散化、经营主体多元化、经营模式多样化的特征。

2009年4月至2010年5月，为了研究和分析林改对南方集体林区速生丰产用材林经营模式的影响，课题组曾先后对江西、福建、广东、广西速生丰产用材林建设进行了实地调研，发放林业管理人员问卷调查表。通过对65名林业管理人员面对面的问卷调查，上至省林业局速丰林项目办主任，下至乡镇林业站林业管理人员，全面了解和掌握林权制度改革对当地速生丰产用材林经营模式的影响。

6.1 南方集体林区林业管理人员问卷调查的统计分析

6.1.1 调查设计及样本结构

南方集体林区是我国速生丰产用材林建设的重点地区，水温条件好，适宜速生丰产用材林的生长。该地区经营的土地面积、山地面积和森林最大，是全国速生丰产用材林资源的最大分布区，占全国的50%以上。尤其是广西、广东、福建、江西等省近十年来通过大力发展速生丰产用材林，使得南方集体林区成为我国自天然林保护工程实施以来最主要的国内木材资源供应地。

此外，南方集体林区持续快速的经济发展、较高的地方财政收入和较为先进的生产技术和管理经验，加之劳动力资源丰富、林地面积较大，使得该地区的木材生产及相关的林产工业有了长足的发展，为速生丰产用材林的建设奠定了坚实的基础。

因此，本研究就南方集体林区速生丰产用材林经营模式的相关内容针对当地的相关林业管理人员进行了问卷调查设计。林业管理人员的问卷调查内容主要集中在当地速生丰产用材林发展的动因、采用的经营模式、木材的供应方式、林权制度改革对速生丰产用材林的影响和作用、阻碍当地速丰林发展的因素、当地较为适宜的速丰林树种以及投入产出情况、是否能满足当地林产工业发展的需求、速丰丰产用材林合作经营组织情况等。

调查对象包括江西、福建、广东、广西速生丰产用材林建设的相关65名林业管理人员。其中，江西28人、福建16人、广东13人、广西8人。具体情况见表6-1。

表6-1 调查样本的基本情况

Tab. 6-1 Basis instance of investigation stylebook

基本情况	江西	福建	广东	广西
调查人数(人)	28	16	13	8
所占比例(%)	43	25	20	12

6.1.2 调查问卷的统计性分析

6.1.2.1 速生丰产用材林主要采用的经营模式分析

从调查的数据来看，目前南方集体林区速生丰产用材林主要采用的经营模式是合作经营模式，比例占到34%，其次是家庭单户经营和集体统一经营，此外其他经营模式如公司经营等也占到了17%。林业管理人员认为最有利于当地速生丰产用材林发展的经营模式是合作经营模式，比例占到61%，其次是集体统一经营和家庭单户经营模式。此外，从调查数据也看出，当地林农最愿意采用的速生丰产用材林经营模式也是合作经营模式，比例占到54%，其次是家庭单户经营和集体统一经营模式，见表6-2。

表6-2 速生丰产用材林主要的经营模式比例

Tab. 6-2 Central management model of fast - growing and high - yielding timber

经营模式	集体统一经营	家庭单户经营	合作经营模式	其他经营模式
当地速丰林现有经营模式(%)	17	32	34	17
管理人员认为最有利于速丰林发展的经营模式(%)	18	12	61	9
当地林农最愿意采用的速丰林经营模式(%)	9	29	54	8

6.1.2.2 速丰林生产经营状况满意程度及阻碍发展的因素分析

从林业管理人员对当地速生丰产用材林生产经营状况满意程度的调查数据来

看，37%的人员认为完全满意，46%的人员认为部分满意，8%的人员认为不满意，还有9%的人员认为不好说，见表6-3。

表6-3 速生丰产用材林生产经营状况的满意程度

Tab. 6-3 Content degree of fast-growing and high-yielding development

生产经营状况	完全满意	部分满意	不满意	不好说
比例(%)	37	46	8	9

对阻碍当地速生丰产用材林发展的主要因素的调查数据分析显示，43%的人员认为政府缺乏速生丰产用材林相关的扶持政策，65%的人员认为融资困难，32%的认为林地缺乏，11%的认为当地林产工业不发达，28%的认为经营规模太小，20%的认为缺乏林业合作经营组织，2%的认为病虫害猖獗，9%的认为速生丰产用材林的经营风险太大，见表6-4。

表6-4 阻碍当地速生丰产用材林发展的主要因素

Tab. 6-4 Central baffling complication of fast-growing and high-yielding timber

阻碍当地速丰林发展的主要因素	人数(人)	比例(%)
融资困难	42	65
政府缺乏相关的扶持政策	28	43
林地缺乏	21	32
经营规模太小	18	28
缺乏林业合作经营组织	13	20
当地林产工业不发达	7	11
经营风险太大	6	9
病虫害猖獗	1	2

6.1.2.3 速生丰产用材林的木材供应方式分析

从问卷调查的数据来看，南方集体林权制度改革后木材的供应方式主要以合作经营组织统一供应方式为主，比例占到37%；其次是林产加工企业上门收购，比例占到31%；再就是家庭单户供应和集体统一供应的比例分别为20%和12%。作为林业管理人员，认为林改后分散的林农应该以合作经营组织统一供应木材的方式来满足当地的林产工业的发展，比例占到了57%；其次是林产企业上门收购，比例是26%；再就是家庭单户供应和集体统一供应的比例分别为12%和5%，见表6-5。

表6-5 速生丰产用材林的木材供应方式比例

Tab. 6-5 Accomodation manner of fast－growing and high－yielding timber

木材供应方式	家庭单户供应	集体统一供应	合作组织供应	企业上门收购
当地现有的(%)	20	12	37	31
林农认可的(%)	12	5	57	26

6.1.2.4 速生丰产用材林的投入产出分析

从调查的数据来看，南方最适宜种植的速生丰产用材林树种主要有杉木、松树、桉树、杨树、竹材、相思等。从种植速生丰产用材林的投入来看，25%的被调查人员认为每亩投入在1000元以上；22%的认为每亩投入在900～1000元；17%的人员认为每亩投入在800～900元。从种植速生丰产用材林的每亩纯收入来看，34%的被调查人员认为在2000元以上；18%的认为在1500～2000元；17%的认为在1000～1500元，见表6-6。

表6-6 速生丰产用材林的投入产出

Tab. 6-6 Devotion and output of fast－growing and high－yielding timber

投入产出	500元以下	500～600元	600～700元	700～800元	800～900元	900～1000元	1000～1500元	1500～2000元	2000元以上
每亩投入(%)	3	11	12	17	14	22	25		
每亩产出(%)	8	2	6	6	3	9	17	18	34

6.1.2.5 速生丰产用材林的经营规模分析

从问卷调查的数据来看，31%的被调查人员认为当地的速生丰产用材林的经营面积应该在500～1000亩；25%的人员认为应该在300～500亩；20%的人员认为速生丰产用材林的种植面积应该在1000亩以上，见表6-7。

表6-7 速生丰产用材林的经营规模

Tab. 6-7 Management scale of fast－growing and high－yielding timber

种植面积	60～100亩	100～200亩	200～300亩	300～500亩	500～1000亩	1000亩以上
比例(%)	5	8	11	25	31	20

6.2 林改对南方集体林区速丰林经营模式的影响分析

从问卷调查的统计分析数据来看，合作经营模式是南方集体林区速生丰产用材林发展的趋势。目前南方集体林区速生丰产用材林主要采用的经营模式是合作经营模式，比例占到72%；林业管理人员认为最有利于当地速生丰产用材林发展的经营模式是合作经营模式，比例也占到72%；当地林农最愿意采用的速生丰产用材林经营模式也是合作经营模式，比例占到71%。

林改后，林地趋于分散化，林农数量众多，每家每户拥有的林地较少，而且较为分散。有些村庄为了公平起见，每户林农在每个山头都有面积有限的林地，人为地使得林业用地破碎化、分散化，极大地降低了速生丰产用材林的经营效率。有些林农甚至让林地抛荒，也不愿从事林业生产，把外出务工作为主要的谋生手段和收入来源。而采用合作经营的模式，可以使得分散的林地快速地整合起来，进行统一经营，提高了速生丰产用材林的经营效率，有效提高了经营的效益，同时可以降低生产经营成本和防范各种经营风险。而且，也可以让外出务工的林农把抛荒的林地交给合作经营组织统一进行经营，同时获得相应的经济收入，解决了后顾之忧。

当然，目前大户造林和企业造林也较为普遍，但是林改后林农为了自身的利益考虑，把分得的林地作为今后生活的一个重要保障，而不愿把林地有偿转让出去。因此，造林大户和林业企业不容易获得林业用地，扩大经营规模也显得尤为困难。但是，采用合作经营模式，既保障了广大林农的切身利益，又有利于速生丰产用材林的规模化经营，因此普遍受到广大林农的积极响应。

此外，从问卷调查的统计分析数据显示，南方集体林区的木材供应模式的发展趋势也是以合作经营统一供应模式为主，而且林改后广大的林农也愿意通过合作经营组织来统一供应木材，一方面既可以提高讨价还价的实力，来保障自身的经济利益，另一方面也可以减少一些琐碎的诸如申请采伐许可手续、签订购销合同等事项，从而降低了交易成本。同时，木材的统一供应模式也满足了林产工业企业按计划生产经营的需要，有利于木材的集中采购、统一运输，提高了原材料采购的效率，从而降低生产经营成本，实现了供需双方的共赢。

速丰林建设有别于一般营林生产的一个重要特征是实行集约化经营，通过高投入实现高产出和高效益。因而建设先期投入较高，绝大多数投资者经济能力难以单独承担，急需银行在信贷上予以融资支持。但实际过程中速丰林投资者很难获得银行贷款，原因主要有两方面：一是我国现有政策性贷款业务范围比较狭窄，并日益纳入商业化银行管理。不仅贷款条件严格、手续繁琐、数量有限，而且银行出于风险控制的考虑，对林业贷款的发放十分谨慎，惜贷现象十分普遍，造成速丰林中小投资者很难获得银行贷款；二是林业资产市场尚未建立，资产沉积现象严重。由于林业资产评估缺乏客观公正的评价方法和指标体系，造成林业资产评估困难。林业资产作价难、抵押难和流转难影响到银行对贷款风险的评估，绝大多数银行因此拒绝以林业资产作抵押，造成速丰林贷款事实上的困难（万杰、于宁楼，2003）。融资困难阻碍了当地速生丰产用材林的快速发展，尤其是经济相对较为落后的山区。广大的山区林农虽然很想通过种植和经营速生丰产用材林尽快脱贫致富，但苦于没有充足的生产经营资金，只能寻求其他的生存致富之道。这种现象在落后的山区较为普遍，在很大程度上阻碍了当地速生丰产用材林的持续发展。

从问卷调查的统计分析数据来看，速生丰产用材林的生产经营面积需要达到一定的规模。31%的被调查林业管理人员认为当地的速生丰产用材林的经营面积应该在500 ~1000亩；25%的人员认为应该在300 ~500亩；20%的人员认为速生丰产用材林的种植面积应该在1000亩以上。

依据新制度经济学的交易费用理论，林业规模化经营的思路是围绕如何实现小规模生产与大市场之间的对接问题，降低分散、弱小的林农进入市场的交易费用。按制度经济学的观点，过小规模的林业生产经营是不符合速生丰产用材林发展的客观要求，同时也不适应市场经济的需求。因为任何市场交易都会产生成本，包括搜集交易对象、签订合同的谈判等，特别是市场经济中的信息搜集成本十分高昂，生产经营规模太小的林农根本无法自己承担。这就是为什么随着集体林权制度改革的全面推进，获得了林权证的广大林农最愿意自发地组织起来进行合作经营，扩大林地的经营面积，实现林业的规模化、集约化经营。从问卷调查的数据显示来看，75%的被调查林业管理人员认为当地的速生丰产用材林规模化经营的前景很好，这也更充分地说明了规模化经营是南方集体林区速生丰产用材林发展的必然趋势。

对于林业生产经营来说，我国南方集体林区经历过长期的集体统一经营和短期的家庭承包经营。集体统一经营曾经对我国林业建设做出了很大的贡献，充分发挥了社会主义制度的优越性，集中力量办大事，使新中国的林业有了飞速的发展。但是，随着社会经济的不断发展，集体统一经营存在诸如产权不明晰、经营主体“真空”、缺乏激励机制等缺陷，使得林业生产经营的效率越来越低。面对目前正在全面推进的集体林权制度改革，集体统一经营由于这些自身存在的缺陷，其比例将会越来越小。而家庭承包经营相对自由、经营灵活，在一定程度上能够充分提高广大林农从事林业的生产积极性，在南方集体林区目前较为普遍和流行，但是存在规模较小、生产经营成本较高、抵抗各种风险的能力较低等方面的不足，因而从长远的发展来看，既不符合林业自身发展的客观规律的要求，也无法有效地抵御日趋激励的市场经济的冲击。

从对速生丰产用材林投入产出的问卷调查统计分析数据来看，速生丰产用材林的产出较高，经济效益可观，但是每亩的投入也较高，平均生产经营成本在800元左右，这对势单力薄的林农来说，前期投入将是一个不小的压力。而通过加入林业合作经营组织，生产经营资金缺乏的困境在一定程度上可以得到解决。因此，集体林权制度改革后，在平等自愿、互惠互利、权责明确基础上自发成立的合作经营组织将成为一种有利于速生丰产用材林良性发展的新型组织形式，这也从问卷调查的统计数据得到了充分的证明。

6.2.1 家庭承包经营

随着南方集体林区以明晰产权为核心的林权制度持续进行，以一家一户为基本生产单位的家庭承包成为林业生产经营的主要方式。家庭承包经营就是以单个农户依靠自有的资金和劳力从事林业生产活动，自负盈亏。林改后，农户对确山到户的承包林地拥有除所有权以外的所有权益，对明晰产权后的林木拥有包括所有权、收益权、处置权等林权。在林业产权明晰的前提下，发展以速生丰产用材林为核心的林业生产大有可为，能够充分地调动广大农户发展林业造林护林的积极性。

根据第七次全国森林资源清查(2004~2008)结果显示，全国个体经营的人工林、未成林造林地分别占全国的59.21%和68.51%。广大农民已经成为我国林业发展和生态建设的骨干力量。家庭单户承包已经成为我国南方集体林区速生丰产用材林产供模式的主要形式。

集体林权制度改革后，我国南方集体林的绝大部分实行了家庭联产承包责任制，也就是实行了“集体所有，私人经营”的模式。林农经营林业的热情被极大地释放出来，出现了“山当田耕，地当菜种”的景象。家庭承包经营可有效地解决劳动监督和“搭便车”行为，充分调动全体家庭成员的积极性，实现劳动者、经营者、受益者的统一，使家庭获得劳动剩余。家庭承包经营可以促使家庭成员合理分工，最大限度地利用家庭各种劳动力和劳动时间，有效地运用生产资料和生产资金进行林粮间作、立体开发和多种经营，最终取得较大的经济效益。与此同时，政府的投入也将有所侧重而不再大包大揽，只是引导民众去解决林业生产中的困难和问题(曾华锋、聂影、王瑾，2009)。

福建是我国集体林权制度改革的发源地。从2003年4月开始在福建全省范围内推行集体林权制度改革，其核心内容是实行集体林木林地的家庭承包，以法律的形式颁发林权证书，将集体林变成真正意义上的民营林，其实质是明晰产权，变资源为资产。林权制度改革极大地调动了林农发展林业的积极性，取得了良好的效果。但林改分山到户以后，以家庭单户经营为主的经营模式不利于林业经营水平的提高和生产力的发展。

家庭承包经营由于产权清晰、利益直接，短期内会促进林业生产力的发展。但是随着家庭承包成为集体林区主要的经营模式，作为速生丰产用材林生产经营主体的林农数量剧增，林业单位的生产规模变小，林业生产要素呈分散态势，林业生产活动的组织管理成本明显增加，技术服务的获取成本也相应增加，对速生丰产用材林生产力的提高构成了一定的负面影响。

随着南方集体林区社会和经济的稳步发展，林业的家庭承包经营在实际运行过程中逐渐暴露出了一些缺陷和不足。例如，家庭经营规模细小，土地零碎，妨碍了便道的开辟；受资金、资源的限制，家庭经营很难进行高标准的工程造林，形不成规模效益(侯元兆、吴水荣，2007)；家庭经营不利于按可持续发展原则来规划和布局林业生产，不利于林种的合理配置，不利于林地的适度规模经营。此外，随着第二、三产业的发展，农户兼业化日益严重，家庭经营不利于林业的产业化；农民的组织程度降低，农户分散化，家庭经营状态下营林技术的传播与推广变得比过去更为困难。

然而，经营林业有其不同于经营农业的自身特点。例如，速生丰产用材林经营具有周期长、集约化程度高、投入大、回报慢、经营风险大等特点，这些不同于农作物生产经营的特点，客观地要求需要速生丰产用材林的经营必须要有一定规模的林地，需要投入大量的资金和劳力，才有能实现永续利用、持续发展。特别是在市场经济条件下经营林业，更需要有较大规模的林地，才能实现规模经营、集约经营，提高经济效益，增强市场竞争力。

国外速生丰产用材林发展的经验告诉我们，速生丰产用材林的发展核心是效率，即在短期内生产出大量的满足林产工业发展的原料。因此，我国速生丰产用材林的发展建设必须走市场化、规模化、集约化、产业化经营的道路。目前，南方集体林区普遍实行林业的家庭承包经营责任制，林地按照平均原则在农户间进行分配，远近搭配、肥瘦搭配的均分林地制度造成了林地分配的高度破碎化，虽然表面上看似公平，但实际上大大降低了林地资源的配置效率和利用效率。从林业发展的自身规律来看，在南方集体林区客观上存在促使林地经营规模小、数量大且经营能力分散的个体林农联合起来的内在驱动力，通过扩大经营规模，达到提高经营水平、分摊经营成本和促使经营风险降低的目的。当然，这也有利于采用先进的林业技术和机械进行营林生产，有助于与加工利用企业相结合，促进林产品的销售，维护弱势群体的权益。

因此，如果林业家庭承包经营长期坚持下去，虽然在一定程度上调动了广大林农林业生产的积极性，解放了生产力，理顺了生产关系，但是从长远发展来看，势必会阻碍速生丰产用材林经营水平的稳步提高和生产力的持续发展，也不利于以速生丰产用材林资源为核心的林产工业的产业结构升级和调整。当然，也就不能从根本上解决我国林产工业发展中木材资源短缺的制约因素。

6.2.2 集体统一经营

集体统一经营模式是由村集体组织或村小组集体组织作为经营者，从事山林的管护、造林和采伐等活动的一种经营模式。集体统一经营模式在林权制度改革之前是南方集体林区速生丰产用材林发展的一种主要的经营模式，可以相对拥有和支配一定数量的林农、资金、技术、劳动工具等生产要素，形成了一定的规模效益，对我国速生丰产用材林的发展曾经起到了相当大的作用。但是，由于所经营的山林无法明确产权所有，因此往往形成集体林经营主体的实际真空现象，使得速生丰产用材林的造林投入、管护、培育等严重不到位，不能有效地提高林农经营集体林的积极性。因此，集体林权制度改革后，集体统一经营模式的比重大大地降低了。据统计，2005年江西省的集体统一经营的山林面积仅占山林总面积的6.88%（孙妍等，2006）。

6.2.3 合作经营

随着集体林权制度改革的不断深入，林业生产经营单位相应地化小，经营主体相对分散、抵抗各种经营风险的能力相对降低、连接市场的能力相对较弱、掌握各种市场信息的时效相对滞后等，在一定程度上违背了林业发展规律的客观要求，不利于林业产业的可持续发展。

以速生丰产用材林为核心的林业产业具有经营周期长，投资回报慢和外部效应强的自身特点，这就要求个体经营者联合起来，扩大经营规模，降低经营成本，提高经营水平，共同维护自身利益和抵御外部风险。在这样的背景下，大批林业合作组织应运而生。林业合作组织的发展，解决了个体农户势单力薄，抵御风险能力差的问题，将林农联合在一起，扩大了林业产业经营规模，统筹林木管理，共同抵御市场风险，以及为农户提供技术支持等。林业合作组织的管理范畴涵盖了林业生产的各个环节，所发挥的作用不容小视。获得林权的广大分散林农，按照依法、自愿、互利互惠的原则组建林业合作经营组织，有利于实现速生丰产用材林的适度规模经营、降低生产经营风险、降低生产经营成本、提高向金融机构贷款的信誉度，同时有利于解决农村剩余劳动力、确保林农收入的持续性和稳定性。各种类型的林业合作经营组织伴随着集体林权制度改革的进程逐步发展、演化，同时，从另一方面来看，集体林权制度改革要取得最终的成果，即实现林农富裕、林区稳定、林业发展，则更需要林业合作经营组织发挥其应有的作用。

当然，自南方集体林区林权制度改革工作开展以来，广大林农在耕者有其山的基础上坚持互利互惠、自主自愿的原则，进行合作经营，组建家庭合作林场、各类股份合作林场等林业合作经营组织，有效提高了集体林权制度改革后林业经营的组织化程度，实现了林业生产的适度规模经营，使得南方集体林区速生丰产用材林发展进入一个新的历史时期。

据统计，福建省永安市的林地面积为382.5万亩，进行合作经营的林地面积就达到了75.3万亩，占总林地面积的19.7%。合作经营模式克服了家庭单户经营带来的规模小、管护成本高、经营风险大、管理水平低、信誉度低等局限性，提高了林业经营的综合效益，并在一定程度上实现了林业经营的可持续发展（谭智心、孔祥智，2009）。

南方集体林区在林权制度改革的具体实践中，出现的林业合作经营模式主要有以下几种：

6.2.3.1 家庭合作林场

林农将集体林权制度改革中承包到户的山林，与其他农户自愿组合，成立家庭合作林场。家庭合作林场的山场由林农共同经营管理，或委托其中个别农户进行经营管理。林场经营所得利润按农户入股山林资产的实际比例进行分配。例如福建永安市贡川镇红安村在林改后，以林农邓庆田为主7户林农创办了家庭合作林场，7位股东折价入股的山林面积达到840亩，总股份分为100股，折价总股本50万元，其中股东山林股份占80%，股东现金入股(10万元)占20%，该20%股金作为家庭合作林场启动和经营运转的资金。同时，该家庭合作林场为了确保合作经营的正常有序地运作，设立了理事会、监事会，制定了《家庭合作林场章程》。

家庭合作林场这种经营模式一般都是以亲情和友情为联系纽带，在一定程度上实现了林业的适度规模经营，解决了林改后林业产权分散带来的实际经营困难，化解了经营风险，提高了林业经营效率。

6.2.3.2 联户经营

联户经营就是几家农户进行合作经营，或者是以小组的形式进行合作经营。联户经营的主体(合作农户或小组)同村委会签订承包经营合同，同时合作经营的农户间和小组内部也会通过协商达成一致的经营管理办法和利益分配机制。现有的联户经营主要有两种形式：一是农户间自愿组合共同经营一片或几片山场；二是以小组为单位的联户经营。

在南方集体林区联户经营形式大量出现。例如，福建省2005年联户经营的林地面积是2000年林地面积的两倍多，改革的3年期间，联户经营林地面积占林地面积的比重由不到7%上升至13%，一跃成为仅次于单户经营的最主要的经营形式(裘菊等，2007)。

联户经营是广大林农生产实践中的一种创造，是在集体林权制度改革的新形势下，较为适应林业经营特点而产生的一种新型经营管理模式。它既有效规避了山林划分的困难，减少划分中出现纠纷的可能性，又有助于实现规模经济，体现了农民在自主选择林权制度安排过程中的灵活性和创造性。

6.2.3.3 股份合作制林场

林农将承包到户的山林，或通过林权流转收购到的山林，与其他农户自愿组合，将山林经资产评估后折成股份，成立股份合作制林场，按股份制企业进行规范运作经营。山场由股东共同经营管理或由股东会聘请专业人员进行管理。股份合作制林场经营所得利润按农户入股山上资产的实际比例进行分配。

在南方集体林区股份合作制林场发展的过程中，出现了林农跨村、跨乡镇、跨县区发展股份合作制林场，通过与其他农户采取合作经营，进一步扩大林业生产的经营规模。通常由股份合作制林场投入资金收购林农50%～90%的森林产权，实行股份合作经营，由林场负责采伐销售，委托林农负责管护，采伐收益按双方持股比例进行分配。

例如，福建永安市的虎山林场就是一个由15位股东组成的股份合作制林场。各股东以自家拥有所有权山场评估后作价出资入股，按所出资比例承担责任和分配利益，形成利益与风险共担的经济合作共同体。合作组织的日常事务由有管理、生产、销售、财务等经验的5位股东承担，既提高了管理效率，也把其他股东从原来在管护经营山林的岗位中转移出来，节约了人力资源，实现了劳动力的有效转移。合作组织实现了培育、砍伐、销售一条龙的经营目标，将林场生产的木材销往广东、上海、浙江、北京等地，还帮助本镇其他林农代销木材，每年木材销售量超过1万m^3，增加了林场的经营收入。在分配方式上，采取投资、股权与利益的紧密结合，收益按股分红。通过股份合作经营模式，林场参股林农由最初的15户增加到现在的86户，经营总面积扩大到1.6万亩。四年多来，虎山林场共营造速生丰产用材林4000多亩，采伐商品材超过1万m^3，为国家创造税费收入100余万元。

股份合作制林场这种经营模式，既可以有效扩大股份合作林场的经营规模，同时转让林权的林农成为林场的股东，避免了林农失地现象的发生，林农转让部分林权后还有山可耕，还是山林管护的主体，可以有稳定的收入保障，林场也可以节省大量的森林管护成本，实现了林场与农户的双赢。

6.2.3.4 公司(林业合作经营组织)+基地+农户

由速生丰产用材林加工企业与各类家庭合作林场或农户签订合作协议，合作林场或农户经营的山场作为木材加工企业的原料林基地，实行定向培育，为木材加工企业提供优质原料，木材加工企业则负责为林农提供林业生产资金与技术支持。

例如福建永安市森发技贸有限公司，在按照股份制公司规范化经营运作的同时，采取了与林农合作、共同管理的经营模式，即在受让林农原承包山场的同时，根据山场的资产评估价值提留10%～50%作为出让林农合作经营的股权，经双方签订合同、明确合作期限与权益比例，山林由森发公司委托原承包农户进行管理，使林农成为山林具体经营管理的主体，吸纳了一批农村剩余劳动力，既一定程度解决了农村剩余劳动力就业难的问题，增加了林农收入，同时也降低了企业的生产经营成本，减少了企业的工作量。

“公司+基地+农户”这种经营模式，使林农与木材加工企业形成相对稳定的产销关系和合理的利益关系，不仅让林农分享到了木材加工和木材流通环节的利润，同时还使得木材加工企业可以获得稳定的原材料来源，实现林农与木材加工企业的双赢局面，促进了南方集体林区速生丰产用材林资源培育与林业产业的可持续发展，这是南方集体林权制度改革中积极探索出的一种新的合作经营管理模式。

6.3 南方速丰林经营模式的比较分析

6.3.1 不同经营模式的权属比较

家庭单户经营模式的林地所有权是属于林农所在的集体，而林地的使用权、林木的所有权和处置权都是林农所有。集体统一经营模式的林地所有权、使用权以及林木的所有权、处置权都属于集体所有。松散型的合作经营模式中的林地所有权属于集体，林地的使用权、林木的所有权和处置权都归合作林农所有；紧密型的合作经营模式的林地所有权属于集体，而林地的使用权以及林木的所有权和处置权都有进入合作经营组织中的股东，见表6-8。

表6-8 集体林区不同经营模式的权属比较

Tab. 6-8 Property right compare of different management models in collective region

经营模式	林地所有权	林地使用权	林木所有权	林木处置权
家庭单户经营	集体	个体林农	个体林农	个体林农
集体统一经营	集体	集体	集体	集体
合作经营				
松散型	集体	合作林农	合作林农	合作林农
紧密型	集体	股东	股东	股东

6.3.2 不同经营模式的管理比较

家庭单户经营模式在整地造林、日常管理、防护环节中都是林农自己承担，因此所得的利益当然也归林农所有。集体统一经营模式的整地造林是由集体出工统一完成，日常管理由集体雇佣的指定负责人承担，防护工作由集体雇佣的护林员负责，至于经营所得的利益属集体所有，作为集体的福利收入。松散型的合作经营模式在整地造林、日常管理、防护活动都由合作林农承担，所得经营利益由合作林农拥有；紧密型的合作经营模式的整地造林、日常管理、防护由股东或雇人完成，经营利益按照入股比例在股东之间分享，见表6-9。

表6-9 集体林区不同经营模式的管理比较

Tab. 6-9 Manage compare of different management models in collective region

经营模式	整地造林	日常管理	防护	利益分配
家庭单户经营	个体林农	个体林农	个体林农	个体林农
集体统一经营	集体出工	集体雇佣负责人	集体雇佣护林员	集体所有，作为集体福利收入
合作经营				
松散型	合作林农	合作林农	合作林农	合作林农
紧密型	股东或雇人	股东或雇人	股东或雇人	股东按入股比例分享

6.3.3 不同经营模式的优劣势比较

家庭单户经营模式由于林地、林木权属清晰，林农的生产积极性较高，但是由于林业生产周期长，投入大，而使得一家一户的生产经营规模较小，经营成本较高，投资风险大。集体统一经营模式具有统一规划、统一经营、规模较大的优势，但是也存在经营主体严重缺位、经营管理不善的劣势。松散型合作经营模式权属清晰，合作成员的生产积极性一般较高，但是由于互助合作的程度不够紧密，因而存在一定的经营风险；紧密型合作经营模式具有清晰的权属，能够统一经营管理，股东高度参与经营决策、权责明确，生产能够保持一定的规模，经营风险较小，但是也会存在因股东所占的股份比重不同，有可能导致小股东的权益被忽视，见表6-10。

表6-10 集体林区不同经营模式的优劣势比较

Tab. 6-10 Advantage and disadvantage compare of different management models

经营模式	优势	劣势
家庭单户经营	林地、林木权属清晰，林农生产积极性高	生产规模较小，经营成本较高，投资风险大
集体统一经营	统一规划，统一经营，规模较大	经营主体严重缺位，经营管理不善
合作经营		
松散型	权属清晰，生产积极性高	互助合作不够紧密，存在一定的经营风险
紧密型	权属清晰，统一经营、统一管理，权责明确，股东高度参与经营决策，规模适度，经营风险较小	因股东所占股份比重不同，有可能导致小股东的权益被忽视

6.3.4 南方集体林区速丰林经营模式的理性选择

在林地、林木权属上明确清晰基础上实行的合作经营模式是集体林区速生丰产用材林发展的理性选择。林改后，林地的所有权属于集体，林地的使用权归合作林农所有，林木的所有权、处置权都是属于合作经营的林农所有。由于产权清晰，合作经营的林农的经营主体地位得到了清楚的确认，经营目标相对于集体统一经营模式来说就非常明确，即知道为谁生产、为何生产，有利于发挥合作林农从事林业生产的积极性。

在生产经营管理上，由于合作经营模式是各成员在民主、平等、互助互利基础上自愿组织起来的，便于形成合作成员民主参与，共同协商的管理氛围。此外，合作经营模式比较容易自发地推出能人，形成合作组织的核心领导，有利于合作成员团结协作，促进合作组织的经营管理效率的提高。在合作经营模式中，能人的作用是非常重要的，在某种程度上能人可以决定着合作经营组织的未来。

在资源配置与利用的效率上，合作经营模式产权明晰，经营主体地位明确，管理民主协商，权责明确，可以激发合作成员的生产积极性，极大地提高劳动效率，而且合作经营通过聚集各成员的劳动、林地、资金、社会资源、信息及技术等生产要素，可以在一定程度上实现速生丰产用材林的规模化经营。尤其是目前集体林区正在全面推行林权制度改革的进程中，存在数量众多的分散小林户，单独靠自己的力量无法应对竞争激烈的社会化大市场，而且林农确权到户的林地也相对破碎、分散，也无法满足林业生产的客观要求。但是，通过合作经营模式，既可以把数量众多的林农组织起来，提高市场竞争的能力，又可以满足速生丰产用材林适度规模化、集约化的经营，实现集体林区速生丰产用材林的可持续发展。

在现实的生产实践中，合作经营模式也逐渐得到广大林农的接受和认可。例如，福建省永安市的林地面积为382.5万亩，进行合作经营的林地面积就达到了75.3万亩，占总林地面积的19.7%。合作经营模式克服了家庭单户经营带来的规模小、管护成本高、经营风险大、管理水平低、信誉度低等局限性，提高了林业经营的综合效益，并在一定程度上实现了林业经营的可持续发展(谭智心、孔祥智，2009)。

综上所述，在林权制度改革的背景下，合作经营模式是我国发展速生丰产用材林的现实选择。

6.4 南方集体林区速丰林合作经营的理论分析

用需求供给理论可以很好地解释速生丰产用材林的合作经营模式。劳动力、林地、资金管理能力等生产要素是发展速生丰产用材林的主要生产要素，如果以速丰林为核心的林产工业某一环节缺乏某种生产要素时，就会通过有效途径获得，以满足对该生产要素的强烈需求。通常，这种生产要素可以从外部市场获得，但是相应地要为此付出一定的代价。但是，如果当该种生产要素无法从外部的要素市场获得时，或者是获得的成本自己无法承担时，这时速丰林的经营主体就完全有可能在互利互惠的基础上进行合作，通过这种合作经营的方式来获得生产经营所必需的生产要素，即“需求的自我供给”。图6-1对合作经营行为的产生给出了直观地显示。

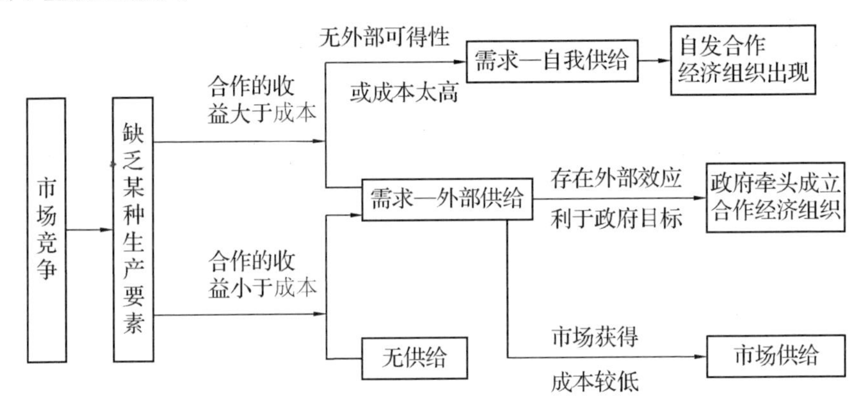

图6-1 速丰林合作经营的理论分析

Fig. 6-1 Cooperative theory analysis of fast-growing and high-yield timber

分散的林农通过自发地成立合作经营组织，来解决某种生产要素的缺乏，如对林业生产资金、专业技术等生产要素的缺乏。因此，林农对生产要素的“需求—自我供给”是自发性合作组织产生的必要条件。换句话来说，就是成立自发性的合作经营组织，一定存在着某种生产要素的“需求—自我供给”关系，当然前提条件是林农合作经营的收益要大于成本。这里所说的合作成本包括组织成本和机会成本。组织成本主要指成立组织需要的物质成本、管理成本等。组织成本在正式的股份合作林场中一般相对较高，但在势单力孤的林农之间成立的林业合作经营组织中相对较低。机会成本是指主体将精力投入合作经济组织的工作后被迫放弃的其他收益。这种成本在股份合作性质的林场中相对较低，相反在小农户成立的林业合作组织中相对较高。

如果林农合作的收益小于成本时，通常来说自发性合作经营组织是不会建立起来的。但是，如果缺乏的某种生产要素的供给具有正的外部效应，同时还能够满足政府工作目标时，政府就完全有可能牵头成立相应的林业合作经济组织。例如，政府牵头成立的提供技术和信息服务的速生丰产用材林协会、护林防火协会等。

6.5 南方集体林区速丰林合作经营的现实意义

合作经营是我国林权制度改革后，获得林权的数量众多、生产力量分散的广大林农为了维护自身的经济利益和社会地位，通过互助合作而组织起来的一种社会化经营模式。它可以有效地解决社会化的市场经济与小规模的单家独户经营之间的矛盾，实现速生丰产用材林造林、育林、营林、采伐、销售、流通等经营环节的有机衔接。

在南方集体林区全面推进林权制度改革的进程中，速生丰产用材林合作经营的意义重大，主要体现在以下几个方面：

第一，解决了林业市场规模化经营的客观要求与现实中单家独户分散经营普遍存在的矛盾。

林权制度改革以后，林地被分山到户、确权到户，一家一户少的只有几亩林地，多的也就十几亩林地。以家庭为主体的林业经营模式具有一定的局限性，主要体现为经营规模小而分散，经营效率低，生产成本高，产品竞争力水平不高，抵御市场风险的能力弱，同时，由于缺乏联合，林农始终处于弱势地位。加上林农对造林的认识程度不同，经营目标分散，造林资金短缺，劳动人员缺乏，不能有效地发挥林业生产的经营效益。这就从客观上要求将一家一户的林农重新组织起来，共同维护自身的经济利益和社会地位。通过合作经营模式，分散的林地得到统一经营，人员、生产工具、资金等生产要素得到聚集，使得造林的标准和成活率得到有效提高，实现了适度的林业规模化经营效益，降低了生产经营管理的成本，提高了应对市场变化的竞争能力，同时也有效地降低了森林火灾的发生几率。此外，合作经营模式使林农与市场的关系更加紧密，把林农生产的林产品和所需要的服务集聚起来，以规模化的方式进入市场，提高了林农在市场中的地位，扩大了林业生产和经营规模，提高了林农的组织化程度，实现了单户林农与市场的连接，是对集体林区林业经营体制的丰富、发展、完善和创新。

第二，解决了现实中林农林地流转的无奈选择与林农可能面临失去林地的矛盾。

林权制度改革以前，林地名义上属于国家集体所用，林木属于大家所有，但实际上存在经营主体严重缺位，形成了经营主体“真空”的现象。集体林地无人管，即使有人管也不能有效管理，乱砍滥伐现象严重，森林火灾频繁发生。林改以后，通过明晰产权，分山到户，确权到户，林农对山林的经营主体地位得到确认，成了山林真正的主人，林农可以对属于自己的林地拥有使用权和流转权。在现实中，由于林业经营需要一定的人员、资金和设备投入，对那些无力经营所分林地的林农来说，把所分林地流转出去就成为一种无奈的选择。

林农如果无奈地把林地流转出去，单纯地将林地有偿流转给了林业经营大户或林业企业，林农虽然在短期内可以获得一笔可观的收入，但是从此却丧失了长期赖以生存发展的生产资料，这对林农来说是非常不利的，也不利于林区和谐社会的发展和整个社会的共同富裕。但是，如果分散的林农组织起来，通过合作互助的经营模式进行林业生产，林农既避免了因无力经营所分林地而把林地流转出去的无奈选择，而且可以长期拥有赖以发展的生产资料，促进了林业发展和林区社会的和谐。

例如：三明永安市(县级市)小陶镇大陶口村家庭合作林场于2004年7月成立，林场共涉及12个村民小组，所有股东均为大陶口村村民，每个小组均持有一股。股东代表大会由村主任和12位村民小组长组成，组长代表小组成员行使股东权利。入股山林面积109.27hm^2，评估价为80万元。村民以评估后的山林入股，同时各股东按所持股权的20%追加现金入股，构成合作林场的周转资金。在经营管理上按照"有偿入股、共同管理、保障收益、获利分红"的原则，对所有入股山林实行保护和利用。在利益分配上，经股东会同意，分红比例为股利的40%，其余30%用于扩大再生产，30%作为其他项目支出。集体经营式家庭合作林场的产生机理以自愿、互利为前提，它与林改前的集体所有制林场有着本质区别(孔祥智等，2009)。

第三，推进林业产业化经营，促进现代速生丰产用材林产业链的形成。

合作经营模式在促进林农参与速生丰产用材林产业化经营方面，能够有效地解决"龙头企业+农户""协会+农户""专业市场+农户"等产业化模式所存在的分散林农缺少发言权、权益得不到充分保护等问题。林农通过自愿组合实行合作经营参与速生丰产用材林产业化经营，以"龙头企业+合作经营组织+农户"和"合作经营组织+农户"的新型模式，克服了以前家庭单户经营模式和集体统一经营模式存在的缺陷，有效提高了林农与龙头企业交易时的谈判地位，使林农最大限度地享受到林产品加工和销售环节的利润。保证了林业生产的质量，促进了林农收入的提高。分散的林农通过合作经营模式，积聚了速生丰产用材林发展的人员、资金、生产设备等生产要素，进行统一经营、统一管理，保证了速生丰产用材林的质量，实现了一定的规模效益，同时也促进了广大林农收入的提高。

第四，促进林区经济发展，促进林区社会和谐稳定。

合作经营模式是建立在分散的林农自觉、自愿、互利互助、平等、民主基础上的一种新型速生丰产用材林经营模式，合作经营组织成立的前提条件就是以林农为主体，充分尊重林农的自身需求和自身意愿，实行进出自由、民主管理、民主决策、风险共担、利益分享、规范运行，以增加林农的收入为出发点和落脚点，不是靠政府的行政包办。

林农之间的合作基础主要是劳动力、林地、林木等，而不单纯是资本，这一基本特征使得林业合作经营更加注重以人为本，注重公平和效率的统一，这就决定了这种新型林业合作经营模式在促进集体林区经济发展、社会和谐稳定方面具有不可替代的地位和作用，有利于促进构建林区和谐社会。参与合作经营的林农，不仅在经济上受益，而且有一种归属感，有利于提高林农的民主意识、合作意识、学习意识、监督意识、守法意识。在促进林区社会事业发展、改善乡风民俗、建立和睦邻里关系、形成文明的生活方式等方面将会发挥着越来越重要的作用。

第 7 章

林农合作组织的模式及作用

理论认为农业经营中以家庭为单位的个体经营与市场的社会化需求存在着根本的矛盾，是合作组织产生的根本性矛盾（张晓山，2003）。苑鹏（2001）把农业合作组织定义为处于市场弱势地位的小生产者，按平等的原则，在自愿互助的基础上组织起来，通过共同经营改善或实现自身利益的组织。国鲁来（2001）林农加入合作组织主要面临着交易成本和机会成本。通过成本收益分析，可以得出农民参与合作组织的根本动机是追求收益的最大化（罗必良）。现有研究关于林农合作组织的研究有限，本质上林农合作组织与农业和组织具有共同的特征，由于林业经营周期长、市场化程度低，导致了林农合作组织的复杂性。王登举（2006）对林农合作组织进行了分类，合作组织一般有专业协会和专业合作组织两类。孔祥智和陈丹梅（2008）从生产要素和外部性的角度解释林农合作组织形成的原因，得出经营收益大于经营成本是保证组织运行的前提。现有关于林农合作组织的研究缺少系统的分析林权制度改革后林农生产经营活动，找出改革带来的变化以及推动林业参与合作组织的动因。孔祥智的研究从成本和外部性对林农参与合作组织的行为进行了解释，并没有分析林农参与合作组织的决策过程、林农的参与对合作组织的影响和合作模式与组织运行有效性的关系。本章将通过因果关系图分析以上问题，对林农合作组织的运行做出定性分析。

林权制度改革后，集体林的经营模式发生了根本性的变化，林地有村集体经营转变为林农个体经营。林权制度改革的根本目的是激发农民对林地经营的积极性，同时面临丧失规模优势的风险。为了实现林权制度改革给林农产权激励作用，又能克服林地分散经营的规模效应丧失的弊端，林农合作组织是林权制度改革后一种重要的经营模式。这种经营模式适应了林地分散经营的特点，同时保证了林农在不失去获得持续的收入。

7.1 林权制度改革后林农生产经营方式比较

7.1.1 林权制度改革后林农生产经营活动分析

林权制度改革的重要任务是把林地分配给林户，保障林农享有对林地的所有权、经营权、收益权，从根本上打破了过去林地的集体经营模式。林农自主决定林业的生产经营活动，激发林农在生产经营过程中的积极性与创造性。图 7-1 描述了林权制度改革后林农生产经营的活动的相互关系，在该模型中包括了林农决策、森林资源、外部环境影响等因素。林农林地的生产积极性受到木材销售收入，林地经营获得的收入越高林农的积极性也越高。林农的收入受到木材价格、税费、采伐限额的影响。其中价格越高收入也越高，国内木材供需缺口较大，木材价格在未来很长一段时间内上升趋势明显。林权制度改革后，实行了一些的配套措施，在税费方面表现最为明显，江西和福建的税费只有原来的一半。采伐限额制度是对林业经营对大的限制，林农拥有了林地的经营权，但是林地的收益权

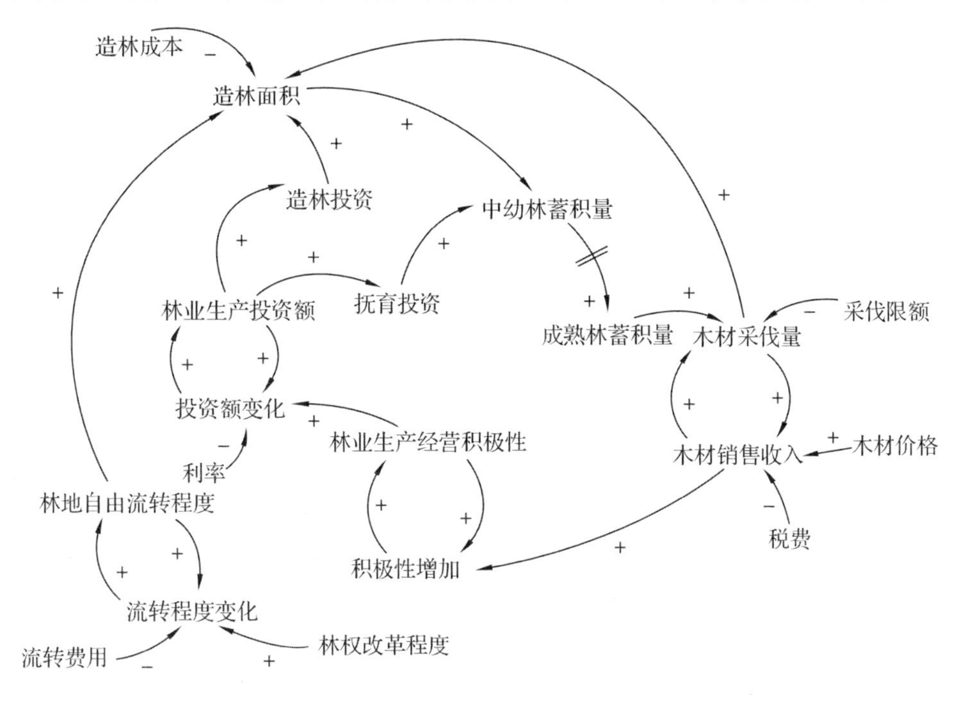

图 7-1 林权制度改革后林农生产经营因果关系图

Fig. 7-1 Cause and effect diagram of forest farmers' production and operation after Collective Forest Tenure Reform in China

只有当获得采伐批准后才能实现。在木材生产过程中，林农的投入是影响林地蓄积量的关键因素，决定着林地木材蓄积量最终将影响到可出售原木的数量。同时林农还可以通过木材流转的方式扩大或缩小经营规模。林权制度改革通过产权的方式激发林农生产经营的积极性，同时使林农在生产过程中面临着新的问题。林农个体经营林地使规模优势丧失，林权制度改革后林地由集体经营转为以家庭为单位的经营方式。在这种经营模式下，林地被分成小块由家庭经营，单个家庭很难实施对森林进行病虫害防治、森林防火等，也丧失了议价能力。林权制度改革带来的另一重要的影响是，在集体经营下的内部资源变成了具有外部性的资源。林道就是最典型的例子，在集体经营下林道的修建与维护由集体完成；林权制度改革后，部分林道成为公共物品缺乏有效地维护，有的林道被成为林农的自有财产。林农是林业种植和木材供给的主要力量。林权制度改革后，林农真正获得了林地的所有权，调动了林农对林地经营的积极性。通过对林农的入户调查发现林农对林地的管理和看护增加，造林投入并没有显著增加。

林权制度改革后，各地纷纷推进林农合作组织的发展，出现了多种多样的合作形式，如民营林场、合作社。合作组织是解决林权制度改革所以引起的规模问题与林农生产积极性问题的主要手段，因为在改革的初期阶段各方面的政策不完善，所以从整体上看林农合作组织处于发展初期，下面将从林农合作组织的经营过程分析，林农合作组织的优势及存在的问题。

7.1.2 林农合作组织运行模式分析

林农合作组织相对于林农最大的优势是兼顾了林农经营的积极性与规模优势。从图7-2中可以看出合作组织的规模优势可以表现在以下方面：①更高的市场议价能力，合作组织集合许多林农的林地，具有更多出售的资源。由于出售资源数量的增加减少了收购者的成本——输成本、议价成本，收购者愿意出更高的价钱与规模较大的出售者进行交易，通过对江西和福建的调查，每方木材可以高出50～100元。②抵御风险能力强，林农合作组织实现了林地资源由小农经营向规模化经营的转变，林地规模和资本的聚集实现了风险由个人承担转变为全体分担，这就降低了风险对单个林农的影响、提升了林农抵御风险的能力。林业经营中主要的风险由病虫害、自然灾害、火灾等，单个林农几乎无法抵御这些灾害，合作组织却可以利用群体的力量减少风险带来的损失。③获得采伐限额更加容易，在江西和福建实行对具有一定规模的合作组织采伐指标进行单列，合作组织就比林农更容易获得采伐指标，减少了资源变现的难度。④林农合作组织在金融机构融资更加容易，林农合作组织在资本存量、收入稳定性和抗风险能力都要优于单个林农，银行对合作组织进行借贷的风险远低于单个林农。表7-1列出了林权制度改革后林农经营 SWOT 分析的结果。

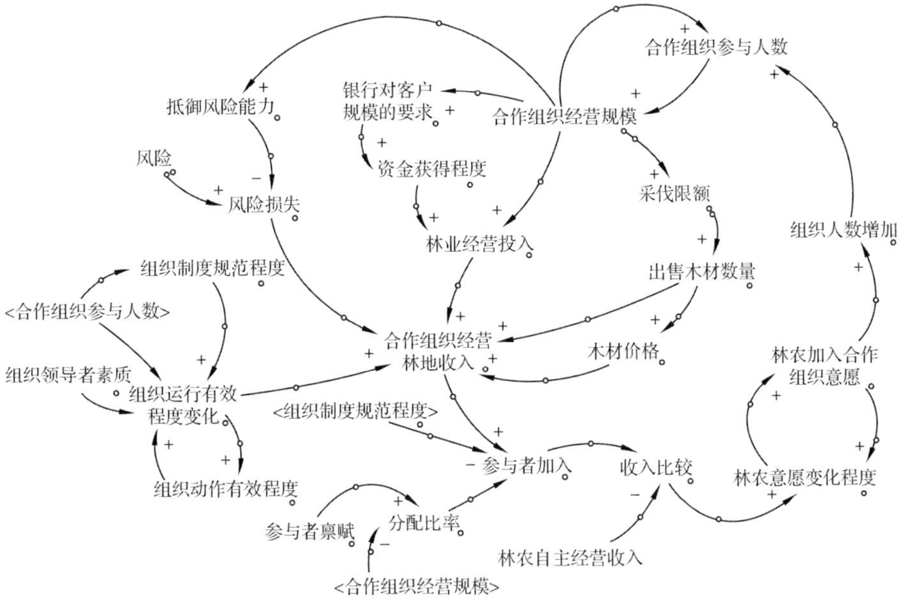

图 7-2 合作组织经营因果关系图

Fig. 7-2 Operating causal diagram of cooperatives

表 7-1 林权制度改革后林农经营 SWOT 分析

Tab. 7-1 SWOT analyses of forest farmers' operation after Collective Forest Tenure Reform in China

内部能力 / 外部因素	优势(Strength)	劣势(Weakness)
	经营灵活；利用家庭中的剩余劳动力；经营成本低廉	资金缺乏、筹集困难；抗风险能力差；缺乏技术、管理能力；收益缺乏连续性
机会(Oppotunities)	SO	WO
林权制度改革林农获得了林地的所有权经营权；林权制度改革后金融、林地流转政策完善；林权制度改革后政府对林业税费进行减免	调动林农对林地经营积极性；增加了林农的收益；实现了林地自由流转便于扩大规模、联合经营退出林业生产	林权抵押贷款为林农提供了小额资金支持；林业保险、林权流转、合作经营减轻了林农风险
风险(Threats)	ST	WT
林权制度改革后林地分散；林权该给后林业基础设施建设、使用矛盾增多；林业技术推广、病虫防治、森林防火更多由林农承担	林农对林地的经营缺乏规模；林农对基础设施的投资能力差；林农可以更灵活地选择技术、对防火、防盗投入更多精力	林权制度改革进一步显现出小农经营的缺陷；林地分散使机械设备的使用变得困难

林农合作组织的这些优势，从根本上实现了合作组织收入的增加。合作组织解决了林农个体经营中的外部性和规模不经济的问题，如果组织运行比较规范，

合作组织的收入远大于林农单个经营的总和。

林农合作组织能实现了规模优势和外部性转换为内部性，这都建立在一定的条件基础上的。首先，不管是外部性还是规模优势都需要合作组织具有一定的经营规模，即合作组织参与的成员必须达到一定的数量，聚集一定的资本。其次，合作组织必须有效运行，即确立合理的运行制度、收益分配制度和管理制度等。但这又是矛盾的两点，合作组织参与的人数越多，组织的规模也就越大，规模效应越强。同时，组织规模的扩张导致组织的管理变得更加困难。

从图7-2可以看出，组织的人数增加引起组织的规模变大，规模的扩张提升了获得采伐限额的能力进而提升了议价能力增加了收入；较大的组织规模降低了从银行获得资金的难度，增加了投入，增加了最终收入；规模的扩大提升了组织抵御风险的能力，减少了风险的损失，增加了收入。从另一方面看，合作组织规模的扩张需要吸纳更多的成员，成员人数的增加使组织制度的达成变得困难，组织的人数越多在经营目标、经营理念、经营方式、分配制度方面越难形成一致，最终的制度是多方面讨价还价的结果。制度中存在的问题和组织人数的增加必然会给组织运行效果一个负的影响，最后因为组织的无效性减少了组织的收入。

林农合作组织在克服林农个体经营的规模与外部性问题后产生了集体非理性和委托代理问题。合作组织运行状况，由合作经营产生的经营绩效与合作引起的效率内耗哪个作用更强决定。

7.2 合作模式、组织规模与组织效率关系

林农的合作并不是无条件的直接提升林业经营的效率，只有有效的合作形式才会保证合作不会产生集体非理性和委托代理问题。合作形式决定了组织的规模，每种特定的合作形式存在组织规模的上限，也就是林农合作组织的结构、管理水平决定了组织的规模，也最终影响着组织的效率。组织运行的好坏影响着组织成员的数量。所以，林农合作模式、组织规模和组织效率存在复杂辩证关系。

7.2.1 林农合作组织形成基本模式

林权制度改革导致单户经营模式不利于林地的经营和生产力的发展，林改后，自发或是政府的引导下出现了多种形式的林农合作组织，这些组织在合作的程度和方式不尽相同。

通过林农生产经营的因果关系图分析了林农在生产经营中所面临的问题，导致林农的单独经营并不能从根本上增加收入，这些问题产生了林农参加合作组织的动机。林农参与合作组织的形式有两种，一种是主动性的，一种是被动性的。

林农在生产经营中遇到困境无法通过个人力量解决，通过联合具有相同问题的其他林农利用共同的力量解决问题。被动合作模式是指具有较大经营规模的林农或企业吸纳在生产经营中遇到问题的林农的森林资源，实现合作经营。

主动型的合作上林农个体的一种自发行为，林农通过共同的力量来解决面临的经营困境。这种合作模式在林权制度改革后的很长一段时间将是合作的主要形式。该种方式形成的合作组织一般合作的程度不高，以针对某个具体的问题实行合作，例如：联合销售、病虫害防治、森林防火、林路修筑，参与采用互助的形式形成的一个非正式的组织。该种合作模式形成的组织一般规模较小、参与者具有较为亲密的关系、组织缺乏正规的规章制度和运行规范，参与者针对某个具体问题进行商议达成共识。这种组织模式在参与者人数较少、处理问题较简单的情况下是比较有效。在随着这种合作组织产生的效果对其他林农的吸引，合作组织的规模由扩大的趋势，所要处理的问题也变得更加复杂，参与者很难就某个问题达成共识，约束参与者的行为，使组织的效率下降。

被动型的合作是林农的林地资源被具有一定规模的经营者所吸纳，一般采取入股的形式。在被动型的合作组织中，林农的经营权逐步丧失，林农更多的是关注收益权和经营者的监督。该种模式存在一个强势的经营者和多个弱势主体，强势参与者一般称为带头人，负责生产经营的具体事务，获得收益后按事先约定的方式进行收益分配。该种合作模式的效率与强势参与者的经营能力有关，林农一般不参与具体的经营活动，即便参与只是具体事务的执行者。

两种合作模式有促进林地经营效率提升的作用，但是作用的发挥存在着一定的限制条件。主动型的合作组织更适合与林农的初级合作，被动型的合作组织适合于较为高级的合作。林农加入合作组织的决策过程说明了一个合作组织需要吸纳新成员实现规模优势和外部性内部化，同时也要保持适度规模实现组织的有效运行。主动型合作组织由村民自发形成，缺乏有效的规章制度和约束机制。在这种条件下，组织的规模较小，组织的成员具有更多的共同点，这些都有利于维持组织的稳定性和有效性。在被动型组织中，参与者参与林地经营的程度与组织规模成反比，参与程度越高说明组织中的主导者的势力越弱，主导者对其他成员约束能力越弱。所以，组织的规模与组织中主导者的势力和经营能力有关，能力越强组织容纳的资本数量也就越多。被动型组织发展的初级阶段的表现形式是林业种植大户与林农的合作，较高发展阶段的表现形式是种植类企业，显然种植大户在资金、技术、管理方面弱于企业，这样合作的规模也就较小。

本书认为林农合作组织形成的模式集中在主动型与被动型两种合作方式，在对合作模式界定时暗含着被动型的合作模式比主动型合作更具有效率的假设。这个假设来源于被动型合作组织具有更高的组织和管理效率，能较为有效的运行组织。组织的有效运行是保证效率的前提，主动型合作组织虽然参与者的积极性高，但是给管理带来了困难。这也导致了主动型合作组织规模不会太大，因为随着组织规模的扩张，合作的协调也变得更加困难，组织的效率也会下降，所以主动型合作组织的规模不会太大才能保证组织的有效性。

7.2.2 林农合作组织基本类型

林业合作社是一种较为普遍的合作组织，埃卡尔特和享尼森(1997)认为合作社的目标是实现参与者的经济利益，参与者希望从合作社及其共同经营中得到过去在单独经营中不能得到的好处，所以合作社是参与者寻求自身经济利益的结果。合作社是一种较为普遍的林农合作组织，在促进林业经济发展方面起到了积极的作用，提高林农的组织化程度，增强了适应市场的能力，为林农增收提供了条件。

林业行业协会是一种重要的林农合作组织，行业协会一般通过政府引导，民办、民管的方式形成，为林农提供种苗、技术、销售等方面的服务。林业协会可以因地制宜，在林业生产经营活动中实现集约化管理，提高生产效率。同时，林业协会是一种松散的合作组织，协会的约束力不强很难实现林地的规模化经营。

家庭合作林场，鼓励林农以亲属或是友情的基础上，发展家庭股份合作制的合作组织。一般林场由林农共同经营，或是委托他人经营，经营所得按照入股的比例进行分配，实现了林地较小的规模化经营。家庭合作林场克服了林农单独经营林地的弊端，提升了林地经营水平和生产效率，对增加林农收入起到了积极的作用。2004 年 11 月成立的虎山合作林场有限公司，以亲情和友情为纽带，采取自愿入股、规模经营、共担风险、共享利益的形式，林场参股林农由最初的 15 户增加到现在的 86 户，经营总面积扩大到 1.6 万亩。累计造林 4000 余亩，采伐木材 1 万余 m^3。

股份合作制林场，是以林农手中的林地和林权折价入股，具有实力的经营者代为经营，引导林农进行跨区域合作，林地的生产经营活动由股份合作林场负责，林农按入股份额获得收益。这种经营模式扩大了林场的规模，节省了经营成本，在保证林农不失地的前提下，增加了收入。如永安市从事森林经营的民营企业森发技贸有限公司吸纳今 300 户林农入股后，企业规模迅速扩张，已拥有森林经营面积 5.3 万余亩，年均实现合作林农收益 100 余万元，年均支付林农劳务工资 70 余万元。

“公司 + 基地 + 林户”的方式采取木材加工企业与林户(或股份合作林场)签订协议，以林场作为企业原材料生产基地，为企业提供所需的原材料。企业向林农提供资金和技术，帮助林农经营林场，企业按照合同约定的价格收购林农的木材或其他林副产品。永安市永林股份公司在生产经营中形成了四种不同的"公司+基地+林户"形式，极大地调动了林农的生产积极性：①林农向公司提供林地，公司负责林地的管理，在获得收益后按照林农30%，公司70%获得收益。②对于生长周期较短的树种，采取从造林当年起，按照地级的不同预支给林农部分收益，到主伐期，按照林农10%，企业90%的比例支付收益。③林农按照公司的需要进行造林，签订销售合同，公司每年给予林农一定的造林补助，收购林农的木材。④林农把林分转让给公司，公司根据收益情况根据地级每年支付给林农部分收益，林地主伐后按林农10%，企业90%的比例支付收益。

还有其他一些类型的合作方式或是多种合作方式并存的合作组织，这些合作组织是林农、公司和政府在林权制度改革的实践中形成的，适应了林业生产发展的一些需求，但很难从中找出共同特点。

7.2.3 合作组织形成模式与组织类型关系

合作组织的形成模式与组织类型有着密切的关系，同时又影响着组织的规模。

主动型的合作组织的形成是林农在林权制度改革后面临生产、经营的问题不能独自解决，通过自发形式组织起来的，这类模式形成的组织一般多采用林业协会、家庭合作林场、较初级的合作社的形式。组织的参与者一般是面临相同经营困境的林农和亲属。早期的参与者积极性较高，对于组织的作用期望较大，组织运行方式简单多是通过口头协商的方式达成一致。

被动型的合作组织的形成是林农在生产经营过程中被具有实力的大户或是林业公司通过入股的方式纳入组织中。这类模式形成的组织一般多采用股份合作制林场、"公司+基地+林户"、高级合作社的形式。组织参与者多希望得到专业化的力量指导实现更高的经济效益。这种类型的组织成员参与度不高、多是大户说了算，参与者按照合同分得收益，组织有明确的章程和管理机构。

林权制度改革后林农合作组织的类型有以下几种：林业行业协会、家庭合作林场、股份合作制林场、"公司+林户"等组织形式。从大的类型来看，林业行业协会、家庭合作林场、股份合作制林场属于合作社的类型，而"公司+林户"或是"公司+合作组织+林户"模式属于企业纵向一体化的模式。所以我们将以合作社作为分析的重点。

1995年合作社联盟会议上，把在资源联合和民主管理的原则下形成的、满足自身经济利益和社会需求的自治组织定义为合作社。在我国林农合作社规模有大有小，合作领域主要集中在林地的生产经营和与之相关的行业。同时又可以把合作社分为两大类：一种是实行组织门户开放、一人一票制、股份红利限制、惠顾者返还原则下的林农合作社；另一种是以资金、技术、劳动、林地等结合的股份制合作社。林业合作社按作用可分为：造林合作社、销售合作社、“三防”合作社。

“农户 + 公司”类型的联合体是林农超越了基本林业经营的范围和地域范围与相关企业联合、共同经营的模式。该种模式是为了适应市场化对林业经营的需要，是将林地的生产经营者组织起来开展专业化和规模化生产的重要形式。在发展过程中形成了不同的合作模式和利益分配模式，尤其是永安市永林股份公司在生产经营中形成了四种不同的方式。

7.2.4 林农林地经营困境与合作社功能的关系

林农合作社是现阶段数量最多的合作组织形式，不同合作程度和领域的林农合作社是林权制度改革后最主要的集体经营模式。这些林农合作社虽然形式各异，但有着共同一些特点。我们将从林农参与合作社的动机对合作社进行类型细分，然后分析合作社的组织形式、利益分配机制，最后，通过案例仿真的形式对合作社的特点进行说明。

林农怀着各种动机加入合作社，导致了现阶段既有林业专业协会(如销售协会、三防协会等)、也有家庭合作林场、股份合作制林场这样较高级别的合作形式。所以，林农的合作动机是决定合作社形式的主要影响因素。林权制度改革后，林农虽然得到了林地资源，但是在生产经营中面临着不少困境。就是这些困境激发了林农对参与的积极性。林农在生产经营中面临的困难越多，对于合作社的期望效用越大，越容易形成较为功能较多的合作社。

为了分析林农经营困境和合作社功能的关系，利用集合的方式来说明该问题(图7-3)。假设有林农的数量为 N，在生产经营中每个林农面临的困难集合为 $S_i = \{s_1, s_2 \cdots s_j; j = n_i\}$，每个林农都将会有 n_i 个困难，且 $n_i \geqslant 0$，比如说林农1的困难集合 S_1 = {森林防火，病虫害防治，林道修筑，销售}。这样面临相同困境的林农将会有合作动机形成合作社或是加入某一合作社，则合作社的基本功能为：$S = \bigcap_{i=1}^{N} S_i$，比如面临着森林防火、病虫害、防盗问题的林农便形成了以三防为主的林业协会，面临销售问题的林农组成了木材销售协会等类型的组

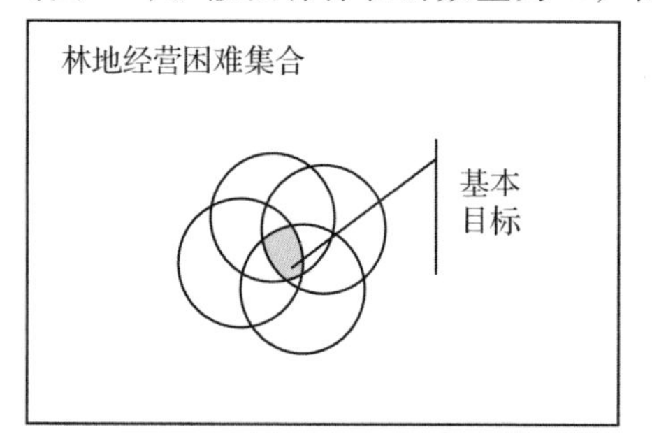

图7-3 林农合作功能与林农经营困境集合图
Fig. 7-3 Collection Figure of forest farmer function and their operating difficulties

织，通过合作组织聚集集体的力量实现困难的解决。由于每个林农面临的经营困难的不同，将会选择最符合自身要求的合作社或与自己有相同困难的林农结成合作组织。

7.2.5 合作社功能与林地经营权关系

林农因为在生产经营活动中面临着困难，导致各种功能的合作组织的产生。随着合作社的功能的增加，从林农向合作转移的权利也在不增大，最终导致经营权与所有权的分离。林农参与合作社的根本目的是通过集体的方式来解决生产经营中的困境，同时林农也必须对生产经营权利进行转移。林农在生产经营活动中面临的困境不外乎两种解决办法，一种是支付一定的成本购买，二是通过合作的方式解决。合作社的形成就是把外部交易转化成组织成本。不管是内部还是外部林农都要付出一定的成本，主要表现支出部分收益。林农加入合作社就必须转让经营权和部分收益权。

处于初级阶段的合作社如三防协会、销售组织等，只是解决了林农在经营中的局部问题，林农所转移的权利较少如部分林地的管理权、木材的销售权。随着合作内容的增多，林农所拥有的林地经营权林将逐步减少，组织的权利会增加，最终实现林地的经营权和所有权的分离，如家庭合作林场、股份制合作林场。林地产权和经营权的分离，可以实现林地的专业和规模化经营，增加林农收入有着积极的作用。随着权利的分离，合作社将会拥有更大的权力，需要从林农那里获得更多的维持组织运作的费用。如果林农外部交易成本大于组织内部成本时，产权和经营权将会实现分离；否则合作社很难维持。

7.3 林农合作组织的作用

为了适应林权制度改革后林地分散经营的现状，林农形成了多种形式的合作组织，对于促进林业发展、解决“三林”问题起到了积极的作用。合作组织是林业在分权以后走向规模化经营的重要手段，有利于实现森林资源的可持续经营。

7.3.1 规模优势

森林资源是一个复杂的系统，实现森林资源有效经营、生态环境可持续具有重要的意义。林农合作组织的能在林权制度改革后把分散的林地集中起来联合经营避免了林地分散经营中的资金、技术、销售困难等难题。合作组织的优势来源于规模，不同类型的合作组织拥有不同的规模，它们都在利用自身的规模实现着组织的价值。

林农合作组织的规模优势表现在以下方面：市场议价能力、林业基础设施建设、造林、病虫害防治、森林防火、政府补贴的获得和金融机构贷款。合作组织如果组织得当，一般能较好地发挥组织作用。现阶段林业组织处于发展的初级阶段，各种合作社和专业化协会占相当的数量，合作活动主要是针对林产品的市场销售、技术培训、造林、病虫害防治、森林防火，林农参与积极性比较高，多是一些林业销售合作组织，在江西和福建林农合作组织帮助销售，每方杉木可以多收入100~200元。

7.3.2 专业化经营

林地的有效经营要求较高的专业技术水平，才能实现林地的生态功能和经济价值。现阶段林业收入在很多地区不是农民的主要收入，林地的经营处于原始的自生状态，林地的经济价值没有完全发挥出来。很多林农在林地经营过程中缺乏资金、技术和经验，把林地作为财产存放起来。林农的传统经营方式很难有效发挥林地潜在的经济价值，增加林农的收入。

专业化是林业发展的必然趋势，合作组织是专业化的重要途径。合作组织的重要作用就是传播林业技术、利用自身的规模优势推广先进技术的使用。合作组织在专业化方面有以下优势：①专门的人员进行经营管理，合作组织可以通过集中林农的林地，由少数的专业人员负责林地的经营。②便于机械设备的使用，合作组织可以在造林和采伐中使用较大型的机械设备。③合作组织更容易掌握市场信息。林农很难较为全面的掌握政府的林业优惠政策、市场行情这类信息林，合作组织可以从多方面汇聚信息。专业化是林业未来发展的趋势，合作组织在保证了林农不失地的情况下，实现林业的专业化经营，为实现林业的科学发展创造了条件。

7.3.3 提升市场适应能力

以农户为单位的小农经济生产方式很难适应市场经济。林业不同于农业，周期长、风险大、关系生态和政治问题，林农的简单再生产活动很难满足市场对林产品的需求。首先，林农的议价能力弱，在林产品销售中处于被动地位，很难实现增产增收；其次，森林的非法采伐问题导致林农经营的林地很难得到国际认证，影响到了木材销售。合作组织在不同程度上实现了联户经营，把分散的森林资源、资金、技术集中起来，扩大了自身规模，提升了市场适应力。

7.3.4 为实现纵向一体化创造了条件

林农主要经营种植业，由于附加值低，所以很难实现收入的增加。现阶段很多林农合作组织在联合林农合作经营的基础上，向产业的下游扩张，发展初加工或深加工。合作组织既增加了林农的收入，同时解决了剩余劳动力的就业问题。我国的林农合作组织处于发展的初期，实力较弱很难实现产业的向后一体化。很多林农合作组织在联合林农的基础上与企业合作，实现了“农户＋合作组织＋公司”的合作模式。这种合作方式避免“农户＋公司”中农户的弱势地位，为企业提供了充足的原料。

7.3.5 增加了林农收入

林权制度改革的主要目的是激发林农经营林地的积极性，提升林地的经营效率，增加林农的收入，通过产权的激励实现林农的收入增加。林权制度改革后，我国对木材需求急剧增加，木材价格快速增长，增加了林农的收入。但林农的经营效率未发生根本性变化，很难保证林农收入的持续增加。林农合作组织是在改革后实现林业经营方式转变的重要方式，也是收入可持续增长的途径。合作组织的规模化、专业化优势在激发林农生产积极性的同时，实现了林业生产方式的根本性转变。

林农合作组织存在着巨大的发展潜力，对于提升我国林业产业的竞争力起到了重要的作用。林农合作组织效用的充分发挥对组织组织、人员、制度都有严格的要求。只有有效的合作才能实现组织作用的发挥，凡是不规范的组织形式很难起到合作带来的红利，甚至可能挫伤林农的参与合作的积极性。有效的合作组织模式需要政府、林农、市场各方面因素共同作用形成，估计在很长一段时间内我国的合作组织将处于快速发展阶段，会不断地出现合理的组织形式。

林权制度改革后，林农在生产过程中产生了短缺要素，无法实现自我供给，林农合作组织就在林农对短缺要素需求的驱动下形成了。林农对短缺要素的需求让林农自发的实现联合，形成了主动型的林农合作组织；林业经营大户或是企业为了扩大生产规模和经营范围，把众多的林农纳入自己的经营活动中，形成了被动型的林农合作组织。不同形成方式的林农合作组织决定了林农合作组织的规模效应和组织成本。现阶段形成的各种类型的林农合作组织大多数是主动形成的，被动形成的林农合作组织比较少。林农合作组织的功能与林农参与组织希望解决的问题是很相关的，林农面临的经营困难越多，对林农合作组织的功能要求也就会越多、组织程度也会越高。发展林农合作组织是实现林地规模化经营的重要手段，对于提高林农收入和加快市场化进程都有着非常积极的作用。

第 8 章

林农合作组织博弈分析

8.1　林农合作组织非合作博弈分析及现状分析

本章在对林农合作组织形成模式分析的基础上，对主动型和被动型林农合作组织的运行机制进行分析。通过建立主动型和被动型林农合作组织的博弈模型，分析主动型和被动型林农合作组织的机制特点及 Nash 均衡的状况，并通过模型分析惩罚机制对林农合作的影响及林农对合作组织的满意度，最后对林农合作组织的发展现状进行分析。

8.1.1　林农合作组织运行非合作博弈分析

林农合作组织是由追逐自身利益的林农组成的群体，合作组织只有满足了林农个体的需求才能维持组织的存在。在本章前面的分析的基础上，下面通过构建一个博弈模型来解释合作组织在运行中出现的问题。通过分析组织的形成模式和组织类型，可以发现在主动型组织和被动性组织代表着不同的合作程度。主动型合作组织因为林农在合作的过程中比较松散，而被动型合作组织一般合作程度较高，所以在构建合作组织模型时，本书把模型分为两类来建模(图 8-1)。

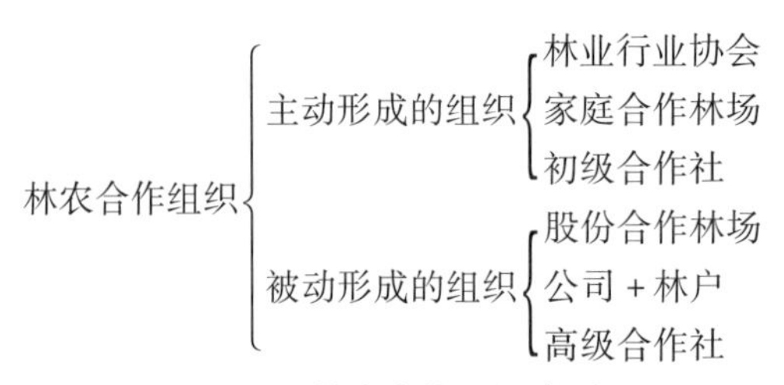

图 8-1　林农合作组织类型

Fig. 8-1　Type of forest farmer cooperatives

为了区分这两类合作组织情况，模型通过界定组织行为的运作方式实现对两种情况进行描述。其中被动型的组织一般是在组织中具有一个较为强势的中心

(一般为大户或是公司)，在模型中所有组织成员的资源统一支配，集中人财物的管理，然后统一分配。在主动型模型中，组织成员是通过约定好分配方式和在组织中承担义务，然后进行合作活动(图 8-2)。

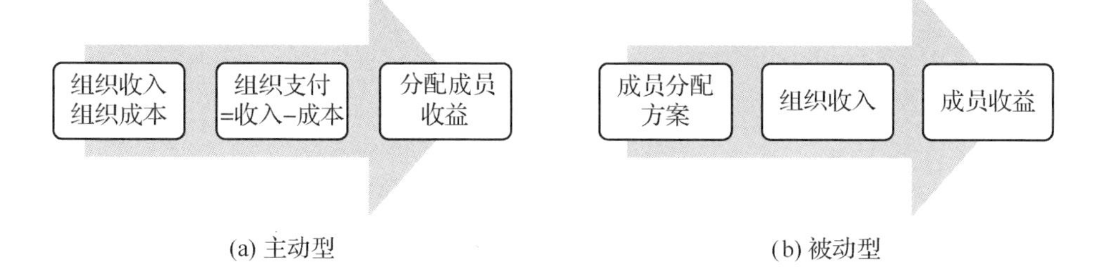

(a) 主动型　　(b) 被动型

图 8-2　合作组织模型流程图

Fig. 8-2　Model flow chart of cooperatives

通过这两个模型，我们将对本章前半部分关于组织规模和组织类型关系、林农合作组织效率问题、林农合作组织发展问题。通过比较两类模型，得出各类合作组织的存在的共同缺陷，以及怎样通过机制实现组织的有效运行。

8.1.1.1　被动型林农合作组织非合作博弈模型

设有 N 个林农参与的合作组织收益函数为：$TR = f(s_1, s_2, \cdots, s_N)$，其中 s_i 为第 i 个林农的投入(包括林地、资金、技术、劳动力等)。$TC = g(s_i)$ 为第 i 个林农的投入机会成本函数。a_i 为组织收益分配方案。

则组织收益函数为：

$$\pi = TR - TC = f(s_1, s_2, \cdots, s_N) - g\left(\sum_{i=1}^{N} s_i\right) \tag{8-1}$$

在被动型的合作组织里成员首先最大化组织的总收益，然后再进行分配，所以有：

$$\mathrm{Max} \quad f\left(\sum_{i=1}^{N} s_i\right) - g\left(\sum_{i=1}^{N} s_i\right) \Leftrightarrow \quad \mathrm{Max} \quad a_i\left[f\left(\sum_{i=1}^{N} s_i\right) - g\left(\sum_{i=1}^{N} s_i\right)\right] \tag{8-2}$$

式(8-2)说明组织在最大化收益的同时，也最大化了组织成员收益，组织的 Nash 就是 Pareto 最优情况。

最优化一阶条件：

$$\frac{\partial \pi}{\partial s_i} = f'(\cdot) - g'(\cdot) = 0 \tag{8-3}$$

可以得出最佳的林农投入 s_i^* 和组织收益 π^*。

8.1.1.2 主动型林农合作组织非合作博弈模型

主动型合作组织与被动型合作组织最大的不同在于行为方式，主动型合作组织的管理较为松散，组织的人财物由不同人员分散管理。

主动型合作组织收益函数：

$$\pi_i = a_i f\left(\sum_{i=1}^{N} s_i\right) - g(s_i) \tag{8-4}$$

最大化主动型合作组织收益：

$$\text{Max} \quad \pi_i = a_i f\left(\sum_{i=1}^{N} s_i\right) - g(s_i) \tag{8-5}$$

一阶条件：

$$\frac{\partial \pi_i}{\partial s_i} = a_i f'(\cdot) - g'(s_i) \tag{8-6}$$

可以得出最佳的林农投入$\bar{s}_i^*$ 和组织收益$\bar{\pi}^*$。

8.1.1.3 主、被动型模型 Nash 均衡比较

主动型和被动型合作组织模型分析了林农的投入情况和组织的总体收益情况，可以发现被动型组织形式具有较高的收益，主动型的组织效果较差。主动型合作组织合作效率低于被动型合作组织。主动型模型分析的结果在合作社和家庭合作林场中经常会出现。

表8-1说明了主动型合作的个人收益和组织总体收益都高于主动型合作组织。出现这种情况，主要是因为组织的成员特点和组织规章制度的特点。主动型合作组织是由面临相同经营问题的林农自发形成的，缺少强有力的领导核心，组织的规章制度的约束能力也较差。这样林农参与合作组织的积极性会将因合作组织给自身带来的微薄收益而减弱，最终导致很多类型的合作社、协会、家庭股份合作林场处于一种半歇业状态。被动型的林农合作组织，具有较高的林农收益和团队收益，主要是因为这类组织一般具有一个较强的领导核心，可以通过领导者的力量去约束参与者。但这并不代表被动型合作组织就优于主动型合作组织，在

表8-1 两种模式的合作组织收益状态

Tab. 8-1 Income status in two kind of mode of cooperatives

组织类型	主动型	被动型
均衡状态	Nash 均衡	Pareto 均衡
个人最优收益	低	高
合作组织总体收益	低	高

被动型合作组织中林农的参与积极性一般不会很高，因为组织的管理者是强势成员，普通林农却缺少话语权，很难实际的参与到组织的管理中。所以在这种类型的组织中容易出现强势组织成员利用自身在经营管理中掌握的信息优势，采取不利于其他组织成员的行为，出现“逆向选择”和“道德风险”问题。

因为现有合作组织经营中存在的问题，导致林农参与合作组织的积极性不高，很多合作组织经营都处于停顿状态。被动型合作组织虽然有优势明显，但是在组织中存在委托代理的问题，所以因地制宜地选择合适的合作组织和克服合作组织中存在的弊端成为合作组织发展的关键。林权制度改革后，林农对林地经营的积极性得以释放，同时小农经济的缺陷又阻碍了林农经济利益的实现。在未来很长一段时间内，要引导林农依据自愿互利的原则，组成各类合作社、行业协会、合作林场，发展主动型合作组织。在有条件的地方，形成被动型的合作组织。

8.1.1.4 主动型合作组织收益促进机制分析

因为主动型合作组织形成的 Nash 均衡不是最优的状况，林农参与组织的积极性不高，很难发挥出合作给林农带来的福利。在实地调研中，发现很多合作组织是通过建立较为严格的规章制度和监督机制来解决这个问题的。下面我们将借助一个博弈模型，来解释怎样的约束机制能促进组织的收益增加。

主动型林农合作组织出现的收益低问题，产生的根本原因是部分林农的消极合作。因为在没有集权的合作中，林农对自身收益的追求损害了组织的利益，即个体的理性与集体理性相冲突。林农存在一些小农思想，导致他们倾向于在组织中通过较少的付出，却可以获得较高的收益。这种现象也导致了组织内部的不信任，挫伤了林农参与合作组织的积极性。我们把这个复杂的问题简单化和一般化，利用对策博弈模型描述合作组织存在的这种问题。

从表 8-2 可以发现，(消极合作，消极合作)是组织成员的最佳策略，实现了 Nash 均衡(π^L，π^L)。如果这样的均衡存在，林农从合作中获得收益小于单独经营时，林农将会退出组织。如果林农从合作中获得收益大于单独经营时的收益，

表 8-2 主动型合作组织成员收益矩阵

Tab. 8-2 Income matrix of active cooperatives member

成员 2 \ 成员 1	积极合作	消极合作
积极合作	(π^H，π^H)	(π^S，π^M)
消极合作	(π^M，π^S)	(π^L，π^L)

注：其中 $\pi^M > \pi^H > \pi^L > \pi^S$。

但小于加入组织的预期收益时，此时林农合作的积极性不高，组织运行处于非有效状态。

为了鼓励组织中的成员积极参与组织合作，实现整体收益的最大化，应采取必要的措施，改变林农的收益状况。这些措施包括：①监督，通过监督实现组织成员做出不符合自身利益，但符合组织利益的行为。林农合作组织的监督大多是通过大家口头汇报的形式。②收入惩罚机制，在收入分配时对合作不积极地参与者进行收入惩罚，或是在合作前对不积极合作的行为做出可置信性威胁，迫使组织成员积极参与组织合作，实现组织收益的最大化。③明确分工，在较为简单的合作形式下，通过口头或书面形式，明确组织成员的工作内容和目标，考核组织成员完成工作目标的情况，并做出奖惩。

不管是何种形式，提升组织合作的关键都在于改变成员的收益状况，进而调整组织成员的行为。在模型中表现为成员收益的变化，通过收益实现预期的组织目标。所以，在模型中引入一个惩罚变量，对于不积极合作的参与者进行惩罚，改变收益结构。惩罚变量 P，应该满足 $\text{Max}(\pi^M - \pi^H，\pi^L - \pi^S)$，只有在这种情况下新的 Nash 均衡才能稳定在 Pareto 均衡状态下(表 8-3)。

表 8-3 有惩罚机制的主动型合作组织成员收益

Tab. 8-3 Income of active cooperatives members who have punishment mechanism

成员 2 \ 成员 1	积极合作	消极合作
积极合作	$(\pi^H，\pi^H)$	$(\pi^S + P，\pi^M - P)$
消极合作	$(\pi^S + P，\pi^M - P)$	$(\pi^L，\pi^L)$

现阶段处于林农合作组织发展的起步阶段，以合作社、行业协会、家庭合作林场等主动型合作组织为主。通过对江西省和福建省的林农合作组织进行调查，结果表明，这种类型的合作组织大多数都存在参与成员合作不积极的现象，组织成员也表示参与合作组织作用不明显。一般运行较好的组织都存在着一定的约束机制，如亲属关系，组织由亲属组成，利用家庭的力量参与组织的管理；面子约束，这类组织大多由熟人或是朋友组成，利用信誉来约束组织成员。这种约束方式虽然传统且不太稳固，但在合作组织发展的初期起到了不可替代的作用。

8.1.1.5 合作组织成员合作满意程度分析

合作组织的满意程度反映了林农对组织的认同感，较高的满意程度有利于组织的发展和规模的扩张。在调研的 14 个组织中，林农对组织的满意程度偏低，其中包含着多种原因。

林农对合作的满意程度主要受到以下三方面的影响：林农获得实际收入、组织合作的概率和收入占合作组织收入的比率。

设林农合作有两个策略 $s_i = \{s^L \quad s^H\}$，$i=1$，2，其中 S^L 代表低合作投入，S^H 代表高合作投入。

组织合作的概率为：

$$p = f(s_1, s_2) = \begin{cases} 0 & s_1 < s^L,\ s_2 < s^L \\ 0.5 & s^L \leqslant s_1 < s^H, s^L \leqslant s_2 < s^H \\ 1 & s_1 \geqslant s^H,\ s_1 \geqslant s^H \end{cases}$$

当组织不能完成目标时的概率为 $p=0$，当组织能完成目标时的概率为 $p=1$，两者之间的概率为 $p=0.5$。

合作组织中成员的满足程度定义为：$M_i = z(p, \pi_i, \gamma)$，其中 $\gamma_i = \frac{\pi_i}{\sum_{i=1}^{2}\pi_i}$即分配比率，且$\frac{\partial M_i}{\partial p}>0$，$\frac{\partial M_i}{\partial \pi_i}>0$，$\frac{\partial M_i}{\partial \gamma_i}>0$。

下面我们将分析两种均衡情况下的组织满意程度，在主动型合作组织的 Nash 均衡的状况是(s^L, s^L)，收益为(π^L, π^L)，则收益分配率，$\gamma_1 = \gamma_2 = 0.5$，$p=0$，满意度为 M^*。机制修正后的组织 Nash 均衡的状况是(s^H, s^H)，收益为(π^H, π^H)，则收益分配率 $\gamma_1 = \gamma_2 = 0.5$，$p=1$，满意度为 M^{**}。通过约束组织成员的行为能实现成员满意度的提高$(M^{**} > M^*)$。

同时通过满意度模型还可以发现调整收入分配比率实现，组织成员满意程度的提高。因为很多情况下合作组织成员的收入分配方案是在合作前既定的，导致了林农参与合作的积极性不高，如果实行部分组织收益按约定分配，部分组织收益按绩效分配，就有利于提升林农的合作满意度，促进组织合作。

8.1.2 林农合作组织的特征分析

林农合作组织在组织管理层面上与农业合作组织较为相似，但由于林业的特殊性，林农合作组织与普通的农业合作组织也存在着很大的差异。因为林业的生产周期长，林农合作组织面临着更高的经营风险。

8.1.2.1 林农合作组织的特点

林农合作组织的特殊性源于林业生产经营的特殊性，这种特殊性给林农合作组织的生产经营带来许多的不确定性。林业受到国家的严格管理，林农合作组织的发展处在由计划经济向市场经济过渡的阶段，因此林农合作组织受到政府的影响特别大。

林业的生产经营周期长，规模效应明显。大块集体林地分割为小块经营，这使林地的规模效应大大减弱了，林农在经营过程中很难单独完成林地的病虫害防治、防火和林道的修筑。而林农合作组织可以把林农的小片林地集中经营，形成规模优势，这种规模优势对林农具有很强的吸引力。在农业上虽然也具有较大的规模效应，但是长期以来的精耕细作，使得农民即使在规模较小的情况也能获得较高的收益。林业生产的周期长，即使是速生林也需要15年左右的时间才能成材，因此林农单独经营很难获得连续的收入，即林地采伐之后需要很长一个周期才能进行下一次采伐，收入的不连续性严重挫伤了林农的生产积极性。林农合作组织通过集中林农手中的小块林地，形成较大规模的林地，实现对成熟林的轮伐，为参与合作组织的林农提供较为稳定的收入，这与农业合作组织的情况是不同的。

林农合作组织的生产经营活动受到政府的严格管理。林业不仅为经济发展提供木材，同时还具有公共物品的性质，政府对林地有着严格的管理制度。首先木材的采伐受到严格的控制，林农合作组织必须申请采伐限额才能进行林木的砍伐，并且森林保护政策的实施使得限额的数量越来越少。其次，林农合作组织在造林和采伐过程中受到监督，使得在本属于市场调节的经济活动中，过多的受到了政府的行政干预，这些情况在农业合作组织中却不存在，农业合作组织中的农民是可以按照市场的规律参与竞争的。

8.1.2.2 林农合作组织的特点对组织的影响

林业的特殊性，使林农合作组织比农业合作组织在生产经营中面临着更多的困难，因此林农合作组织的发展受到了更大的限制。林业较长的生产周期使林农合作组织产生许多新的特点。因为林业的生产周期性长，林农从经营林业上获得的收入往往都不是他们的主要收入，所以林农参与合作组织只是希望通过合作来减轻自身的生产负担，并为获得其他收入节省时间和精力。因此，大多数林农合作组织都是松散和缺乏有效约束力的。林业较长的生产周期使林农合作组织的效果很难显现出来，参与组织的林农“搭便车”的动机变得愈发强烈，致使组织的内耗现象比农业合作组织严重得多，进而使得组织的整体绩效非常低。

在政府的过多干预下，林农合作组织既是参与市场的经济组织，又是公共物品的提供者，这种双重身份影响到了林农合作组织的收益。林农合作组织的生产经营活动必须在市场和政府的双重干预下完成，无法按照市场规律及林木的生长规律实现组织收益的最大化，因此只能在政府、市场和自然规律的约束下实现次优的收益。林农合作组织的收益无法满足林农的需要，极大地降低了林农加入合作组织的积极性，也限制了组织的发展和组织规模效应的发挥，使林农合作组织很难在较优的规模下进行生产和经营。

林农合作组织的特殊性是由林业的特点和政府对林业管理的特殊性共同决定

的。在组织的生产和经营上，林农合作组织与农业合作组织有着许多的相似性，但在组织的发展过程中，林农合作组织遇到的障碍却要远多于农业合作组织，组织发展的成熟度更是远低于农业合作组织。

8.1.3 林农合作组织的运行现状

2003年林权制度改革以来，林权的分配工作稳步进行，改革带来的效果也逐渐显现出来。林农合作组织作为改革的一项重要措施，地方政府开展了积极的尝试，各种类型的合作组织快速兴起。下面对江西省和福建省调研的14家林农合作组织的基本情况进行总结。

8.1.3.1 林农合作组织基本制度

合作组织的形成一般是由农户自发或是能人主导型(或自下而上)和部门引导(或自上而下)形成。在组织的运行中一般会设立相应的机构。协会类的合作组织的运行机构包括管理机构和执行机构两个部分。股份合作林场类型的运行机构主要分为股东代表大会、理事会或董事会和监事会，股东较多的设立股东代表大会，股东较少的则设立股东大会，由少数的全体股东组成。在决策方面，一般实行“一人一票”制的表决方式。大部分林农合作组织的决策机制受到以下三方面的影响。首先，当前农村资本作为稀缺的生产要素，边际生产率较高，使得“一人一票”在实际运作中往往让位于“一股一票”。其次，能人的影响力和判断力往往影响林农合作组织的决策效率。例如丰林村毛竹专业合作社在组织结构与管理方面，制定了自己的章程，但在经营管理过程中较少按照章程中的规定进行运作，合作社的日常管理活动主要由发起人负责。最后，在许多林农合作组织中也存在着由于成员民主意识不强或自动放弃自己的表决权等原因，从而导致组织的民主决策机制落空。

利益的分配会根据组织的形式不同而不同。①股份合作林场采取按股分红或按比例分成。如星桥股份合作林场的村民股执行“成员均股均利”机制。林场预提11%作为造林基金，剩余部分按股份分红，林地股和村民股则按照40%和60%分配。林地股归村民委会所有，主要用于村里的公益事业和部分造林、管护费(防治病虫害等费用)、评估费用等；村民股由持股村民等额分红，董事会每年从林场收入预留款中提取7%作为奖励基金。②林农协会不存在分红或分利的问题，因为没有营业利润，对林农无太多要求，也无太多责任。一般情况下，组织经济实力较弱，活动经费主要依靠当地政府或职能部门的有限资助和向林农收取会费。入会林农只要缴纳少量会费和遵守章程就可享受协会提供的服务，导致组织中遇到的最大问题在于日常运作经费短缺。③正式工商注册登记的专业合作社，主要包括二次返利和按交易额返利两种。例如有的合作社首先从盈利中提取

15%的公积金和15%的公益金，用于扩大再生产、培训以及弥补亏损等。剩余的70%，先按民间借贷利息支付资金入股分红；然后按成员与合作社交易额进行二次返利。而有的合作社则采取按交易额返利的分配机制。

因为林农合作组织的盈利性较差，成立之初主要依靠热情和政府推进可以行使组织功能。随着林业产业的发展，市场化程度提高，社会化服务体系逐渐健全，林农合作组织名义上的健全的组织结构因为缺少实际的工作而虚设，甚至长年没有换届更新、没有召开会议。合作社的管理相对规范，但也没有形成企业化的组织形式，有的合作社尽管有章程，但是在实际的操作过程中，合作社的章程根本不起作用。而有的合作社在管理上存在权利过分集中的问题，没有充分发挥社员的民主权利。

8.1.3.2 林农合作组织发展状况

本书主要采用"是否参加合作社组织的技术培训以及参加的次数、是否愿意向合作社增加投资、每年参加成员大会的次数"三个指标衡量社员是否积极参与林业活动。

组织培训是合作组织的基本职能之一。而社员是否愿意参加培训则是决定培训成败的重要因素。能福营造林合作社的大部分社员积极参与合作社组织的培训。通过调研江西、福建的14个合作组织，其中61%社员参加过1次培训，27%社员参加过2次及以上培训，而仅有12%社员不了解合作社有无组织过培训。合作社组织社员参与相关培训的工作比较细致，且大部分社员能享受到合作社组织的培训。在参加合作组织会议积极性方面，26个受访者中，有5人参加过2次，8人参加过1次，两者合计占调查样本的50%。另外有9人没参加过，原因是他们不是合作社代表。还有4人不清楚，原因是他们从事非农行业为主，从未关心合作社开会与否。在关于是否增加投资的问题上，42%的林农不会向合作社投资；27%的林农不确定是否要合作社投资，主要原因是对合作社发展的前景不明确，担心风险，比较谨慎；31%的林农表示愿意向合作社投资，23%的林农社投资额明确，8%要根据自身的经济情况而定。

8.1.3.3 现阶段林农合作组织面临的问题

林农合作组织在现阶段面临着不少的问题与困难，需要政府制定相应的政策进行引导。①融资难度较大。国有商业银行普遍注重为大型工商企业融资，对林农合作组织这种新生事物的接受程度不足。农业发展银行则倾向于对大中型农业建设融资，并且融资门槛高，要求一次性融资额度必须在300万元以上，而目前大多数林农合作组织虽然经常出现季节性资金缺口，但缺口远不到300万元，因此难以达到农业发展银行的要求。②林农合作组织发展处于初级阶段。林农合作组织在发展的过程中需要自己不断地摸索，难免会走许多的弯路，给合作组织的发展造成障碍。此外，总体发展阶段不高也会导致政府相应扶持政策的低水平化，也给合作组织的发展造成不利的影响。③政策缺乏针对性。由于目前政府对林农合作组织的扶持主要是基于组织总体发展的状况，因此对于具体合作组织在发展过程中亟须解决的问题并不是很了解，也没有给出相应的扶持政策。例如，两家竹笋专业合作社想进入大型超市，这会极大提高他们品牌的知名度和产品的销量，但这需要近五十万的入场费，目前合作社无法承受，如果政府能对这个问题给出相应的扶持政策，将会很大促进合作组织的发展。④缺乏人才。林业发达的地区一般地理位置偏僻，交通不便，生活条件差，同时合作组织规模较小，员工工资不高，因此林农合作组织在发展的过程中难以吸引到优秀的人才，造成了合作组织人才的缺乏。⑤管理机制不健全。虽然林农合作组织经过几年时间的发展，积累了一些经验，但是由于没有现成的经验可以借鉴，再加上合作组织的经营管理人员对组织的内部管理机制并不熟悉，管理素质不高，从而导致了合作组织的内部管理机制不够规范。

8.1.3.4 制约林农合作组织发展的因素

尽管林农合作组织在提高经济效益、生态效益、社会效益和提高主体意识等方面都存在着优势，但就其目前的发展而言仍然存在着一些问题。虽然各个村的具体情况略有不同，但存在的基本问题是相似的。①基础设施薄弱。在调研中，林农均表示山林中林道建设不够，林木运输成本较高，深山中的林木运输及其困难，许多林木甚至无法销售。而林道建设的费用很高，林农无法独立承担，而且林道一般情况下是大家一起使用的，因此需要以集体的方式修建。虽然部分村利用林场剩余资金修建林道，但仅满足了一小部分山林的采伐需求，大面积的山林仍然面临着采伐成本过高而无法销售的困境。林区基础设施建设薄弱。很多山林没有修通林道，公路距离远，仍面临林木运输困难的问题。因资金缺乏及林山坡度大等自然原因，林区道理建设难度大，林农无力自身建设林道，有赖于相关政府部门资金和政策的扶持。②税费过高。林农认为林业税费仍然太高，生态公益林砍伐少，影响林农收入。林农普遍认为林业费用的额度太高，农业税等税费都进行了减免，但林业税也没有相应降低。林农希望林业费用可以进一步降低。另外生态公益是由农户管理的，却限制农户从中受益，且生态补偿的额度很小。③林农的参与程度仍然较低。合作组织在尊重林农的主体地位，维护林农对林场管理的参与权，知情权，进而切实保障林农的林木经营权等方面，林业合作社(林场)还有待加强。④缺少合适的领导者。很多情况下合作组织由农村精英即带头人发起成立，而在许多其他村庄则缺少这样的带头人来发起组织成立林农合作组织，这样的带头人通常需要有联系资源的能力和一定的威望。⑤管理松散。林农合作组织的目前组织结构较为松散，管理者的专业水平低，制约了林农合作组织的长远发展。从机构设置来说，多数林农合作组织不具有监事会而只有理事会，而有的林农合作组织虽然具有监事会但如同虚设。⑥妇女在林农合作组织中发挥的作用不明显。通过对妇女组的访谈从妇女的视角了解到，双龙村妇女地位仍处于较低水平。在文化水平、信息知晓度(政策、市场)、家庭决策权、参与公共事务的积极性等方面，妇女表现出明显的弱势地位；妇女对于林农理事会相对满意，但也认为其自身发挥的作用并不明显，主要表现在乱砍滥伐的管理和砍伐指标分配方面。

从林农合作组织外部来看，其发展也面临着政策、市场等方面的挑战。在政策方面，目前林农合作组织的发展缺乏针对其发展相应的法律保障、管理规范和专门管理机构的支持、资金支持，政府的扶持力度不足等。而在市场方面，林农合作组织则面临着力量相对脆弱，抵抗风险的能力差，合作社林木加工厂受市场价格波动影响大、市场竞争激烈对合作组织的经济实力要求较高等各个方面的挑战。

8.2 林农合作组织合作联盟博弈及多主体仿真分析

林农合作组织类似于一个开放式的合作联盟，这个联盟由政府部门协作林农推动或是由林农自发成立，组织成立后一般会对某地区的林农开放，然后林农会根据自己的意愿决定是否参与合作组织。由于目前我国的林农合作组织正处于初级发展阶段，林农自发组织成立联盟的意识还比较薄弱，一般而言一个地区的林农合作组织成立后，林农只会选择加入或不加入该组织，而很少出现林农由于对现有联盟的不满意而另行自发组织其他联盟的对抗或威胁议价行为，所以本书认为现阶段对于林农合作组织成立的可能性和稳定性的分析，合作博弈中类似于“核”的占优解概念并不适合。林农加入合作组织的行为更类似于开放式的单联盟博弈，即存在一个官方的正式缔约联盟，这个联盟对所有成员开放，同时联盟对于联盟外的成员还存在外部性影响，联盟外的成员可以根据自己的成本收益分析决定是否加入联盟，通过成员与联盟之间的博弈最终形成联盟的最优规模(可能为零、可能为部分成员、也可能包括全体成员)。由于特征的相似性，本章以开放式的单联盟博弈为基础，以此探讨林农加入合作组织的博弈行为，以及林农合作组织成立的可能性和最优规模情况。

8.2.1 林农加入合作组织的主体分析

现有研究表明林农加入合作组织的根本动机是更好地实现自身利益，林权制度改革后，林农可以更灵活地选择经营方式，实现自身收益的最大化。林农参与合作组织的过程与合作组织吸纳新成员具有相同的过程，林农根据自己的情况判断是否需要加入合作组织。林农判断加入合作组织的标准是收入，即林农加入合作组织是否带来收入的增加。林农在组织中的收益与分配比率、组织的规范程度和组织的整体收益有关。分配比率与林农拥有林地的数量、资金投入量、劳动力投入量有关，在分配时这个指标比较客观。组织规范程度中的分配制度是否合理决定成员的收益，有效的分配制度要以效率为前提兼顾公平。另一关键因素就是组织的收益，前面的分析中强调了合作组织本身具有提高生产效率的优势，然而，这种优势只有当组织有效运行时才会实现，否则组织的产出要小于或等于林农产出的加总。如果组织无效率或是低效率的运行必将减少林农的可分配收益。林农估计或观察加入合作组织可获得的收益与自己经营林地获得收益进行比较，如果加入合作组织获得收益较大，就会促进林农加入合作组织，反之引起组织成员退出组织。

林农加入合作组织受到宏观和微观多种因素的影响。其中，宏观环境包括市场因素、自然因素、政府的政策和金融机构；微观因素包括林农自身的经营行为和合作组织对林农的吸引作用。林权制度改革实现了林农对林地的所有权、经营权和收益权，林农可以自行决策，进行投资、林地抚育、申请采伐和退出经营。改革后，林农在面对宏观环境上并不占有优势，林农市场适应能力弱、抗拒自然能力不足、得不到政府和金融机构的支持，这些都在一定程度上限制了林农经营林地的积极性。各种类型的合作组织可以弥补林农在改革后的这些缺陷，增加林农收入(图8-3)。

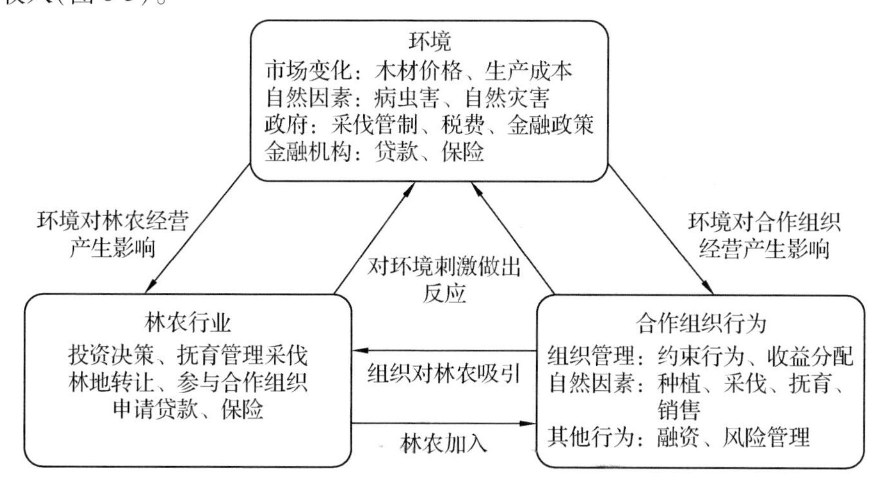

图 8-3 林农加入合作组织决策过程图

Fig. 8-3 Decision – making process diagram of forest farmers joining cooperatives

8.2.1.1 博弈模型设定

设某地区有 n 个林农。不同的林农占有的林地资源可能会有所差异，这对于他们决定是否加入林农合作组织，以及在组织中获得的分配份额是有影响的，因此设 n 个林农的初始林地资源禀赋为：y_1，y_2，…，y_n。y_1，y_2，…，y_n之间可以相等，也可以不等，其分布取决于各个地区的林地资源的分布和分配情况。

假设该地区的联盟结构为：$\beta=\{k,\ 1_{n-k}\}$。其中，k 表示有 k 个林农组成了一个合作联盟(林农合作组织)，$1_{n-k}\equiv\underbrace{1,\ \cdots,\ 1}_{n-k个}$表示其余 $n-k$ 个林农各自组成的只有他一个人的联盟(即不参与合作组织，独自经营)。在联盟结构为 $\beta=\{k,\ 1_{n-k}\}$情况下，设林农合作组织创造的总收益为：$V(k,\ \beta)$；对于林农合作组织中的林农 i，其获得的收益为：$V_i(k,\ \beta)=x_iV(k,\ \beta)$，其中，$x_i$表示林农组织在获得的总收入中分配给林农 i 的分配份额，x_i的取值与组织的分配规则有关，如有些组织可能会按组织中的人数平均分配，有些组织可能会按入股份额或是加入的林地要素份额进行分配，还有些组织可能会根据林农创造的边际贡献率分配等，x_i取值的不同会影响到林农加入林农合作组织后获得的实际收益情况，对其决定是否加入该组织具有重要影响。对于该地区不参与合作组织的林农 j，假设合作组织成立后其获得的收益为：$V_j(1,\ \beta)$，这个收益特指在建立了规模为 k 的林农组织后的收益，由于考虑到林农合作组织对于不参与组织的林农具有外部性影响，所以这个收益不一定等于在没有合作组织之时的林农 j 的初始收益，而应是初始收益和组织对他的外部性影响之和。

在没有成立林农合作组织之前，设该地区的初始联盟结构为：$\beta_0=\{1_n\}$，其中，$1_n\equiv\underbrace{1,\ \cdots,\ 1}_{n个}$表示每个人都是自己对自己的联盟。在这种联盟结构下(没有林农合作组织的初始状态)，林农 i 的初始收益设为：$V_i(1,\ \beta_0)$。

8.2.1.2 函数分析

第一，规模效益函数分析。

对于林地经营，多数研究认为，平均分包到户的个体经营方式并不适应林业生产长周期、高投入、重管护的特点和林业适宜连片经营、规模作业、限量采伐的要求；同时，个体林农的经营规模太小，限制了劳动生产率、商品率的提高以及资本投入；在市场交易中个体经营的林农经营行为过于分散，缺乏共同协调，降低了林农在市场交易中的议价能力，造成了林农在市场中的相对弱势地位。所以，小规模的个体林地经营方式在大市场中的经营效率是很低的，需要成立一个合作组织以解决小林户与大市场、林地碎化与规模经营之间的矛盾，以此提高林地的经营效率。林农合作组织的成立会带来巨大的规模效益，如：统一的管理可以对组织的林地资源制定实现持续性的森林发展规划，使林地的长期经营获得最大化的利润；组织能够整合资金修建山林运输道路等生产与流通的基础设施，统一对林地采取喷药、防火预防措施等，以相对较低的成本来进行大规模的资本投入和进行日常林地维护，同时组织还有条件定期对林农进行专业培训、通过示范推广林业技术，这些举措会极大地节约林产品的生产成本，在交易后给林农带来更大的经济收益；此外，合作组织的成立还可以极大地节约交易成本，组织的规模经营和品牌效应可以提升林农在市场交易中议价的主动权，同时在项目获取、采伐指标分配、免税优惠上获得很大的便利等。巨大的规模经营效益是林农合作组织成立的基础，如果组织成立没有产生更多的效益，林农就不会有成立组织的意愿。

规模效益与林地资源要素的参与量有关，一般而言，加入的林地资源要素越多，能够统一经营管理和进行市场交易的范围也就越大，由此产生的规模效益也就越大。因此，把规模效益函数假设为加入的林地资源要素量的函数，设为：$F(Y_k)$，其中，$Y_k \equiv \sum_{i=1}^{k} y_i$表示规模为$k$的林农合作组织加入的林地要素总量，并且规模效益随着参与的要素的增加而增加，即$F'(Y_k)>0$。按照合作博弈的逻辑，林农合作组织成立后获得的规模效益应该大于加入组织的林农的初始收益之和，否则就没有成立合作组织的必要，所以规模效益应具有超可加性，即$F(Y_k) > \sum_{i=1}^{k} V_i(1, \beta_0)$。

第二，组织成本函数分析。

依据新制度经济学的企业理论，企业代替市场运作是因为可以节约市场交易费用，但同时企业的成立会出现组织成本，节约的交易费用与递增的组织成本达到一个边际的平衡，由此也就确定了企业的最优规模。对于林农合作组织而言，同样也会存在组织成本，例如支付给日常管理合作组织的管理人员的工资，组织工作环境基础设施建设的投入，林地经营决策需要组织和协调各参与方达成一致决议所需耗费的协调和组织费用，还有对入伙林地的产权区分、利益分配时解决纠纷的花费等。所以，林农合作组织也不是规模越大越好，这也要受到组织成本增加的制约。假设组织成本也是加入的林地资源要素量的函数，设为：$C(Y_k)$。加入组织的林地资源要素规模越大，所需花费的组织成本也越大，所以组织成本也是林地资源要素量的单调增函数，即$C'(Y_k)>0$。

林农合作组织运营获得的最终总收益函数等于组织产生的规模效益减去支付的组织成本，即$V(k, \beta)=F(Y_k)-C(Y_k)$。由于$\frac{dV(k, \beta)}{dY_k}=F'(Y_k)-C'(Y_k)$，所以每单位林地资源要素加入林农组织不一定会带来组织收益的增加，主要取决于这种要素加入后给组织带来的边际规模效益和边际组织成本的大小关系，如果新的林地要素加入组织带来的规模效益大于增加的组织成本，则新成员新要素的加入会增大组织的总收益，合作组织扩大规模会产生规模经济；反之，如果新加入的林地要素的规模效益小于增加的组织成本，则组织扩大规模反而会使总收益减少，出现规模不经济的情形。当新要素带来的边际规模效益等于边际组织成本时，林农合作组织也就达到了合理的最大规模。

把合作组织产生的总收益乘上分配给组织中的林农的分配份额，得到参与组织的林农 i 的收益函数：$V_i(k, \beta) = x_i V(k, \beta) = x_i[F(Y_k) - C(Y_k)]$。当合作组织没有成立之前，每个农民单独经营，没有组织成本，所以林农 i 的初始收益为：$V_i(1, \beta_0) = F(y_i)$。

第三，外部性函数分析。

林农合作组织对于非林农合作组织的成员是具有外部性影响的，如在对安徽省的林农进行调查时，有些非合作组织的林农虽然认可合作社经营的优势，如对森林防火的好处、合作社的示范作用、技术推广作用、在获取项目和木材销售上存在议价优势。但同时他们也认为，合作社的大部分优势或好处不加入组织也可通过"免费搭车"获取，如技术不加入合作社也可模仿学习、防火可以"辐射"、林木运输道路修好后也可借用、木材交易可以"顺便"让合作社代理等。所以，林农合作组织对于组织外的"邻近"林农是存在正外部性的，这种正外部性的大小影响着林农加入组织的积极性。

一般而言，林农组织的规模越大，运转就越成熟，非组织的林农从其中获得的"甜头"也会越多，而且获得的这种外部性"甜头"并不会影响到林农组织的内部收益，所以非组织的林农的这种"搭车行为"是一种正交的免费搭车行为(即联盟的收益不会由于外部性的存在而漏出)。为此，设林农组织的外部性影响为组织规模的函数：$W(Y_k)$，并且$W'(Y_k) > 0$，$W(Y_k)$对 $V(k, \beta)$没有影响。

8.2.2 林农加入组织的博弈分析

林农与合作组织是博弈的两个参与主体，他们之间的博弈是一个动态博弈。合作组织在这个博弈中是先行动者(以下简称原合作组织)，它能够操作的行为是选择一个收益分配份额以对林农发出邀请，行动空间是$\{x_i | 0 \leqslant x_i \leqslant 1\}$；林农是后行动者，在面对一个开放式的林农合作组织条件下，林农可以选择加入或不加入该组织，其行动空间是{加入、不加入}。

支付函数可以依据前边的模型设定算出，在现在的联盟结构为 $\beta = \{k, 1_{n-k}\}$条件下，林农合作组织的规模为 k，原合作组织获得的总收益是：$V(k, \beta) = F(Y_k) - C(Y_k)$；处于组织外的林农 j 获得组织的外部性影响为$W(Y_k)$，其保留收益(或称为机会成本)为外部性影响加上初始收益之和：$V_j(1, \beta) = W(Y_k) + V_j(1, \beta_0) = W(Y_k) + F(y_j)$。如果林农 j 加入原合作组织，则该地区的联盟结构变为$\beta'=\{k+1, 1_{n-k-1}\}$，组织规模扩大为$k+1$个(以下简称后合作组织)，合作组织由于新成员的新要素加入，规模效益会增加，同时也会增加组织成本，后合作组织的总收益为：$V(k+1, \beta')=F(Y_{k+1})-C(Y_{k+1})$；原合作组织的策略是规定新加入的林农$j$的分配份额是$x_j$，此策略下林农$j$加入合作组织后获得的实际收益是：$V_j(k+1, \beta')=x_j[F(Y_{k+1})-C(Y_{k+1})]$，原合作组织内获得的总收益是：$(1-x_j)[F(Y_{k+1})-C(Y_{k+1})]$。

以博弈树描述此博弈如图8-4。

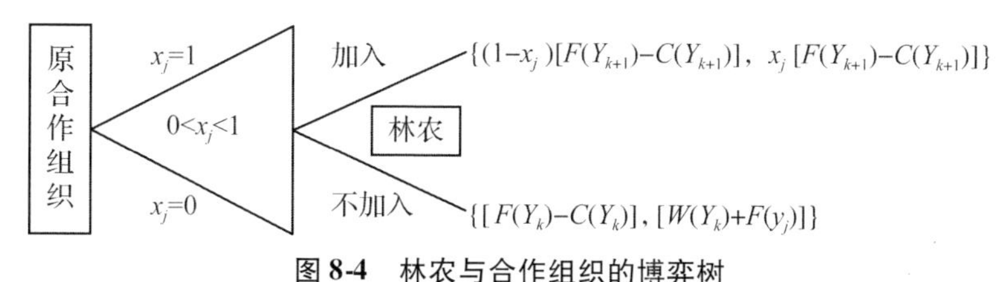

图8-4 林农与合作组织的博弈树

Fig. 8-4 Game tree of forest farmers and cooperatives

用逆向归纳法求解，林农的决策取决于加入组织后其获得的实际收益与不加入组织获得的保留收益之间的大小关系，其纳什均衡策略是：如果加入组织后得到的收益大于或等于加入组织的保留收益，即$x_j[F(Y_{k+1})-C(Y_{k+1})]\geqslant W(Y_k)+F(y_j)$，则选择加入合作组织；反之，如果$x_j[F(Y_{k+1})-C(Y_{k+1})]<W(Y_k)+F(y_j)$，则选择不加入。原合作组织会根据林农加入组织后为原有组织带来的总收益是否增加来制定分配份额以激励或拒绝林农加入，其纳什均衡策略是：如果新的林农加入合作组织后能够为原合作组织带来收益增长的空间，即$(1-x_j)[F(Y_{k+1})-C(Y_{k+1})]\geqslant F(Y_k)-C(Y_k)$，则原合作组织会制定一个合理的分配份额：$x_j\geqslant\dfrac{W(Y_k)+F(y_j)}{F(Y_{k+1})-C(Y_{k+1})}$，以激励林农加入；反之，如果原合作组织吸纳新成员后无收益增加，即$(1-x_j)[F(Y_{k+1})-C(Y_{k+1})]<F(Y_k)-C(Y_k)$，则原合作组织会制定一个较低的分配份额：$x_j<\dfrac{W(Y_k)+F(y_j)}{F(Y_{k+1})-C(Y_{k+1})}$，以拒绝林农加入。此博弈的纳什均衡结果会出现两种情况：

(1)原合作组织给林农j制定一个合理的分配份额：$\dfrac{W(Y_k)+F(y_j)}{F(Y_{k+1})-C(Y_{k+1})}\leqslant x_j\leqslant 1-\dfrac{F(Y_k)-C(Y_k)}{F(Y_{k+1})-C(Y_{k+1})}$，林农$j$选择加入。

(2)原合作组织给林农j制定一个较低的分配份额：$x_j<\dfrac{W(Y_k)+F(y_j)}{F(Y_{k+1})-C(Y_{k+1})}$

且$x_j > 1 - \frac{F(Y_k) - C(Y_k)}{F(Y_{k+1}) - C(Y_{k+1})}$，林农$j$选择不加入合作组织。

由纳什均衡结果可知，一个地区是否出现林农加入合作组织的行为与该地区的规模效益函数、组织成本函数和外部性函数的情况有关。如果一个地区林农的林地资源要素加入林农合作组织后带来的规模效益较强，而产生的组织成本相对较低，并且组织的正外部性较小，使得林农给组织带来的规模经济能够大于林农的保留收益，即出现：$[F(Y_{k+1}) - C(Y_{k+1})] - [F(Y_k) - C(Y_k)] \geqslant W(Y_k) + F(y_j)$，只要合作组织实施的分配策略得当，就会出现纳什均衡的第一种情形（林农加入合作组织的行为）；反之，如果一个地区组织吸收林农加入后带来的规模效益不显著，同时需要花费较大的组织成本，林农还可以获得较大的正外部性，使得林农加入组织的机会成本较高，加入组织创造的规模经济不足于弥补其机会成本，即出现$[F(Y_{k+1}) - C(Y_{k+1})] - [F(Y_k) - C(Y_k)] < W(Y_k) + F(y_j)$，则就会出现纳什均衡结果的第二种情形，没有林农加入合作组织的行为的可能性（在理性条件下）。同时，由博弈模型还可看出，林农合作组织制定的分配规则对林农选择加入组织的行为是有决定性影响的，这同时会影响到合作组织的规模，分配规则与林农合作组织规模之间的关系将在下节讨论。

8.2.3　林农合作组织的规模分析

8.2.3.1　林农合作组织潜在最优规模的稳定性分析

林农合作组织的规模会随着林农的选择加入行为而不断变化，当规模达到一定程度，组织内不会出现哪个林农能够脱离组织独自经营而获得更大的收益，同时组织外没有哪个林农能通过加入合作组织而使收益得到改善时，林农合作组织的规模就达到了稳定。

为使分析显得简易直观，这里只考虑林地资源要素分配较为均匀的地区。假设该地区每个林农占有的林地资源相同，并把林地资源要素标准化赋值为1，即$y_1 = y_2 = \cdots = y_n = 1$。这样处理后，林地资源要素量就可以等同于林农个数，林农合作组织的规模为k即意味着有k个林农参与了合作组织。依据前边的博弈模型，在没有成立林农合作组织之前，即联盟结构为$\beta_0 = \{1_n\}$的初始条件下，每个林农的初始收益为：$V_i(1, \beta_0) = F(1)$（每个林农的林地要素量为1）。在现有林农合作组织规模为k，即联盟结构为$\beta = \{k, 1_{n-k}\}$时，林农合作组织的总收益是：$V(k, \beta) = F(k) - C(k)$。组织外的林农的收益是：$V_j(1, \beta) = W(k) + F(1)$。现在考虑第$k+1$个林农加入合作组织的情形，如果组织外的第$k+1$个林农选择加入林农合作组织，联盟结构变为$\beta' = \{k+1, 1_{n-k-1}\}$，林农合作组织的总收益会变为：$V(k+1, \beta') = F(k+1) - C(k+1)$。第$k+1$个林农加入合作组织后，组织的总收益会获得一个边际增量，设为 $P(k+1) \equiv V(k+1,\ \beta') - V(k,\ \beta) = [F(k+1) - F(k)] - [C(k+1) - C(k)] = \Delta F(k) - \Delta C(k)$，其中 $\Delta F(k) = F(k+1) - F(k)$ 为规模效益边际增加量，$\Delta C(k) = [C(k+1) - C(k)]$ 为组织成本边际增加量，总收益的边际增量是规模效益增量减去组织成本增量的净增加值，这个净增量可以看作第 $k+1$ 个林农给组织带来的边际贡献或潜在收益。如果第 $k+1$ 个林农不加入林农合作组织，其获得的保留收益就是其加入组织的机会成本，设为 $Q(k) \equiv V_j(1,\ \beta) = W(k) + F(1)$。因为组织外的林农存在一个加入组织的机会成本，合作组织要想扩大规模吸收林农加入就必须支付林农一个大于机会成本的收益，而同时合作组织还必须保证吸收林农入伙后原来组织成员的总收益不会减少，按照合作组织的博弈策略，这必须具备一个必要性条件，即：新入伙的林农对林农组织创造的边际贡献必须大于林农加入的机会成本。如果这个条件不满足，按照纳什均衡的第二种结果，就不会出现林农加入合作组织的行为的可能性，组织的规模就不会扩大。

设林农合作组织规模的稳定函数为：

$$L(k+1) = P(k+1) - Q(k) = \Delta F(k) - \Delta C(k) - W(k) - F(1) \tag{8-7}$$

式(8-7)可以用来判定林农合作组织潜在最优规模的稳定性：若 $L(k+1) > 0$，则存在某个组织外免费搭车的林农，他加入规模为 k 的合作组织后创造的边际收益大于其单独经营的收益，给予适当报酬林农就有激励加入合作组织，组织规模可以继续扩大以实现更多的收益；若 $L(k+1) < 0$，则存在规模为 k 的组织内部的林农，其脱离合作组织后单独经营加上免费搭车获得的收益要大于给组织创造的潜在收益，当在组织内获得的总收益不足以支付其机会成本，就会出现内部成员脱离组织进行免费搭车的激励，组织规模有缩小的压力；当 $L(k) = 0$，没有组织内的林农愿意离开，并且没有免费搭车的林农愿意加入合作组织时，林农合作组织在规模为 $k+1$ 处达到了稳定。

令 $m = k+1$，把式(8-7)改写为：

$$L(m) = P(m) - Q(m-1) = \Delta F(m-1) - \Delta C(m-1) - W(m-1) - F(1) \tag{8-8}$$

设 m^* 为 $L(m) = 0$ 的解，且满足 $\dfrac{\mathrm{d}L(m^*)}{\mathrm{d}m^*} < 0$。当合作组织规模 $m < m^*$ 时，$L(m) > 0$，组织规模有扩大的趋势；当 $m > m^*$ 时，$L(m) < 0$，组织规模有减少的趋势。所以，在满足 $\dfrac{\mathrm{d}L(m^*)}{\mathrm{d}m^*} < 0$，即 $\dfrac{\mathrm{d}P(m^*)}{\mathrm{d}m^*} > \dfrac{\mathrm{d}Q(m^*-1)}{\mathrm{d}m^*}$ 条件下，m^* 是稳定函数 $L(m)$ 取零值的局部稳定点，组织规模在这点时规模处于稳定状态。令 $\bar{m}$ 为小于 m^* 的最大整数，则可得某地区林农合作组织合作联盟博弈最终的联盟结构为：

$$\begin{cases}\text{当} 1<\bar{m}<n \text{ 时，} \beta=\{\bar{m},\ 1_{n-\bar{m}}\}\text{，林农合作组织的规模为}\bar{m} \\ \text{当}\bar{m}\geqslant n \text{ 时，} \beta=\{n\}\text{，所有 } n \text{ 个林农都加入了林农合作组织} \\ \text{当}\bar{m}\leqslant 1 \text{ 时，} \beta=\{1_n\}\text{，林农合作组织不能成立}\end{cases}$$

8.2.3.2 分配规则与合作组织规模的关系分析

大部分成立林农合作组织的地区是联盟结构的第一种情形，即林农合作组织的规模为$\bar{m}$，$1<\bar{m}<n$。但是这个规模只是林农合作组织的潜在最优规模，有可能与现实存在差距，主要取决于组织的分配策略。如果林农组织按照上面博弈纳什均衡第一种情形的分配策略，给每个新加入的林农按照其机会成本或保留收益分别制定分配份额，即给第 m 个加入组织的林农给以分配份额：$\frac{Q(m-1)}{F(m)-C(m)}\leqslant x_m\leqslant\frac{P(m)}{F(m)-C(m)}$。把$\hat{x}_m\equiv\frac{Q(m-1)}{F(m)-C(m)}$称为必要分配份额，把$\bar{x}_m\equiv 1-\frac{P(m)}{F(m)-C(m)}$称为上限分配份额(也可称为 m 的边际贡献率)，只要保证分配给第 m 个林农的分配份额大于必要分配份额并且保证这个份额不高于上限分配份额，这样的边际分配策略就可以使得林农组织的规模达到潜在最优。在最优规模达到$\bar{m}$时，分配给第$\bar{m}$个加入的林农的分配份额是：$x_{\bar{m}}=\frac{Q(\bar{m}-1)}{F(\bar{m})-C(\bar{m})}=\frac{P(\bar{m})}{F(\bar{m})-C(\bar{m})}$(这里 $L(\bar{m})=0$)，其分配份额等于必要分配份额，并且等于上限分配份额。由$\frac{\mathrm{d}\hat{x}_m}{\mathrm{d}m}=\frac{\frac{\mathrm{d}Q(m-1)}{\mathrm{d}m}[F(m)-C(m)]-Q(m-1)\left[\frac{\mathrm{d}F(m)}{\mathrm{d}m}-\frac{\mathrm{d}C(m)}{\mathrm{d}m}\right]}{[F(m)-C(m)]^2}$知，当$\frac{\frac{\mathrm{d}Q(m-1)}{\mathrm{d}m}}{Q(m-1)}>\frac{\frac{\mathrm{d}F(m)}{\mathrm{d}m}-\frac{\mathrm{d}C(m)}{\mathrm{d}m}}{F(m)-C(m)}$时，$\frac{\mathrm{d}\hat{x}_m}{\mathrm{d}m}>0$，即当林农机会成本的增长率大于组织总收益的增长率时，必要分配份额是递增的，组织需给林农递增的分配份额；当$\frac{\frac{\mathrm{d}Q(m-1)}{\mathrm{d}m}}{Q(m-1)}<\frac{\frac{\mathrm{d}F(m)}{\mathrm{d}m}-\frac{\mathrm{d}C(m)}{\mathrm{d}m}}{F(m)-C(m)}$时，$\frac{\mathrm{d}\hat{x}_m}{\mathrm{d}m}<0$，所以当林农机会成本的增长率小于组织总收益的增长率时，必要分配份额是递减的，组织可以实施给林农递减的分配份额策略。

现实中有些林农组织可能会制定一种单一的分配规则，即按组织中的成员人数平均分配或按加入的林地要素份额进行分配。该分配规则下林农的分配份额是$x_m=\frac{1}{m}$。这种分配规则有可能达到林农合作组织的潜在最优规模，也可能达不到，取决于平均分配份额$\frac{1}{m}$与必要分配份额$\hat{x}_m$之间的关系，最终的规模情况是：

(1)当$\hat{x}_m \leqslant \frac{1}{m} \leqslant \bar{x}_m$，且$\hat{x}_{\bar{m}} = \frac{1}{\bar{m}}$，$1 < m \leqslant \bar{m}$时，即在小于潜在最优规模的每一个规模情形下，平均分配份额都大于必要分配份额并且小于上限分配份额，并且在潜在最有规模上两者相等，则林农合作组织可以达到最优规模$\bar{m}$。如图 8-5。

(2)当$\hat{x}_2 \leqslant \frac{1}{2} \leqslant \bar{x}_2$，且$\frac{1}{m_c} = \hat{x}_{m_c}$，$\left.\frac{\mathrm{d}\hat{x}_m}{\mathrm{d}m}\right|_{m=m_c} > -\frac{1}{m_c^2}$，或者$\frac{1}{m_c} = \bar{x}_{m_c}$，$\left.\frac{\mathrm{d}\bar{x}_m}{\mathrm{d}m}\right|_{m=m_c} < -\frac{1}{m_c^2}$，$m_c < \bar{m}$时，即小规模组织的平均分配份额在初始时大于必要分配份额小于上限分配份额，在小于潜在最优规模的某一规模上与必要分配份额或上限分配份额相等，此情况下林农合作组织的最大规模只能达到相等时的规模m_c(小于潜在最优规模$\bar{m}$)。如图 8-6。

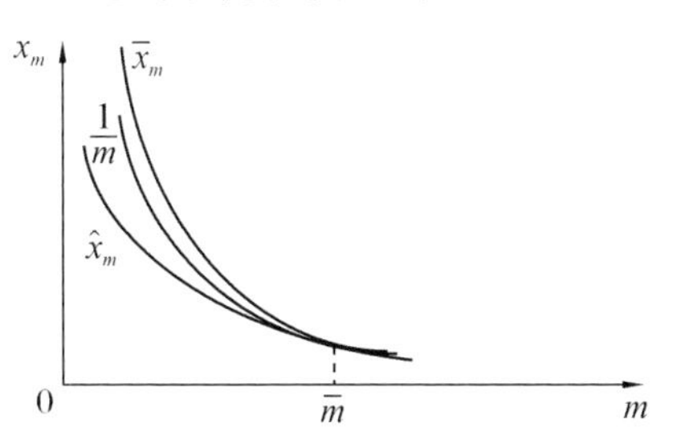

图 8-5 分配规则与合作组织规模关系分析(1)

Fig. 8-5 The relationship between the distribution rules and the scale of the orgcmization(1)

(3)当$\hat{x}_2 \geqslant \frac{1}{2}$，或者$\bar{x}_2 \leqslant \frac{1}{2}$时，要么初始时平均分配份额小于必要分配份额，要么大于上限分配份额，如果按照渐进式的组织规模扩大方式，则林农合作组织不能成立。如图 8-7。

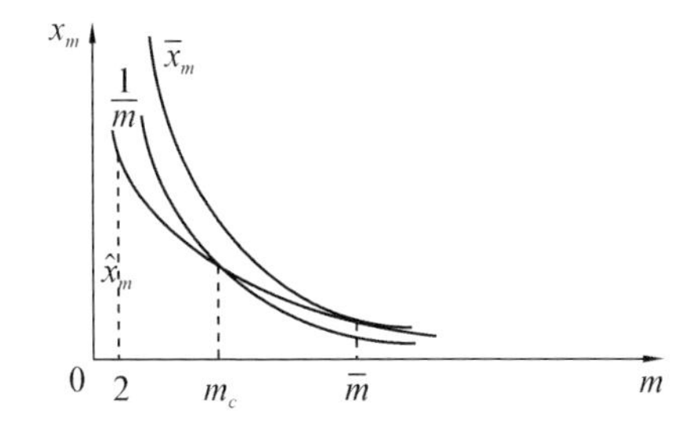

图 8-6 分配规则与合作组织规模关系分析(2)

Fig. 8-6 The relationship between the distribution rules and the scale of the orgcmization(2)

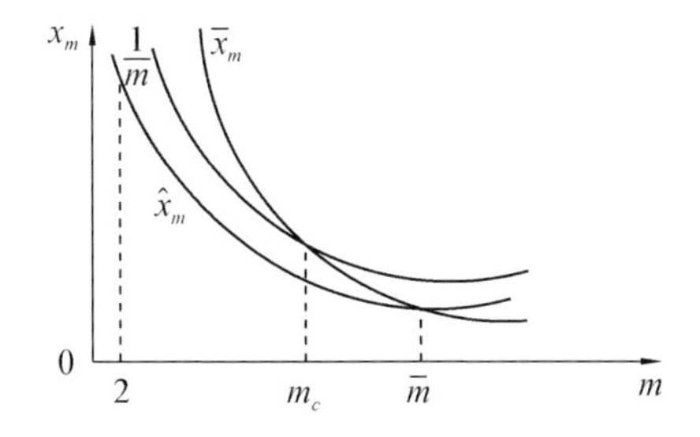

图 8-7 分配规则与合作组织规模关系分析(3)

Fig. 8-7 The relationship between the distribution rules and the scale of the orgcmization(3)

(4)其他情况下，有可能出现必要分配份额和上限分配份额曲线的非线性情形，即初始时$\hat{x}_2 \geqslant \frac{1}{2}$或$\bar{x}_2 \leqslant \frac{1}{2}$，但规模突破某一点(设为$m_d$)后，$\hat{x}_m \leqslant \frac{1}{m} \leqslant \bar{x}_m$条

件就满足了，这种情况下，需要某种力量(政府推动或林农人际网络约束)把组织规模直接扩大到某一临界规模m_d以上，林农合作组织才可以成立。

通过构建林农联盟博弈模型说明了林农加入合作组织的动因、合作组织的最优规模及最优规模的稳定性和最优规模和不同分配规则的关系。一个地区是否出现林农加入合作组织的行为与该地区的规模效益函数、组织成本函数和外部性函数的情况有关。如果一个地区林农的林地资源要素加入林农合作组织后带来的规模效益较强，而产生的组织成本相对较低，并且组织的正外部性较小，合作组织就发展的较好。合作组织的最优规模影响着组织的稳定性，分析了最优规模存在的分配条件，即小于潜在最优规模的每一个规模情形下，平均分配份额都大于必要分配份额并且小于上限分配份额，并且在潜在最优规模上两者相等，则林农合作组织可以达到最优规模。

8.2.4 模拟分析

联盟博弈模型分析了林农参与林农合作组织的基本情况，这种分析局限于对林农行为的定性分析，很难说明林农合作组织的形成和规模。基于主体的仿真方法是利用计算机技术，借助于计算机模拟实验对象和环境的平台，利用该平台进行社会科学实验的一种方法。因为基于主体的实验容易操控、可重复出现，对于研究林农合作组织这种刚兴起的经济社会现象有重要的意义。

8.2.4.1 仿真函数形式设定

首先，对各函数赋予具体的函数形式，假设规模经济函数和组织成本函数都为柯布—道格拉斯的函数形式：$F(Y_k)=A(Y_k)^\theta$，$\theta>0$ 为林地资源要素发挥规模效益的弹性系数(以下简称为效益弹性)，其大小影响着要素加入发挥的边际效益程度，A 为要素发挥作用的环境因子，其大小与该地区的市场环境有关，市场环境越好，该系数越大，表明要素越能在这种环境下产生经济效益；$C(Y_k)=B(Y_k)^\gamma$，$\gamma>0$ 为林地要素带来组织成本增加的弹性系数(以下简称为成本弹性)，其大小可用于衡量要素规模变大的组织管理难易程度，B 为组织要素支出的制度环境因子，其大小与该地区的制度环境有关，一个地区的林地产权制度结构越不清晰、林农自治意识越薄弱、解决纠纷和决策机制越繁杂，则组织制度环境越恶劣，该系数就越大，表明处理要素整合的组织成本支出也越大。外部性函数可大致看作从组织的规模效益中获得的额外“零头”，与规模效率成正比，即：$W(Y_k)=sF(Y_k)=sA(Y_k)^\theta$，$s$ 为从规模效益中获得的正外部性强度系数。按照函数的设定得，在联盟结构为$\beta_0=\{1_n\}$的初始条件下，每个林农的初始收益为：$V_i(1,\beta_0)=A(y_i)^\theta$。在联盟结构为$\beta=\{k,1_{n-k}\}$时，林农合作组织的总收益是：$V(k,\beta)=A(Y_k)^\theta-B(Y_k)^\gamma$。组织外的林农的收益是：$V_j(1,\beta)=sA(Y_k)^\theta+$

$A(y_i)^\theta$。在联盟结构变为$\beta' = \{k+1, 1_{n-k-1}\}$时，林农合作组织的总收益为：$V(k+1, \beta') = A(Y_{k+1})^\theta - B(Y_{k+1})^\gamma$。

8.2.4.2 仿真模型参数赋值

本节采用多主体仿真的方法，分析林农合作组织形成的过程。多主体仿真方法对复杂系统建立模型，通过个体之间以及个体与环境之间的相互作用，涌现出系统的宏观特征，从而在微观和宏观之间建立起联系的桥梁（宣慧玉、张发，2008）。Gilbert 和 Troitzsch（1999）认为多主体仿真理论特别适合由一定智能性的微观个体组成的复杂系统建模，该方法成为经济学和社会学一种新的研究工具。

参照《三元县进一步深化集体林权制度改革及林权登记发换证情况汇总表》的统计数据，算得各乡镇总户数的均值为395户，以此作为某地区林农个数的基数，即取$n=395$；以"深化改革后山林均分到户的面积"作为林农拥有林地要素的代理指标，算得各乡镇山林均分到户的面积的均值为6783亩，同时考虑到林农拥有林地面积的细微差异，所以假设林农拥有的林地面积服从均值为6783，离差为500的正态分布来对林农的初始林地资源要素赋值，即$y_i \sim N(6783, 500^2)$；由于市场环境因子和组织的制度环境因子过于综合，难以量化具体的值，这里不考虑它们对林农组织规模的影响，令它们的值为特定常数，即$A=B=5$。这里主要讨论效率弹性θ、成本弹性γ、外部性强度系数s对成立林农合作组织的实际规模和潜在规模的影响：讨论要素的边际效率递增和边际效率递减的情形，给θ分别赋值为2.5和0.9；讨论要素的边际组织成本递增和边际组织成本递减的情形，给γ分别赋值为2和0.1；讨论外部性大小对组织规模影响的情形，给s分别赋值为0.001和0.01。

8.2.4.3 仿真模型界面说明

仿真模型仿真采用 Netlogo 4.1.3 对模型进行多博弈主体复杂系统模拟。Netlogo 是一种实现自然科学和社会科学可编程的建模环境。Uri Wilensky（1999）首次推出了 Logo 语言的开发工具，由美国的西北大学进行后续开发形成新一代多主体仿真软件 Netlogo，该软件除了原有编程功能，增加了新的功能和接口，简化了模型的现实和控制功能。

仿真模型的界面分为三个部分（图8-8）：①模型的控制界面；②模型模拟结果显示界面；③模拟显示界面。模型的控制界面包括：模型控制和参数设置两类控制，模型控制中 setup 按钮根据模型参数的设置随机产生参与模拟的林农，go 按钮是模型运行控制按钮。参数设置包括对林农数量、森林平均蓄积量、森林蓄积量方差、组织规模系数、组织外部效应系数、组织成本系数等进行设置。模型模拟结果显示界面，包括三个显示部分，组织规模和潜在组织规模的数量显示框，以及组织规模与潜在组织规模以时间为单位的显示图。模拟显示界面在点击

1. 模拟控制界面

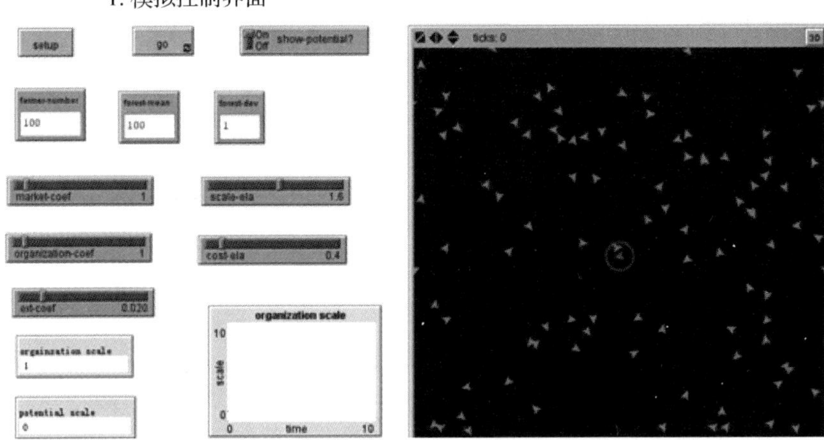

2. 模拟结果显示界面　　　　3. 模拟显示界面

图 8-8　基于主体林农合作联盟模型模拟界面

Fig. 8-8　Simulate interface of main foresters alliance – based model

setup 按钮后会产生绿色的三角或小人(代表组织外的林农)，和红色的三角(合作组织发起者)，点击，go 按钮后加入合作组织的林农变成红色并且用黄色的线进行相互连接。

8.2.5　仿真模型模拟结果

仿真模型把林农的颜色标记为三类：不加入林农组织的颜色为绿色；加入实际林农组织的为红色(实际林农组织指分配规则为按生产要素占有份额分配的林农组织)；不属于实际的林农组织，但属于潜在最大规模组织的林农标记为粉色(潜在最大规模组织指分配规则按必要分配份额分配的林农组织)。模型会运行550 次(略大于林农个数 395)，实时计算林农组织的实际规模和潜在最大规模的林农个数，并绘制成图(蓝线表示实际规模，粉线表示潜在规模)。

当林地要素加入组织的边际效率弹性递增($\theta = 2.5$ 时)，边际成本弹性也递增($\gamma = 2$ 时)，正外部性影响不大(取 $s = 0.001$)，并且边际效率弹性大于边际成本弹性的情况下($\theta > \gamma$)。此情况下，因为正外部性影响不大，且林地资源要素组合带来的规模效益增加速度要快于引起的组织成本的增加速度，模拟的最终结果是：全体林农都为红色，表示全体林农都加入林农组织，且成立的林农组织的实际规模等于潜在最大规模，如图 8-9(a)和图 8-10。当林地要素边际效率弹性

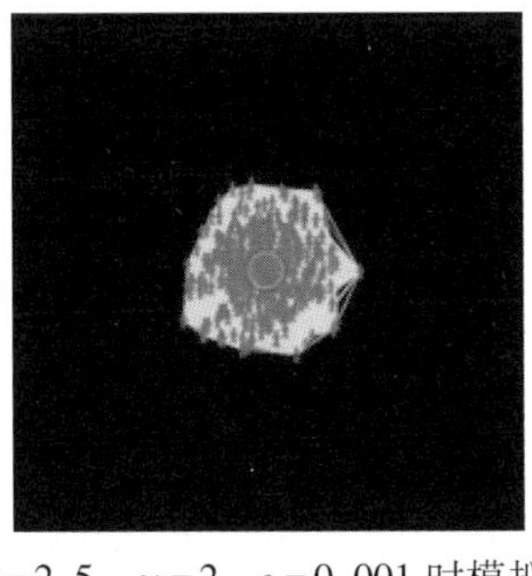

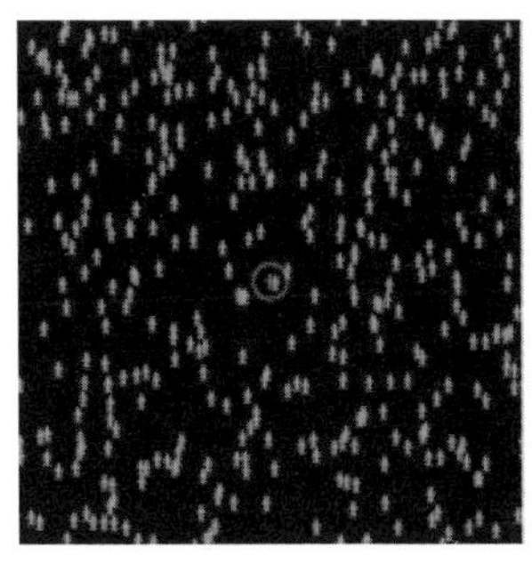

(a)$\theta=2.5$，$\gamma=2$，$s=0.001$ 时模拟结果　(b)$\theta=0.9$，$\gamma=2$，$s=0.001$ 时模拟结果

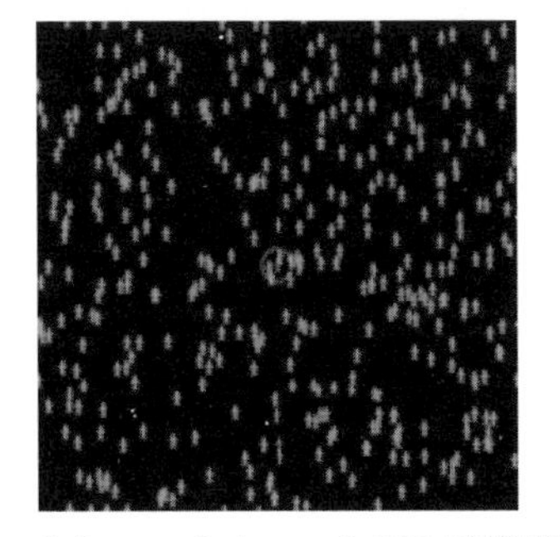

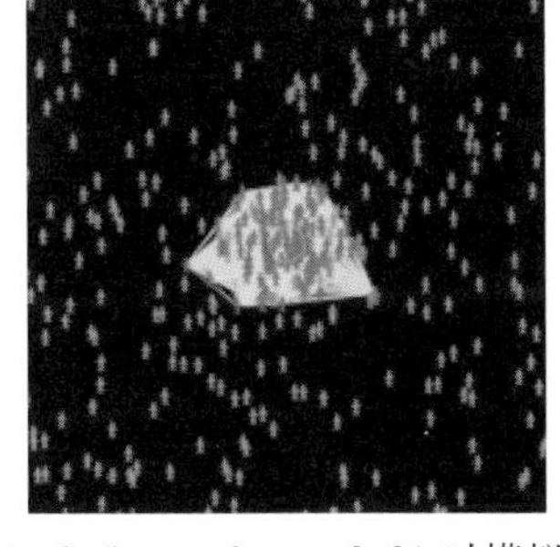

(c)$\theta=0.9$，$\gamma=0.1$，$s=0.001$ 时模拟结果　(d)$\theta=2.5$，$\gamma=2$，$s=0.01$ 时模拟结果

图 8-9　林农合作多主体仿真结果

Fig. 8-9　Multi-agent simulation results of forest farmers' cooperation

小于边际成本弹性的情况下($\theta=0.9<\gamma=2$ 时)，由于林地资源要素组合带来的规模效益增加速度要小于引起的组织成本的增加速度，带来的增加的收益不足于弥补增加的成本，模拟的最终结果是：所有林农颜色为绿色(只有一个创始人为红色)，表示该地区不会成立林农合作组织，实际规模和潜在最大规模都为0[图8-9(b)和图8-10]考虑外部性大小对于合作组织规模的影响，取正外部性较大的情形($s=0.01$ 时)，其他条件与第一种情况相同，即 $\theta=2.5$，$\gamma=2$ 时。模拟的最终结果是：有一部分林农的颜色为红色，此外还有相当一部分林农的颜色为粉色，表示该地区有部分林农加入了林农合作组织，但实际规模要小于潜在最大规模，实际规模为116，潜在规模为268。与第一种情况相比较，在正外部性很小的第一种情况下，由于不能从"搭车"中获得太多的好处，林农的机会成本较小，所以几乎全体林农都加入了合作组织。但如果正外部性较大，林农的保留收益就会增多，其加入组织的机会成本也随之越高，这种情况下，有部分的林农就不会加入合作组织而选择独自经营并搭组织的"便车"。正外部性较大时实际成立的林农组织规模要小于正外部性较小的林农合作组织，同时也达不到潜在最大规模[图8-9(c)和图8-10]。

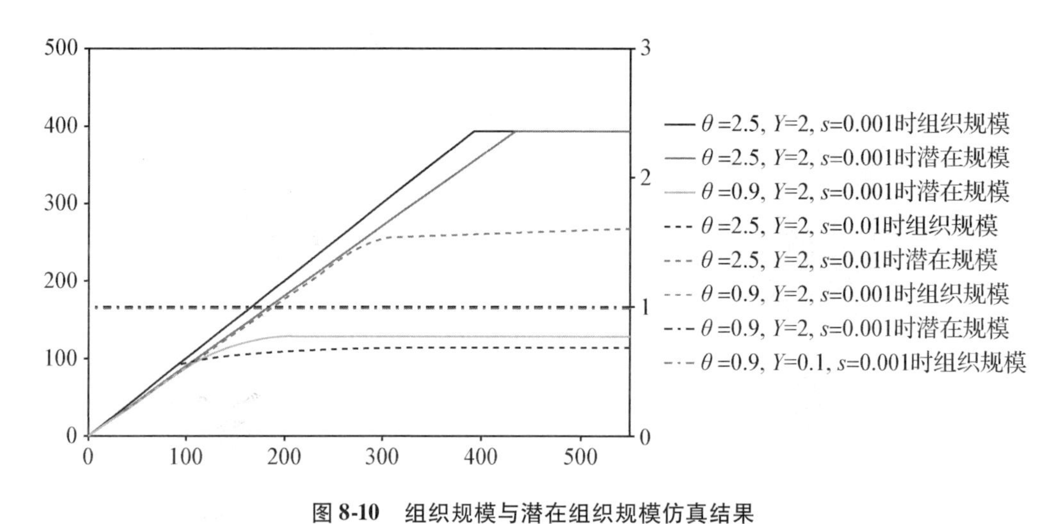

图 8-10 组织规模与潜在组织规模仿真结果

Fig. 8-10 Simulation results of organizational size and potential organizational size

考虑林地要素的边际效率和边际成本递减的情况，取效率弹性 $\theta=0.9$ 时，成本弹性 $\gamma=0.1$（$\theta>\gamma$ 保证规模经济能够出现），模拟的最终结果是：没有一个林农的颜色为红色，有部分林农的颜色为粉色，表示该地区不会成立实际的林农合作组织，但存在潜在规模的林农组织，组织实际规模为 0，潜在规模为 130。模拟结果表明，在林地要素的边际效率递减的情况下，尽管会有规模经济发生的可能性（边际效率大于边际成本），但如果把按林地要素占有比例来确定分配份额作为组织的分配规则，则有可能成立不了林农合作组织。但如果能改变分配方案，例如按照每个新加入的林农的必要分配份额来确定分配规则，则会有成立林农合作组织的可能[图 8-9(d)和图 8-10]。

通过多主体仿真分析，以及对林农合作组织进行分析，说明了在不同的效益弹性、组织成本弹性和外部性下组织具有不同的规模，这与现实情况较为一致。其中组织的效益弹性和成本弹性在现实中是由合作组织管理的有效程度、规模和领导者素质决定。外部性取决于林农合作组织的功能，以销售和技术传播为主的林农合作组织，具有较大的外部性，未参加组织的林农很容易通过林农合作组织代销和向组织成员学习获得收益；以林地统一经营为目的的合作组织的外部性较低，这种合作组织形成了民营林场。

具有较大规模效应和较低的组织成本，并且合作组织具有较小的外部性的情况下将会形成一个参与者较多的合作组织。在江西和福建也确实存在这种情况，一般多以民营林场和林业种植大户承包的形式，民营林场的发起者和种植大户具有较强的经营管理能力、组织能力和资金实力，合作组织是以他们为核心进行运作。那些具有一定规模效应和较低组织成本，但有较大外部性的合作组织，多是一些专业合作社。这些合作社大都针对林农在生产过程中面临的销售、技术问题等而建立，组织的有效程度有限，管理较为松散，对组织容纳成员的数量不宜过多。在这种情况下，合作组织之外存在很多想加入组织的林农，说明了组织的管理能力不足限制了组织的发展规模。另外两种情况下，组织具有较低的外部性，在不同的规模效应和组织成本下形成了较为相同的情况，合作组织没有形成。只要组织的规模效应大于组织成本，合作组织就具有吸引力，即存在潜在的参与者。

林权制度改革实现了林地的林农个体经营，为林农合作组织发展提供了前提条件。现阶段林农合作组织处于发展的起步阶段，合作组织的有效管理模式还未形成，政策还不完善。虽然形成了以民营林场、种植大户、专业合作社等类型的合作组织，但是合作组织并未成为林业经营的主要主体。政府应该引导合作组织健康发展，发挥其规模优势，规范其经营模式来减少组织成本，实现林权制度改革后林地经营的规模化经营。

8.2.6 模拟结果与案例分析

基于主体的仿真模型模拟出了4种情况下的林农合作组织规模与潜在规模(表8-4)。2010年联合国粮食及农业组织和国家林业局对浙江、江西、安徽、福建和湖南等省的林农合作组织进行了调查，搜集了大约21个合作组织的情况。我们将利用这21个合作组织的基本情况与模拟结果进行比对。

表8-4 仿真模型模拟结果

Tab. 8-4 Simulation results of simulation model

模拟类型	组织规模	潜在组织规模
类型Ⅰ：θ较大，γ较大，且$\theta>\gamma$，s较小	全部	0
类型Ⅱ：θ较小，γ较大，且$\theta<\gamma$，s较小	0	0
类型Ⅲ：θ较小，γ较小，且$\theta>\gamma$，s较小	0	部分
类型Ⅳ：θ较大，γ较大，且$\theta>\gamma$，s较大	部分	部分

8.2.6.1 案例背景

联合国粮食及农业组织对安徽省黄山区的4个林农合作组织(祥符林业合作社、文楼林业合作社、惠民林业专业合作社、乌石乡金阳林业专业合作社)，福建省尤溪县和邵武县7个林农合作组织(山连村绿源林业专业合作社、益民绿竹专业合作社、益康山油茶专业合作社、麻洋村股份合作林场、二都村竹业协会、加尚村合作委托造林小组、加尚村的家庭合作林场)，湖南省浏阳市2个林农合作组织(观音塘村林场、星海楠竹生产加工专业合作社)，江西省铜鼓县4个林农合作组织(铜鼓县林科造林专业合作、铜鼓县排埠双溪林业专业合作社、铜鼓县油茶林种植专业合作社、铜鼓县三都镇大槽“三防”协会)，浙江省龙泉市4个合作社(肖庄合作社、龙竹合作社、能福合作社、盛源合作社)。

(1)安徽省黄山区合作社案例概况。祥符林业合作社2003年，由原有的林场的基础上转制建立。林场有152户，共512人(祥符村全体村民)，2006年林场面积为2285亩，其中杉木2080亩、毛竹140亩、公益林400亩，杉木蓄积量3.5m^3，毛竹1.5万根。合作组织经营范围涉及造林、抚育、采伐、销售、运输及技术信息服务。文楼合作社是由倪联合于2007年创办，承包了360亩荒山造林。2009年，因为资金和劳动力方面的原因，吸引本组村民进行合伙经营，11户中有2户有加入意愿。惠民林业专业合作社是由桧一清溪河林场的1859亩林地为主，主要开展造林和森林质量提升，开发森林旅游。参与者主要是桧一村民小组。乌石乡金阳林业专业合作社由乌石乡地理溪村三村村民小组的13户自愿组成，总共成员58人主要以采伐造林为主。

(2)福建省尤溪县和邵武县合作案例概况。在调研的福建的7个林农合作组织中，合作社3个、家庭合作林场2个、协会1个、造林小组1个。其中已注册的3个，其中2个合作社与1个协会，未注册的4个。

山连村绿源林业专业合作社成立于2007年，共有组织成员10人。因为组织缺少资金、劳动力，所以只有村民联合起来建立一个由村民组成的股份制林业合作经济组织才能实现发展目标。该合作社发展至2009年有成员226户，已多出本村户数16户。益民绿竹专业合作社成立于2007年，由尤溪县西城、城关、梅仙三个乡镇的7名绿竹种植大户自发成立。组织成立的目的主要是解决种植无计划、市场价格波动等问题，在管理中按照自愿平等的原则进行组织。益康山油茶合作社由陈锡钦等10人共同发起，成立于2009年，在工商管理部门正式登记注册为合作社法人，是福建省第一家取得工商注册资格的油茶专业合作社。该合作社由10名发起，每人出资1万元，其他成员均以林地的形式出资。合作社成立之初本合作社有会员48名，主要集中在三个城镇(西域、坂面、新阳)，油茶种植面积1100亩。西城麻洋村股份合作林场是由全村村民加入的股份合作林场，全村有7个自然村，24个村民小组，585户，2499人，林业用地面积13357亩，有林地面积13357亩。其中商品林12549亩，生态公益林808亩。二都村竹业协会起源于1991年，2002年在政府部门的帮助下成立二都村竹业协会。2003年协会已有106户，2009年达到432户。该协会经营竹林1.7万亩，年新立竹36万根，年产竹量22万根，产值260万元。协会组织提供技术服务，安排毛竹生产，联系市场，实现产、供、销一条龙服务。加尚村合作委托造林小组成立于2007

年，通过把加尚村有747亩的采伐迹地均利的方式，由委托造林小组经营。加尚村家庭合作林场成立于2005年，由10户农民组成，有山林面积2451亩。林种有杉木、马尾松和毛竹。

(3)湖南省浏阳市合作组织案例概况。观音塘村林场成立于1985年，开始时加入林场的农户不多，入股林地只有3000亩，到2002年规模有所扩大，入股林地达到有7000多亩。木材销售后，农户和林场按照68%和32%分成，后来分成比例变为80%和20%分成，大幅让利给农户。2004年林场规模继续扩大，加入农户不断增加，到目前全村300余户农户中，95%以上的都加入了村级林场，入股林场的林地面积已达15000多亩。没加入林场的只剩四户农户(剩余四户不具备加入条件)。星海楠竹生产加工专业合作社注册于2006年，由原七星村书记唐台喜牵头，在七星村成立了喜飞楠竹专业合作社，成立时有20多户加入该合作社，成立合作社的主要目的是为了争取经费，搞山林抚育，2009年山林面积达6800亩。2007年，合作社也随之扩大，全村632户有100多户林农加入，成立了楠竹加工厂。

(4)江西省铜鼓县合作组织案例概况。林科造林专业合作社成立于2009年，发起人有10人，现在有组成成员960人，经营范围包括造林抚育、苗木培育、园林绿化、毛竹林改造、竹木采伐等五个方面。双溪林业专业合作社成立于2009年，发起人有11人，现有组织成员11人，经营范围包括营林、造林、苗木种植等三项，经营对象均为合作社成员，不开展对外造林业务。油茶林种植专业合作社成立于2008年，发起人6人，现有组织成员15人，主要经营范围包括油茶林、有机蔬菜、双孢菇、果园、药材种植、加工销售和储运等，经营对象均为合作社成员。大槽村三防协会成立于2006年，发起人6人，组织成员15人，业务范围为野外火源管理，森林火灾的有效扑救，病虫害的监测与防控及防盗伐、盗猎等方面。

(5)浙江省龙泉市合作组织案例概况。肖庄合作社成立于2007年，发起者77人，其中有5名出资成员，构成合作社的理事会。2009年合作社成员发展到132人，资产300万元。合作社带动的农户从132户发展到2100户。龙竹合作社成立于2007年，初期成员118人，2009年已发展到社员500户，带动农户数2800余户。合作社现有资产150万元，厂房850m^2。能福合作社成立于2007年，发起者13人，注册资金100万元。经过几年的发展，住龙镇碧龙、白岩、周调三个村的1273名林农以7771.9hm^2森林资源为股资，“龙头企业+农户+基地”的经营模式也应运而生。盛源合作社于2009年注册，由供建村村干部组织，有社员28人。

8.2.6.2 模拟结果与案例比较

模型采用分析不同的生产效率弹性、成本弹性和外部系数的情况下组织的发展过程。因为林农合作组织的类型多样，所以很难从规模优势大小、外部性等方面进行比较，加之案例资源信息量的不足。因此，通过比较组织的发展规模与模拟情况比较(表8-5)。其中5个成立于2009年的合作社因成立得较晚，不能反映组织的发展规模。祥符林业合作社、惠民林业专业合作社、西城麻洋村股份合作林场、加尚村合作委托造林小组、观音塘村林场等5个合作组织是由村民或是村民小组全部参加的，因为村委会或是其他较有利的强制因素减弱了γ的影响，应该属于模拟的结果类型Ⅰ。文楼合作社由一个人创立，虽然有11人曾考虑加入，其中有3人表现较为积极，但是还存在的较多顾虑，这种情况属于模拟的类型Ⅲ。其余的合作组织发展情况多属于类型Ⅳ。因为林农合作组织报告多是调查的比较成功的合作组织，类型Ⅱ的合作组织并没有出现。

表8-5 21个林农合作组织规模

Tab. 8-5 Scale of 21 forest farmer cooperatives

合作社名称	成立时间	初始规模	2009年	备注
祥符林业合作社	2003	152户	152户	祥符村村民全体村民
文楼合作社	2006	1户		
惠民林业专业合作社	2008	30户	30户	桧一组全体村民
金阳林业专业合作社	2009		13户	
山连村绿源林业专业合作社	2007	10户	226户	
益民绿竹专业合作社	2007	7户	70户	
益康山油茶合作社	2009	48人	110人	
西城麻洋村股份合作林场	2007		585户	西城麻洋村全体村民
二都村竹业协会	2002	5人	156人	
加尚村合作委托造林小组	2007	47户	47户	加尚村全体村民
加尚村家庭合作林场	2005	10户	10户	
观音塘村林场	1985			观音塘村全体村民
星海楠竹生产加工专业合作社	2006	20户	100多户	
林科造林专业合作社	2009		960人	
双溪林业专业合作社	2009		11人	
油茶林种植专业合作社	2008	6人	15人	
大槽村三防协会	2008	15人	177人	
肖庄合作社	2007	77人	132人	
龙竹合作社	2007	118人	500人	
能福合作社	2007	13人	1273人	
盛源合作社	2009		28人	

本章首先分析了主动型和被动型林农合作组织在运行过程中存在的问题，研究结果表明被动性林农合作组织的组织效率较低，很容易形成成员间“搭便车”的现象，而主动型合作组织可以对资源进行更有效的管理，但林农的参与程度却较低。通过对非合作博弈模型的分析发现，通过一种置信的惩罚机制，可以实现被动型合作组织的有效运行。通过对林农合作组织特殊性的分析发现，林农合作组织比农业合作组织面临着更多的“搭便车”现象，并且同时受到了更多的政府干预，这些都直接阻碍了林农合作组织的发展。然后根据博弈模型结论对林农合作组织的发展现状及存在的问题进行了分析。

另外，本章还从联盟博弈的角度，并从一个较为宏观的层面分析了林农合作组织的发展。首先分析了林农合作联盟形成的条件、规模对组织的影响和有效的组织规模。然后，利用仿真实验的方法，以联盟博弈模型为基础建立了基于主体林农合作仿真模型，模拟了四种典型的林农合作组织发展形势。最后，利用联合国粮食及农业组织关于五省的合作组织调研报告对博弈模型和基于主体的仿真模型进行了验证，其中三种类型的林农合作组织发展状况确实存在，一种发展状况因条件限制没有被证明。

第 9 章

林农合作经营实证

通过第 8 章的定性分析和博弈分析，我们得出了一些关于林农合作组织发展的一般性结论。本章将通过江西省 118 个发展较好的林农合作组织的数据对已得出的结论做出验证。江西省是林权制度改革和林农组织发展较早的一个省份，在短时间内形成了多种形式的林农合作组织。我们将从收入和合作组织规模两个方面来进行分析，对相关影响因素进行较为深入的研究。另外，本章还将结合福建省永安市虎山合作林场案例，对林农合作组织进行分析。

9.1 江西省林农合作组织数据描述

实证分析所采用的数据是江西省林业示范社申请的数据，其中 20 个县的林农合作组织参与总人数为 85538 人，户数为 33847 户，占 20 个县的农业人口总数的 1.2%（图 9-1）。在研究中我们使用的是 118 个申报示范社的林农合作组织的数据资料。

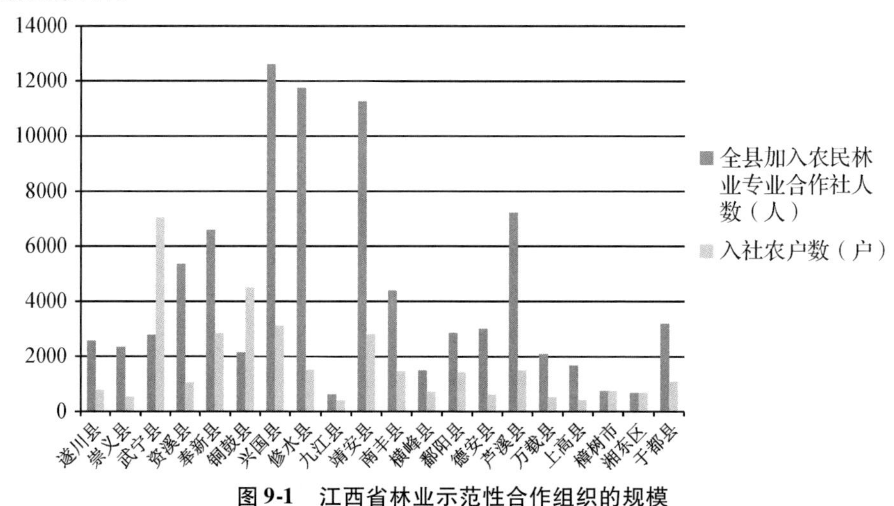

图 9-1 江西省林业示范性合作组织的规模

Fig. 9-1 Scale of forestry demonstration cooperatives in Jiangxi Province

申报的合作组织占当地合作组织总数的45%以上，其中规模以上的林农合作组织平均约占50%左右(图9-2)。申报的20个县林权制度改革进行的较为顺利，林权分到户平均约占到75%以上。这些申报县的林业产值较高，一般都是林业大县。在这申报的118个林农合作组织中，有24个合作组织的样本存在缺失，有效样本为94个。这94个林农合作组织的人数最多的为2106人，最少的只有21人；注册资金最多的达到9800万元，最少的只有8万元；经营的林地最多的达到124000亩，最少的只有20亩；组织收入最多的达到4500万元，最少的只有6万元(表9-1)。在这94个合作组织中涉及竹林、用材林、其他类型经济林，在产业分布上有以种植，也有以种植为主的第一产业，加工、服务和多种产业都涉及的合作组织。

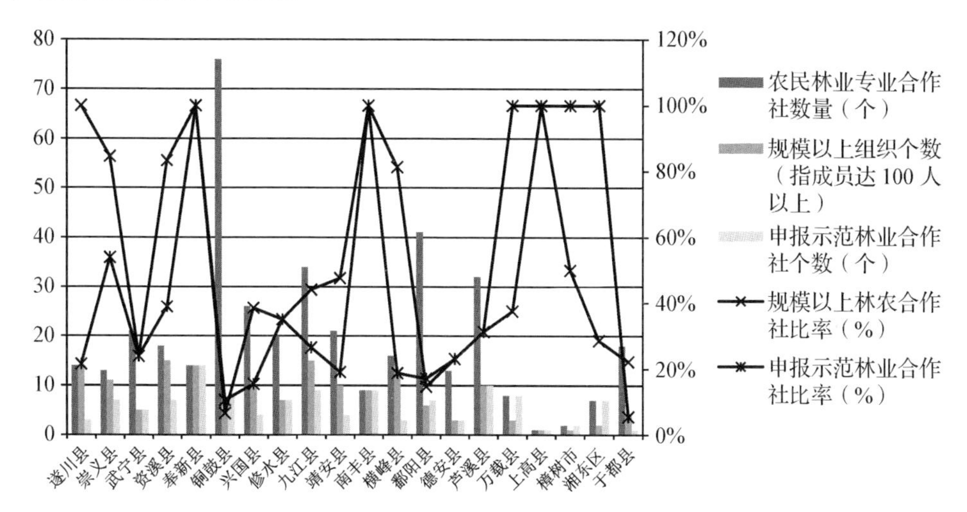

图9-2 江西林农合作组织状况

Fig. 9-2 Forest farmer cooperatives in Jiangxi

表9-1 样本林农合作组织描述统计分析

Tab. 9-1 Tatistical analyses of description of forest farmer cooperatives' samples

变量	样本量	均值	标准差	最小值	最大值
入社人数	94	305.0	394	21	2106
注册资金	94	817	1487	8	9800
林地面积	94	6113	14394	20	124000
组织收入	94	373.7	667.5	6	4500

9.2 江西省林农合作组织规模实证分析

林农合作组织的规模是判断林农合作组织运行状况的一个重要标准。在前面的分析中得出以下结论：林农合作组织的规模与组织的类型有着密切的关系，产权与经营权分离的程度越大，林农合作组织的规模越大；林农合作组织的规模与组织的运行效率有关，组织有较高的运行效率，组织可容纳的成员数量也就越多；林农加入合作组织的根本动机是获得更多的收益，如果加入合作组织的收益越大林农合作组织的规模也越大。这些结论比较抽象，很难通过直接检验来判断，我们将借助一些替代变量对此进行分析。

9.2.1 江西省林农合作组织规模状况

江西省申报的示范性林农合作组织规模差异较大，最大的组织规模是较小的上百倍。从整体来看，江西省的林农合作组织的规模还是偏小，从入社人数来看，多集中于200人左右，而人数较多的组织较少；从注册资金来看，大多数组织的资金都集中在10万元左右；从林地的经营面积来看，都在千亩左右；林农合作组织的收入大多集中于百万左右(图9-3)。

从江西省林农合作组织的状况说明，即使是申报的规模以上的林农合作组织的整体规模并不是很大，大多还是属于村级合作的林农合作组织。合作组织的经营规模和实力还比较薄弱，尤其是在资金和组织收入方面，林农合作组织的状况并不是很好。

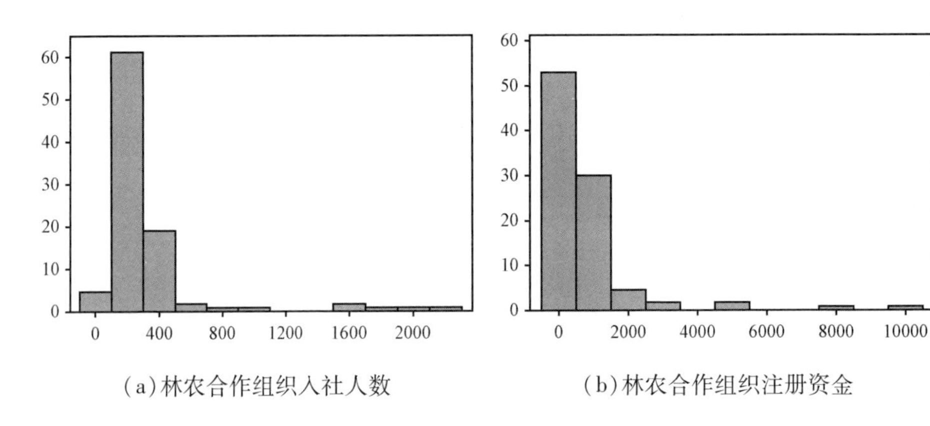

(a)林农合作组织入社人数　　(b)林农合作组织注册资金

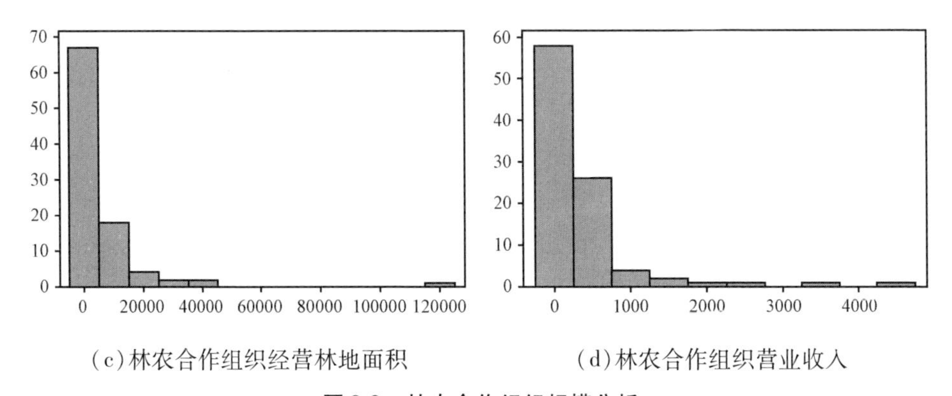

(c)林农合作组织经营林地面积 (d)林农合作组织营业收入

图 9-3 林农合作组织规模分析

Fig. 9-3 Scale analyses of forest farmer cooperatives

9.2.2 林农合作组织规模模型描述

前面的定性研究和仿真结果中对林农合作组织规模的论述，主要用的是组织人数作为对规模的判断。在第 3 章中认为林农从合作组织中获得更多的收益是林农加入合作组织的根本动机，同时也是组织扩张的根本原因。林权制度改革是促进林农合作组织发展的重要因素，林权制度改革是林农获得了林地的产权，便于林地的自由流转，为林农合作组织创造了条件。基于主体的仿真模型的结果说明了组织的规模优势是促进林农重要因素。

为了证明定性和仿真研究的结论，在回归模型中用林农合作组织的人员数量(记作 Pop)代表组织的衡量组织的规模；用参与林农合作组织成员与非组织成员的收入差额(记作 Indiff)判断林农的收益情况；用林农合作组织的注册资金(记作 Sca)和林地面积(Area)作为对组织管理能力的衡量(假设具有较大规模的组织具有较高的效率)，对于林权(记作 Reform)改革后变量的值为 1，改革前变量值为 0。

基本林农合作组织规模模型：

$$\text{Pop} = \alpha_0 + \alpha_1 \text{Sca} + \alpha_2 \text{Area} + \alpha_3 \text{Indiff} + \alpha_4 \text{Reform} + \varepsilon_1 \tag{9-1}$$

影响组织规模的因素还有很多，如组织的成立的时间长短是否会对组织规模产生影响。一般认为组织成立时间较长，且运行的较好可以吸引更多的组织成员加入，组织的规模也就较大。因此，在模型中加入组织成立时间的虚拟变量。我们把组织的成立时间分为三个时间段，2001 年以前，2002 ~ 2006 年，2007 ~ 2011 年，则需要两个虚拟变量，即：

$$\text{OrganLife1} = \begin{cases} 2001 \sim 2006\text{ 年成立} & 1 \\ \text{其他时间成立} & 0 \end{cases} \quad \text{OrganLife2} = \begin{cases} 2006 \sim 2011\text{ 年成立} & 1 \\ \text{其他时间成立} & 0 \end{cases}$$

组织经营的范围也是影响组织的重要变量，现有的林业组织经营范围很广，大致可以分为，竹林、用材林和其他(经济林、林业服务等)。在模型分析中引入两个林农合作组织经营范围变量，即：

$$\text{OrgType1}=\begin{cases}\text{用材林} & 1\\ \text{其他} & 0\end{cases}\qquad \text{OrgType2}=\begin{cases}\text{其他范围} & 1\\ \text{其他} & 0\end{cases}$$

组织的产业类型也会影响到组织的规模，以第一种植养殖为主的第一产业的组织是否和其他产业(或多种产业经营)有区别。为了分析该问题引入产业类型虚拟变量，即：

$$\text{IndType}=\begin{cases}\text{林业第一产业} & 0\\ \text{林业其他产业及多种产业} & 1\end{cases}$$

扩展后的林业组织规模模型：

$$\begin{aligned}\text{Pop}=&\alpha_0+\alpha_1\text{Sca}+\alpha_2\text{Area}+\alpha_3\text{Indiff}+\alpha_4\text{Reform}+\alpha_5\text{OrgLife1}\\&+\alpha_6\text{OrgLife2}+\alpha_7\text{OrgType1}+\alpha_8\text{OrgType2}+\alpha_9\text{InType}+\varepsilon_2\end{aligned}\qquad(9\text{-}2)$$

根据经验、已有定性研究和仿真研究结果，对模型变量符号进行界定见表9-2。其中衡量规模变量(Sca，Area)对组织规模就有正方向的作用，收入差距(Indiff)也具有正方向的作用，林权制度改革(Reform)也可以促进组织规模的扩张。我们认为组织成立的时间越长，组织的规模也应该越大，所以组织成立时间变量(OrgLife1，OrgLife2)具有负的作用。关于合作组织的经营范围(OrgType1，OrgType2)和产业类型(IndType)的符号还不能根据已有的结论进行确定。

表9-2 林农合作组织模型变量关系表

Tab. 9-2 Relational tables of model variables of forest farmer cooperatives

基本林农合作组织规模模型									
变量	Sca	Area	Indiff	Reform					
作用	+	+	+	+					
扩展的林农合作组织规模模型									
变量	Sca	Area	Indiff	Reform	OrgLife1	OrgLife2	OrgType1	OrgType2	IndType
作用	+	+	+	+	-	-	不定	不定	不定

9.2.3 林农合作组织模型估计

我们将利用江西省94个林农合作组织的数据对式(9-1)和式(9-2)进行回归分析。

9.2.3.1 基本林农合作组织规模模型

因为数据单位不同，统一将会极大地影响到回归的结果，因此在进行分析前对数据进行标准化，然后对标准化后的数据进行回归。

数据的标准化后：

$$Sca^* = \frac{Sca - 817}{1487} \tag{9-3}$$

$$Area^* = \frac{Area - 6113}{14394} \tag{9-4}$$

$$Indiff^* = \frac{Indiff - 5770}{6810} \tag{9-5}$$

$$Reform^* = \frac{Reform - 0.787}{0.412} \tag{9-6}$$

则回归方程变为：

$$Pop = \alpha_0 + \alpha_1 Sca^* + \alpha_2 Area^* + \alpha_3 Indiff^* + \alpha_4 Reform^* + \varepsilon_1 \tag{9-7}$$

式(9-7)的回归结果见表9-3。

表9-3 基本林农合作组织规模模型回归结果

Tab. 9-3 Basic regression results of organizational scale of forest farmer cooperatives

变量名称	系数	标准差	T 检验值	P 检验值
常数项	0	0.065	0	1
Sca**	0.598	0.078	7.66	0
Area**	0.284	0.076	3.74	0
Indiff**	-0.152	0.068	-2.23	0.029
Reform	0.0564	0.067	0.84	0.404
$R^2 = 0.62$	调整 $R^2 = 0.603$	$F = 36$		

把式(9-3)至式(9-6)代入式(9-7)，则把方程还原为：

$$Pop = 0.433 + 0.0004Sca + 0.00004Area - 0.00002Indiff + 0.138Reform \tag{9-8}$$

从式(9-8)说明 Sca 和 Area 变量的符号与预期结果相同。组织成员与非组织成员收入的差额(Indiff)的符号与预期结果相反，也就是说加入林农合作组织的收益越高，导致组织的规模越小，这个结果与常理不符。但是从微观层面分析，说明现阶段的林农合作组织规模偏大，已经超出了组织的最优效率，这与联盟博弈模型的结果相似，只是江西省的林农合作组织即使超过了最优规模收入还是会带来收入的增加。关于林权制度改革的作用还是比较大的，林权回归的结果虽然不显著，但是 F 值比较显著，说明林权制度改革对林农合作组织的发展有较大作用。

9.2.3.2 扩展的林农合作组织规模模型分析

对基本的合作组织模型经营回归后，结果是基本符合假设和理论模型的结论。在此基础上，进一步对组织的成立时间、组织经营范围和组织的产业类型对组织规模的影响。

数据经过标准化后方程变为：

$$\begin{aligned}\text{Pop} = \alpha_0 + \alpha_1\text{Sca}^* + \alpha_2\text{Area}^* + \alpha_3\text{Indiff}^* + \alpha_4\text{Reform}^* + \alpha_5\text{OrgLife1}^* \\ + \alpha_6\text{OrgLife2}^* + \alpha_7\text{OrgType1}^* + \alpha_8\text{OrgType2}^* + \alpha_9\text{InType}^* + \varepsilon_2^*\end{aligned} \tag{9-9}$$

回归的结果见表9-4。

该方法回归的结果并不理想，只有三个变量通过了 t 检验，其中代表规模的 Sca 和 Area 符号依然为正，收入差额依然为负，与基本林农合作组织规模模型的结果一致。组织的寿命与组织规模出现了组织成立的时间越早，规模越小的现象。从总体来看该模型的回归效果并不是很理想。

表9-4 数据标准化后扩展的林农合作组织回归结果

Tab. 9-4 Regression results of extended forest farmer cooperatives in standardized data

变量名称	系数	标准差	t 值	t 的概率
常数项	0	0.063	0	1
Sca**	0.613	0.772	7.94	0
Area**	0.226	0.077	2.95	0.004
Indiff*	-0.121	0.068	-1.8	0.075
Reform	-0.026	0.175	-0.15	0.884
OrgLife1	0.053	0.092	0.58	0. 566
OrgLife2	0.131	0.192	0.68	0.498
OrgType1	-0.164	0.1	-1.64	0.105
OrgType2*	-0.251	0.1	-2.55	0.013
IndType	-1.109	0.069	-1.59	0.117
$R^2=0.662$	调整 $R^2=0.626$	$F=18.27$		

9.3 林农合作组织收入分析

林农参与合作组织的原因是为了获得更多的收益，影响合作组织参与者的收益的因素有很多，如组织内部的管理水平、人员素质、组织结构等微观因素。本部分将主要从一些较宏观的层面来对林农合作组织发展中存在的一些特点进行分析，为发展林农合作组织提供决策依据。

9.3.1 组织收入模型设定

林农加入合作组织后，收入会受到多种因素的作用，我们将对组织的规模、组织经营收入、林权制度改革、组织成立时间、组织经营范围、产业类型对组织收入的影响进行分析。其中组织规模是对合作组织经营状况的间接反映，组织的成立时间是反映新老组织收益上是否有差距，组织的经营范围将要说明的是不同经营范围的组织成员间是否存在差异，产业类型是判断以经营种植为主的第一产业的组织是否与其他产业的林农合作组织收入存在差异。

林农合作组织的经营状况是决定成员收益的根本性因素，对经营状况的判断多从微观层面进行研究。因为林农合作组织分散，数据搜集也困难，所以本模型对组织经营状况的分析将以组织的规模和收入来代替。组织规模有三个变量：组织人数(Pop)、组织注册资金(Sca)和组织经营林地的面积(Area)。我们假设林农合作组织较大的规模是高效率的表现，只有有效的经营和管理才能吸引成员加入。组织成立时间(OrgLife)与组织收入之间的关系，主要是判断组织的成立时间越长，越有利于收益的增加。林农合作组织可以通过较长时间的合作，实现内部管理的磨合和资本的积累，提升组织的运行绩效。林农合作组织的经营范围(OrgType)判断不同经营类型合作组织在组织收入上是否有差别，为林农合作组织多种经营提供政策制定依据。林农合作组织产业类型(IndType)判断的是第一产业的合作组织中的参与者与其他产业是否存在差异。

合作组织收入模型：

$$\begin{aligned}\text{OrgIncome} = &\beta_0 + \beta_1 \text{Pop} + \beta_2 \text{Sca} + \beta_3 \text{Area} + \beta_4 \text{Reform} \\ &+ \beta_5 \text{Orglife1} + \beta_6 \text{OrgLife2} + \beta_7 \text{OrgType1} \\ &+ \beta_8 \text{OrgType2} + \beta_9 \text{IndType} + \eta \end{aligned} \tag{9-10}$$

合作组织中成员的数量增加可能带来规模效应，也给组织的管理协调带来困难，所以很难确定组织收入与成员数量的关系。林地规模和注册资金数量可以产生规模收益，与组织的收益有正向关系。同时还认为，组织成立时间越早，对组织收入正的作用越大，所以 OrgLife1 和 OrgLife2 两个变量与组织收入之间是负相关的。合作组织如果属于第二产业或是多种产业的联合体，将会增加林农的收入(表 9-5)。

表 9-5 林农合作组织收入模型变量关系

Tab. 9-5 Relation of revenue model variables of forest farmer cooperatives

变量	Pop	Sca	Area	Reform	OrgLife1
作用	+	+	+	+	-
变量	OrgLife2	OrgType1	OrgType2	IndType	
作用	-	-	不定	+	+

9.3.2　林农合作组织收入模型回归结果

式(9-10)采用最小二乘法回归结果见表9-6，用OLS直接对模型进行估计结果不是很理想。回归的决定系数很低，且很少的变量通过了t检验，F检验也没有通过。产生这种现象的原因很可能是数据间存在相关关系，导致的回归效果不好。因此，对回归方法进行修正，采用主成分回归的方法对模型重新进行估计，然后再还原成原模型。主成分回归首先要对数据进行主成分分析，找出相应的主成分；然后，把这些主成分作为解释变量，进行回归；最后对模型进行还原。对变量进行主成分分析，选取前6个主成分进行回归。

表9-6　林农合作组织收入模型回归结果

Tab. 9-6　Income regression results of forest farmer cooperatives

变量	系数	标准差	t值	t值概率
常数	37.7	194.2	0.19	0.846
Pop	-0.191	0.2188	-0.87	0.384
Sca*	0.327	0.053	6.17	0
Area	-0.007	0.005	-1.61	0.110
Reform	213	339.4	0.63	0.531
OrgLife1	-47.4	326.1	-0.15	0.885
OrgLife2	-68.4	363.3	-0.19	0.851
OrgType1	-149.8	171.3	-0.87	0.384
OrgType2	23.6	164.1	0.14	0.886
IndType	254	114.6	2.22	0.029
$R^2=0.508$	调整$R^2=0.455$	$F=9.64$		

则回归方程变为：

$$\text{OrgIncome}=\gamma_0+\gamma_1x_1+\gamma_2x_2+\gamma_3x_3+\gamma_4x_4+\gamma_5x_5+\gamma_6x_6+\theta \tag{9-11}$$

其中：

$$\begin{aligned}x_1=&0.422\text{Pop}'+0.438\text{Sca}'+0.334\text{Area}'+0.4\text{Reform}'\\&-0.183\text{OrgLife1}'+0.438\text{OrgLife2}'-0.27\text{OrgType}'\\&+0.183\text{OrgType2}'+0.162\text{IndType}'\end{aligned} \tag{9-12}$$

$$\begin{aligned}x_2=&-0.43\text{Pop}'-0.32\text{Sca}'-0.401\text{Area}'+0.204\text{Reform}'\\&-0.204\text{OrgLife1}'+0.272\text{OrgLife2}'-0.329\text{OrgType1}'\\&+0.464\text{OrgType2}'+0.266\text{IndType}'\end{aligned} \tag{9-13}$$

$$\begin{aligned}x_3=&-0.066\text{Pop}'-0.187\text{Sca}'-0.172\text{Area}'+0.439\text{Reform}'\\&-0.25\text{OrgLfe1}'+0.444\text{OrgLife2}'-0.507\text{OrgType}'\\&+0.183\text{OrgType2}'-0.22\text{IndType}'\end{aligned} \tag{9-14}$$

$$x_4 = -0.033Pop' - 0.022Sca' - 0.063Area' + 0.341Reform' - 0.732OrgLife1' + 0.028OrgLife2' + 0.079OrgType' - 0.2OrgType2' + 0.544IndType' \quad (9\text{-}15)$$

$$x_5 = 0.006Pop' + 0.261Sca' - 0.171Area' - 0.266Reform' - 0.479OrgLife1' - 0.106OrgLife2' + 0.255OrgType' - 0.211OrgType2' + 0.694IndType' \quad (9\text{-}16)$$

$$x_6 = -0.279Pop' - 0.456Sca' + 0.791Area' - 0.021Reform' - 0.15OrgLife1' + 0.034OrgLife2' - 0.007OrgType' - 0.105OrgType2' + 0.232IndType' \quad (9\text{-}17)$$

其中：

$$Pop' = \frac{Pop - 305}{40.6},\quad Sca' = \frac{Pop - 817}{153},\quad Area' = \frac{Area - 6113}{1485}$$

$$Reform' = \frac{Reform - 0.787}{0.042},\quad OrgLife1' = \frac{OrgLife1 - 0.0532}{0.023},$$

$$OrgLife2' = \frac{OrgLife2 - 0.766}{0.0439},\quad OrgType1' = \frac{OrgType1 - 0.34}{0.049},$$

$$OrgType2' = \frac{OrgType2 - 0.51}{0.052},\quad Indtype' = \frac{Indtype - 0.383}{0.05} \quad (9\text{-}18)$$

主成分回归的结果(表9-7)中只有第2和4主成分的检验不是很显著，其余主成分都通过了检验，并且拟合优度损失并不是很大。把式(9-12)至式(9-17)代入式(9-11)，然后将式(9-18)代入即可得到以下方程。

$$OrgIncome = \beta_0 + 4.19Pop + 1.84Sca - 0.1Area + 388.22Reform - 349.86Orglife1 + 370.12OrgLife2 - 1063.81OrgType1 + 982.33OrgType2 + 3459IndType \quad (9\text{-}19)$$

表9-7 林农合作组织收入模型主成分回归结果

Tab. 9-7 Principal component regression results of income model of forest farmer cooperatives

变量	系数	标准差	t 值	t 值概率
常数**	373.68	52.71	7.09	0
x_1**	212.55	33.48	6.35	0
x_2	-6.99	36.95	-0.19	0.85
x_3**	-108.23	41.32	-2.62	0.01
x_4	78.82	53.53	1.47	0.144
x_5**	194.8	59.04	3.3	0.001
x_6**	-256.94	75.98	-3.38	0.001
$R^2=0.452$	调整 $R^2=0.414$	$F=11.95$		

式(9-19)，其中组织人数对组织的收入有正作用，这与预期相符，组织的资金规模也与预期的符号相符，但是林地面积与组织收入是负的关系且数值较小，与预期结果相反。林权制度改革对于组织收入的影响是较为明显的，在林权制度改革时期成立的合作组织对收入有负面影响，而林权制度改革后的成立的合作组织有正面影响。经营用材林的合作组织对收入具有副作用，从事其他经济林或相关行业的合作组织对收入具有正的作用。从事第二和第三产业的林农合作组织有利于增加组织的收入。从总体看，模型的回归效果较好，基本符合假设。

林权制度改革后，增加了林农合作组织的经营收入，对于合作组织发展有积极的作用，符合林权制度改革的部分预期。同时从事用材林的林农合作组织的收入受到了负面的影响，这主要是因为用材林容易受到采伐指标的影响，很难实现资源变现。林权制度改革后成立的合作组织收入要高于改革前成立的组织，这种现象可以归结为林权制度改革带来的产权明晰化有利于组织的发展。分析的结果说明增加合作组织收入的途径是扩展经营范围和实现纵向一体化。

9.4 林农合作组织产业类型 Logistic 回归分析

林业和组织发展的重要途径是实现纵向一体化，由以种植业为主，向下游产业发展，增加林业产品的附加值。林农合作组织从第一产业向第二、三产业发展需要资金、管理、技术等多方面因素共同作用。我们将运用判别分析对林农合作组织产业结构升级因素进行分析。

9.4.1 林农合作组织产业类型模型设定

产业类型变量(IndType)是一个离散性变量，当林农合作组织只从事第一产业时为0，从事第二、三产业，或是多种产业时为1，其概率值为 p。则关于产业类型的离散林农合作组织模型定义为：

$$\ln\frac{p}{1-p}=\gamma_0+\gamma_1\text{Pop}+\gamma_2\text{Sca}+\gamma_3\text{Area}+\gamma_4\text{OgIncome}+\gamma_5\text{Refrom}+\gamma_6\text{OrgLife1}+\gamma_7\text{OrgLife2}+\gamma_8\text{OrgType1}+\gamma_9\text{OrgType2}+\theta \tag{9-20}$$

则有：

$$p=\frac{e^{\gamma_0+\gamma_1\text{Pop}+\gamma_2\text{Sca}+\gamma_3\text{Area}+\gamma_4\text{OrgIncome}+\gamma_5\text{Refrom}+\gamma_6\text{OrgLife1}+\gamma_7\text{OrgLife2}+\gamma_8\text{OrgType1}+\gamma_9\text{OrgType2}}}{1+e^{\gamma_0+\gamma_1\text{Pop}+\gamma_2\text{Sca}+\gamma_3\text{Area}+\gamma_4\text{OrgIncome}+\gamma_5\text{Refrom}+\gamma_6\text{OrgLife1}+\gamma_7\text{OrgLife2}+\gamma_8\text{OrgType1}+\gamma_9\text{OrgType2}}} \tag{9-21}$$

首先，我们还是要对各个变量的符号进行初步判断，在模型中，林农合作组织的规模越大，为组织实现纵向一体化就创造越多的条件，促进从以林业种植为主向加工和林业相关服务的发展。组织的营业收入是发展其他产业的基础，具有正的作用。而组织的经营范围很难判断对组织的产业类型的影响。

9.4.2 林农合作组织产业类型模型回归结果

我们将对变量进行主成分分析，再进行回归分析。首先，我们把数据标准化，把数据变成以下形式。

$$\mathrm{Pop}' = \frac{\mathrm{Pop} - 305}{40.6},\quad \mathrm{Sca}' = \frac{\mathrm{Pop} - 817}{153},\quad \mathrm{Area}' = \frac{\mathrm{Area} - 6113}{1485}$$

$$\mathrm{OrgIncome}' = \frac{\mathrm{OrgIncome} - 373.7}{68.9},\quad \mathrm{Reform}' = \frac{\mathrm{Reform} - 0.787}{0.042}$$

$$\mathrm{OrgLife1}' = \frac{\mathrm{OrgLife1} - 0.0532}{0.023},\quad \mathrm{OrgLife2}' = \frac{\mathrm{OrgLife2} - 0.766}{0.0439}$$

$$\mathrm{OrgType1}' = \frac{\mathrm{OrgType1} - 0.34}{0.049},\quad \mathrm{OrgType2}' = \frac{\mathrm{OrgType2} - 0.51}{0.052} \tag{9-22}$$

然后，对标准化后的数据进行主成分回归分析，在此取 5 个主成分(约占 95%)进行回归，则回归变量称为：

$$\begin{aligned} y_1 = {} & 0.432\mathrm{Pop} + 0.478\mathrm{Sca} + 0.328\mathrm{Area} + 0.398\mathrm{OrgIncome} \\ & + 0.318\mathrm{Reform} - 0.141\mathrm{OrgLife1} + 0.347\mathrm{OrgLife2} \\ & - 0.236\mathrm{OrgType1} + 0.146\mathrm{OrgType2} \end{aligned} \tag{9-23}$$

$$\begin{aligned} y_2 = {} & -0.365\mathrm{Pop} - 0.293\mathrm{Sca} - 0.36\mathrm{Area} - 0.026\mathrm{OrgIncome} \\ & + 0.332\mathrm{Reform} - 0.129\mathrm{OrgLife1} + 0.418\mathrm{OrgLife2} \\ & - 0.296\mathrm{OrgType1} + 0.438\mathrm{OrgType2} \end{aligned} \tag{9-24}$$

$$\begin{aligned} y_3 = {} & 0.063\mathrm{Pop} - 0.093\mathrm{Sca} - 0.034\mathrm{Area} - 0.177\mathrm{OrgIncome} \\ & - 0.432\mathrm{Reform} - 0.179\mathrm{OrgLife1} - 0.41\mathrm{OrgLife2} \\ & + 0.55\mathrm{OrgType1} - 0.515\mathrm{OrgType2} \end{aligned} \tag{9-25}$$

$$\begin{aligned} y_4 = {} & 0.01\mathrm{Pop} - 0.166\mathrm{Sca} + 0.135\mathrm{Area} - 0.164\mathrm{OrgIncome} \\ & + 0.423\mathrm{Reform} - 0.841\mathrm{OrgLife1} + 0.098\mathrm{OrgLife2} \\ & - 0.175\mathrm{OrgType1} + 0.031\mathrm{OrgType2} \end{aligned} \tag{9-26}$$

$$\begin{aligned} y_5 = {} & 0.167\mathrm{Pop} - 0.185\mathrm{Sca} + 0.571\mathrm{Area} - 0.684\mathrm{OrgIncome} \\ & - 0.079\mathrm{Reform} - 0.279\mathrm{OrgLife1} + 0.065\mathrm{OrgLife2} \\ & - 0.204\mathrm{OrgType1} + 0.116\mathrm{OrgType2} \end{aligned} \tag{9-27}$$

则新的回归方程变为：

$$\ln \frac{p}{1-p} = a_0 + a_1 y_1 + a_2 y_2 + a_3 y_3 + a_4 y_4 + a_5 y_5 \tag{9-28}$$

对方程进行逻辑回归，则回归的结果见表9-8。

表9-8 林农合作组织产业类型模型回归结果

Tab. 9-8 Regression results of industry type of forest farmer cooperatives

自变量	系数	系数标准误	Z	P	优势比	下限	上限
常量**	-0.524	0.261	-2.01	0.044			
y_1**	0.286	0.245	1.17	0.043	1.33	0.82	2.15
y_2**	0.551	0.253	2.17	0.030	1.73	1.06	2.85
y_3**	-0.466	0.209	-2.23	0.026	0.63	0.42	0.95
y_4	-0.078	0.294	-0.27	0.790	0.92	0.52	1.65
y_5**	-1.631	0.716	-2.28	0.023	0.20	0.05	0.80
对数似然 = -51.184			检验所有斜率是否为零：G = 22.746，DF = 5，P值 = 0				

然后把式(9-23)至式(9-27)代入到式9-28中，可得到方程：

$$\ln\frac{p}{1-p} = -0.524 - 0.380\text{Pop}' + 0.333\text{Sca}' - 1.031\text{Area}' + 1.31\text{OrgIncome}' + 0.168\text{Refrom} + 0.271\text{OrgLife1}' + 0.025\text{OrgLife2}' - 0.141\text{OrgType1}' + 0.331\text{OrgType2}' \quad (9\text{-}29)$$

最后把式(9-22)代入到式(9-29)可以得到最终的回归结果，即得出式(9-30)：

$$\ln\frac{p}{1-p} = 11650 - 0.009\text{Pop} + 0.002\text{Sca} - 0.001\text{Area} + 31.2\text{OrgIncome} + 7.323\text{Refrom} + 6.163\text{OrgLife1} + 0.507\text{OrgLife2} - 2.72\text{OrgType1} + 6.629\text{OrgType2} \quad (9\text{-}30)$$

则：

$$p = \frac{e^{11650 - 0.009\text{Pop} + 0.002\text{Sca} - 0.001\text{Area} + 31.2\text{OrgIncome} + 7.323\text{Refrom} + 6.163\text{OrgLife1} + 0.507\text{OrgLife2} - 2.72\text{OrgType1} + 6.629\text{OrgType2}}}{1 + e^{11650 - 0.009\text{Pop} + 0.002\text{Sca} - 0.001\text{Area} + 31.2\text{OrgIncome} + 7.323\text{Refrom} + 6.163\text{OrgLife1} + 0.507\text{OrgLife2} - 2.72\text{OrgType1} + 6.629\text{OrgType2}}}$$

9.4.3 林农合作组织产业类型模型结果分析

对模型进行检验，有77.3%的预测与结果是基本一致的，模型拟合的比较理想。模型分析的结果说明林农合作组织的收入促进合作组织产业升级的重要因素，只要较高营业收入的组织，实行纵向一体化的可能性较大。其次就是林权制度改革，再次证明了林权制度改革有利于林农合作组织在规模上和质量上的发展。从经营范围来看从事经济林及林业相关服务的合作组织对从事下游产业有更大的积极性。

通过对江西省示范性林农合作组织进行的定量分析，对博弈模型和仿真模型的结论进行了验证。虽然这些分析是基于一个较为宏观的层面，但是仍然可以得出一些林农合作组织的一般性结论。这些结论对促进林农合作组织的发展具有一定的借鉴意义。江西省示范性林农合作组织是当地规模较大的林业组织，这些组织都具有很强的规模优势，而且规模优势对于增加组织收入和促进组织进行纵向一体化发展都具有积极的作用。

规模优势是增加林农收益的重要因素，第3章中对林农加入合作组织的决策过程分析得出林农加入合作组织的根本原因是收益的增加。江西省示范性合作组织中99%的成员收入要高于当地农民的平均水平。其中，合作组织在资金方面产生的规模优势最为明显，能有效地增加组织的营业收入，林地面积对组织的收益增加并不明显。规模优势是促进合作组织多种经营的重要因素。具有规模优势的林农合作组织一般进行多种经营活动，如林下经济、养殖业或是其他类型的服务。同时产业结构也从单一的以养殖为主的第一产业向第二、三产业发展，形成较为完整的产业链条。

计量模型分析的结果证明了以单一的第一产业很难实现组织收入的增加，最终还将会影响林农的收益。从事经营范围更广、涉及产业更多的林农合作组织一般收入也越多。林农合作组织实现纵向一体化，受到多种因素的制约，资金因素是最重要的因素。组织的经营范围也将影响到纵向一体化，经营用材林的合作组织实现一体化是最为困难的。

林权制度改革后，林农得到了林权，实现了对林地的自由支配，这些都给林农合作组织发展创造了条件。林地的自由支配使得林农可以决定是否加入组织以及以何种方式加入组织。林权的自由流动为林地经营权和产权的分离创造了条件。林农合作组织的发展需要从林农简单的合作提升到更高层面的合作，这就需要林农能自由的完成产权的处置。林权的集中可以迅速提升合作组合的规模，为合作组织向相关行业发展创造了条件。

9.5 永安市虎山合作林场案例分析

9.5.1 虎山合作林场案例介绍

永安位于闽中，林地面积382.5万亩，森林覆盖率达83.2%，木材蓄积量2200万m^3、竹林面积100.2万亩、农民人均占有面积居全国之首。集体林权制度改革以前，永安市集体林经营面积266.2万亩、约占林业用地总面积的70%，是林业发展的重中之重。1998年5月，洪田村在没有先例可借鉴的情况下，组织村民自上而下或自下而上，先后召开20多场会议，启动集体林权制度改革，并于1998年先实施了分山到户。

永安虎山林场林业专业合作社前身为虎山合作林场有限公司，于2004年由下街志煌股份合作林场和虎山家庭合作林场联合成立，以股份制企业形式管理运作，是永安市一家规模较大、林业民营企业。目前该公司拥有山林面积16000余亩，分布在西洋镇下街、虎山、葛州、上螺、新街、福庄、内炉、银坑等村，现有股东代表15人，成员86人。

9.5.2 虎山合作林场成立起因

2003年来，永安市实施集体林权制度改革，实现了分山到户，林权从集体分到农户，实现了山有其主、主有其权、权有其责、责有其利。随着改革的深入，林地分散经营的问题暴露出来，规模小、管护成本高、经营风险大，不利于林业的长久发展。为了实现林业规模化经营管理，提升经营效率，降低经营成本，实现可持续发展，下街志煌股份合作林场和虎山家庭合作林场强强联合而成立以股份成立虎山合作林场有限公司。

9.5.3 虎山合作林场运作模式

虎山合作林场公司根据林农需要，以自愿互利为原则，林户自愿入股，实现风险共担和利益共享。以联合经营的形式，降低了成本和提升了经济效益。组织参与者以有林场为依托，把分散的15户联合成整体，采取统一组织生产、经营、销售的运作模式。

虎山合作林场由15位股东参与成立，按照股份制企业的管理运作模式成立股东会、董事会、监事会等机构，制定章程及相应的规章制度，对股东、董事、监事等机构的职权、义务、收益分配、扩大再生产等做出具体明确的规定。股东以拥有的林地折价出资，并按所出资的比例承担责任和分配收益。股东按出资比例筹集资金100万元，作为林场的流动资金，主要用于林场经营活动。组织规定：每月召开一次管理人员会议，每季度召开全体股东会，对生产经营管理、林场管护、收益分配等进行讨论。

合作林场积极实现规模扩张，由持林权持有人自愿，司购并林农手中的部分林权。同时，林农将所持有的林权折价入股，参与公司的经营管理和分红。现阶段，林场发展成由最初的15户股东扩大到有成员86户，经营总面积达到16000亩。虎山合作林场实现跨行业和多元化发展，2007年从经营利润中拿出125万元资金参与永安格兰矿泉水企业的股权购并，获得了较高的回报与经营利润。

9.5.4 虎山合作林场经营绩效分析

虎山合作林场成立后，把生产、流通、经营和服务有效结合，实现了较好的效益：林场的经营效益明显提高，林业生产专业化和集约化水平提升，林场经营效益增加；林场实现规模经营降低成本，适度规模经营有效地抵御自然灾害，进而降低风险；领头人作用得以充分发挥，合作林场使家庭个体经营与整体有机结合，提高林农进入市场的组织化程度，能够有效地降低生产、交易成本，增强抵御市场风险的能力；实现股东收益稳步增长，合作林场的成立使木材交替生产销售，改变了独户经营时十年投入，一年收成的局面，实现年年可持续分红；信贷信用提高，股份合作林场通过森林资产的整合，提高了在金融部门的信誉度，为林场的融资创造了条件，保障了林场发展的资金来源。

通过对江西省示范性林农合作组织的实证分析，完成了对理论和仿真分析的结论。同时对林农合作组合规模、组织收入和产业结构进行了进一步的分析，更深入地探讨了影响林农合作组织的因素及作用结果。

第 10 章

林农合作组织发展条件及前景

10.1 林农合作组织发展条件构建

发展林农合作组织是林权制度改革后的重要配套改革措施，是解决林权制度改革后的规模化经营问题的重要途径。本书已经从微观角度对林农合作组织形成的原因进行了分析，并对林农合作组织中存在的问题进行了非合作博弈分析；在较为宏观的层面上，利用林农合作组织联盟模型分析了组织的规模及收益等问题，并利用基于林农主体的仿真方法对林农合作组织的发展过程进行了模拟。本书的第 5 章和第 6 章分别用模拟的方法和计量方法对林农合作组织的规模、收益、产业结构进行分析。在此基础上，本章将进一步利用仿真模型对促进林农合作组织发展的宏观政策进行分析。同时，利用博弈模型和回归模型的结果对林农合作组织形式的选择及管理机制的设计提出建议。

10.1.1 林农合作组织发展的宏观条件分析

林农合作组织的宏观政策的主要倡导者是政府，政府在林农合作组织中发挥着积极的作用。虽然林权制度改革为林农合作组织的发展创造了一定的条件，但是合作组织的发展是需要良好的环境和政策扶持的。首先，本章通过基于主体的林农合作组织仿真模型对合作组织发展政策进行模拟，然后，根据不同的政策类型提出具体的政策措施。

10.1.1.1 完善林农合作组织宏观发展条件的政策分析

根据本书第 6 章的分析，林农合作组织的规模与该地区的市场环境因子、效益弹性、制度环境因子、成本弹性和外部性强度系数有关，每一个参数的变化都会影响到林农合作组织的经营和组织状况。所以，政府要想制定政策来促进林农合作组织的发展，扩大组织的规模或是增加组织的收益，有五种类型的政策可供选择：①制定完善该地区市场环境的政策措施(即增大市场环境因子 A)，如规范市场秩序，完善林木的价格机制，促进市场信息的方便快捷流通，减少林木交易所需付出的交易成本等；②采取办法发挥林地资源规模经营的优势(即增大效益弹性 θ)，如引进先进设备和改善生产条件，提高林农合作组织在市场中的地位和经营的主动性，增加当地林农合作组织在市场交易流程中的议价能力，使规模经营后能够产生更大的效益；③制定改善该地区制度环境的政策措施(即减小制度环境因子 B)，如改善该地区的产权制度安排，明晰林地的产权归属，加强林地要素流转的通畅性，通过教育培育林农的自治意识等；④制定措施降低因组织规模增加支付的边际组织成本(即减小成本弹性 γ)，如引进科学的管理方法，完善林农组织的治理结构，为组织制定科学的决策机制和易于解决纠纷的规则，减少组织中林农进行经济活动所需花费的冗余支出等；⑤制定政策减少“搭便车”行为，如制定一套奖惩法规，把林农“搭便车”所获得的好处补偿给林农合作组织，利用舆论监督使免费搭车行为者产生压力，游说或鼓励组织外“免费搭车”的林农加入合作组织等。

在上述五种政府促进林农合作组织发展的政策类型中，每种政策类型对于林农合作组织会产生怎样的影响，政策效果如何，下面将同样采取模拟的方法，对政府政策的效果进行模拟分析。

10.1.1.2 促进林农合作组织发展宏观政策模拟

政策的模拟是利用第6章建立的主体仿真模型，并在该模型的基础上添加了组织收益部分，以此实现政策的模拟仿真。

第一，促进林农合作组织发展政策的模拟参数设置。

参考已有模拟的数据，依旧取林农个数 $n=395$，林地面积服从均值为6783，离差为500的正态分布。在政府未制定政策之前，初始的市场环境因子设为$A_0=100$，初始的效益弹性设为$\theta_0=2.5$，初始的制度环境因子设为$B_0=100$，初始的成本弹性设为$\gamma_0=2$，初始的外部性强度$s_0=0.01$。政府在制定第一种政策，即完善市场环境的政策后，市场环境因子增大，假设变为$A_1=10000$；在制定第二种政策，即促进规模经营优势发挥的政策后，效益弹性变大，假设变为$\theta_1=3$；在制定第三种政策，即完善制度环境的政策后，制度环境因子减少，假设变为$B_1=1$；在制定第四种政策，即减少边际组织成本支出的政策后，成本弹性变小，假设变为$\gamma_1=0.5$；在制定第五种政策，即减少“搭便车”行为的政策后，外部性强度变小，假设变为$s_1=0.005$。在这五种政策分别实施后，林农合作组织经营情况变化的模拟结果如下。

第二，促进林农合作组织发展政策模拟。

(1)政策未发生变化，按照初始参数，林农合作组织初始规模及收益状况的模拟结果分别如图10-1、图10-2和图10-3。由模拟结果可知，在没有制定政策之前，林农合作组织的实际规模是116，组织的实际收益是56939，组织的潜在最大规模是274，潜在收益是474325。

图10-1 $A_0=100$，$\theta_0=2.5$，$B_0=100$，$\gamma_0=2$，$s_0=0.01$ 时的林农组织模拟图

Fig. 10-1 Mimic diagram of cooperatives when

$A_0=100$, $\theta_0=2.5$, $B_0=100$, $\gamma_0=2$, $s_0=0.01$

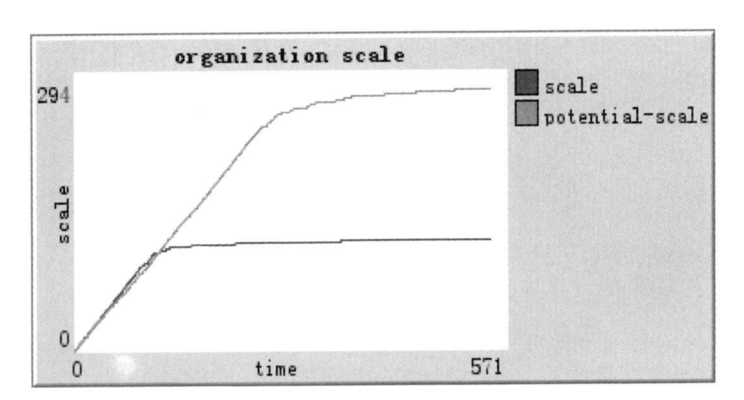

图10-2 $A_0=100$，$\theta_0=2.5$，$B_0=100$，$\gamma_0=2$，$s_0=0.01$ 时的林农组织规模曲线图

Fig. 10-2 Scale graph of cooperatives when

$A_0=100$, $\theta_0=2.5$, $B_0=100$, $\gamma_0=2$, $s_0=0.01$

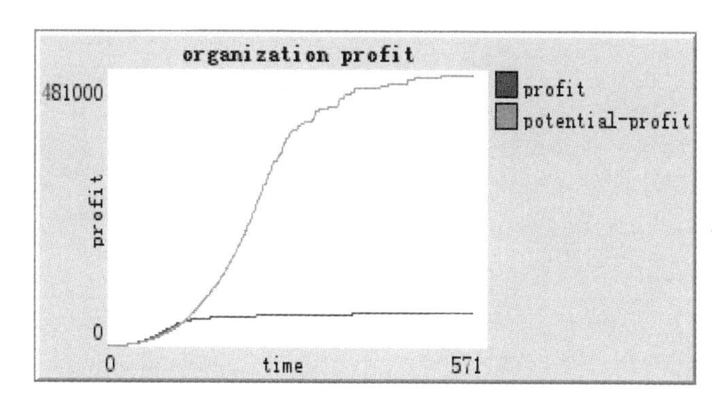

图 10-3 $A_0=100$，$\theta_0=2.5$，$B_0=100$，$\gamma_0=2$，$s_0=0.01$ 时林农组织收益曲线图

Fig. 10-3 Income graph of cooperatives when $A_0=100$, $\theta_0=2.5$, $B_0=100$, $\gamma_0=2$, $s_0=0.01$

(2)政府在制定第一种政策，即完善市场环境的政策后，市场环境因子变为 $A_1=10000$，林农合作组织规模和收益状况的模拟结果分别如图 10-4、图 10-5 和图 10-6。由模拟结果知，在实施完善市场环境的政策后，林农合作组织的实际规模是 117，组织的实际收益是 5983606，组织的潜在最大规模是 272，潜在收益是 47637882。与初始状态相比，林农组织在规模上，无论是实际规模还是潜在规模，都没有发生本质上的改变，而组织的实际收益和潜在收益比起没有制定政策之前都有比较大的增加。发生这种情况的原因，在于市场环境的改善对于全体林

图 10-4 $A_1=10000$，$\theta_0=2.5$，$B_0=100$，$\gamma_0=2$，$s_0=0.01$ 时的林农组织模拟图

Fig. 10-4 Simulation diagram of cooperatives when $A_1=10000$, $\theta_0=2.5$, $B_0=100$, $\gamma_0=2$, $s_0=0.01$

农的收益都会起到积极的作用，无论是林农组织的收益还是组织外的林农的收益都会因此得到增加。而林农选择加入组织的动机在于加入组织后的收益大于不加入的收益，在收益都同时增加的情况下，虽然一方面组织的获利空间大了，但另一方面林农加入组织的机会成本也随之增加了，所以林农组织在规模上不会发生太大的变化。因此，制定第一种政策，不会对林农组织的规模产生太大的影响，但是会促进组织收益的增加。

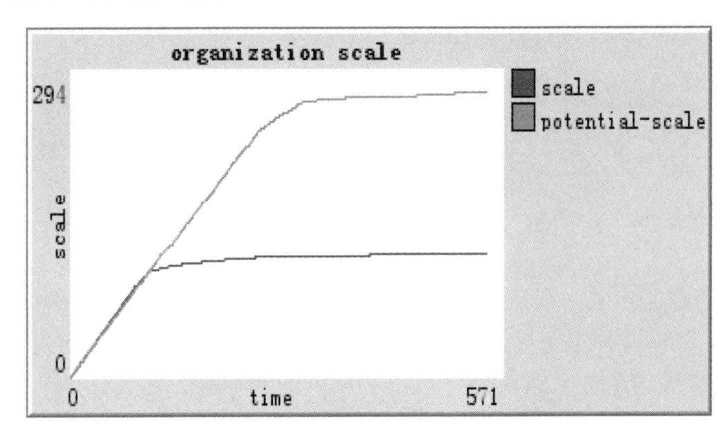

图 10-5 $A_1=10000$，$\theta_0=2.5$，$B_0=100$，$\gamma_0=2$，$s_0=0.01$ 时的林农组织规模曲线图

Fig. 10-5 Scale graph of cooperatives when $A_1=10000$，$\theta_0=2.5$，$B_0=100$，$\gamma_0=2$，$s_0=0.01$

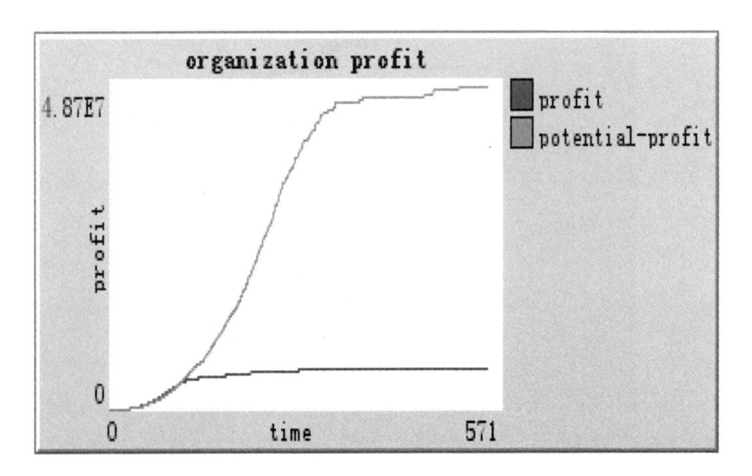

图 10-6 $A_1=10000$，$\theta_0=2.5$，$B_0=100$，$\gamma_0=2$，$s_0=0.01$ 时的林农组织收益曲线图

Fig. 10-6 Income curve graph of cooperatives when $A_1=10000$，$\theta_0=2.5$，$B_0=100$，$\gamma_0=2$，$s_0=0.01$

(3)政府在制定第二种政策，即促进规模经营优势发挥的政策后，效益弹性变为$\theta_1=3$，林农合作组织规模和收益状况的模拟结果分别如图10-7、图10-8和图10-9。由模拟结果可知，在实施促进规模经营优势发挥的政策后，林农合作组织的实际规模是115，组织的实际收益是50175305，组织的潜在最大规模是320，潜在收益是1049278816。与初始状态相比，林农组织在实际规模上没有发生太大变化，基本与原来保持一致，但是在潜在规模上却有相当程度的增加。在组织收益上，无论是实际收益还是潜在收益，比起没有制定政策之前都大大地增加了。实际规模没有发生太大变化的原因在于平均分配规则的约束上。因为在制定政策后，林地要素规模经营的优势得到了提升，每单位林地要素带来的边际效益实际上是增加了，如果按照必要分配份额分配，可以吸收更多的林农加入，所以潜在规模会增加相当大的一部分。但是如果按照平均分配份额分配，实际上稀释了边际效益增加的作用，吸引不了太多的林农加入组织，不能完全发挥出这种政策促使组织规模增大的政策效应。而组织收益的大幅度增加，则是这种政策致使规模经营优势发挥出来而产生的结果。因此，制定第二种政策，对实行平均分配规则的林农合作组织的实际规模影响并不大，但潜在规模会获得相当程度的增长空间，实际收益和潜在收益都会因此获得很大的增加。

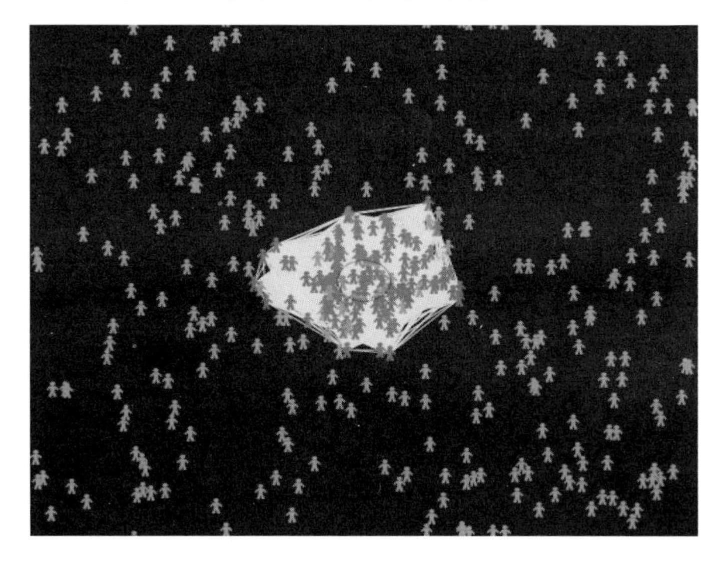

图10-7　$A_0=100$，$\theta_1=3$，$B_0=100$，$\gamma_0=2$，$s_0=0.01$ 时的林农组织模拟图

Fig. 10-7　Simulation graph of cooperatives when $A_0=100$，$\theta_1=3$，$B_0=100$，$\gamma_0=2$，$s_0=0.01$

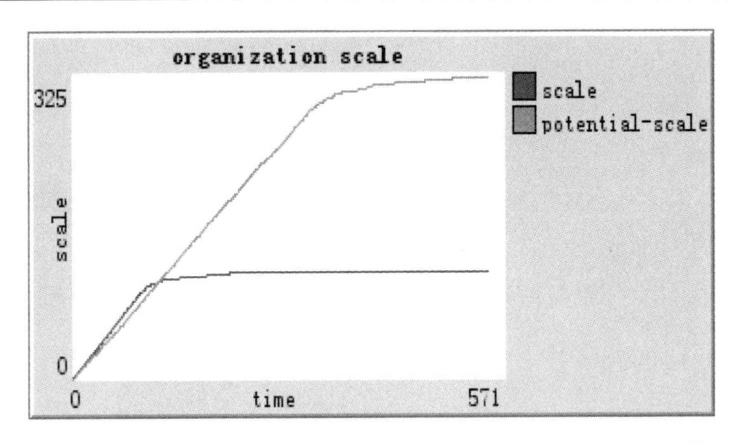

图10-8 $A_0=100$，$\theta_1=3$，$B_0=100$，$\gamma_0=2$，$s_0=0.01$时的林农组织规模曲线图

Fig. 10-8 Scale graph of cooperatives when

$A_0=100$, $\theta_1=3$, $B_0=100$, $\gamma_0=2$, $s_0=0.01$

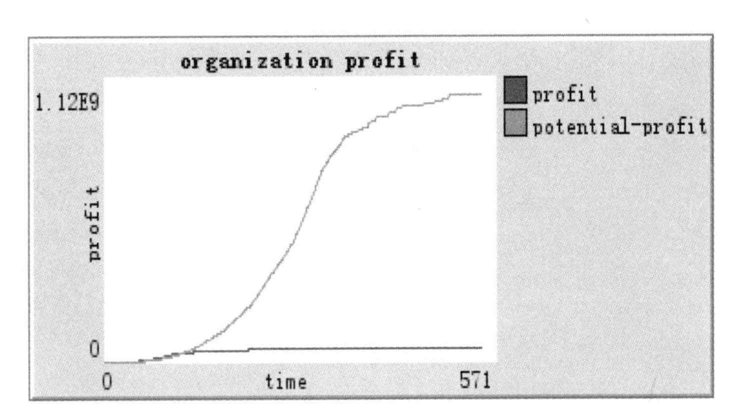

图10-9 $A_0=100$，$\theta_1=3$，$B_0=100$，$\gamma_0=2$，$s_0=0.01$时的林农组织收益曲线图

Fig. 10-9 Yield curve graph of cooperatives when

$A_0=100$, $\theta_1=3$, $B_0=100$, $\gamma_0=2$, $s_0=0.01$

(4)政府在制定第三种政策，即完善制度环境的政策后，制度环境因子变为$B_1=1$。林农合作组织规模和收益状况的模拟结果分别如图10-10、图10-11和图10-12。由模拟结果可知，在实施完善制度环境的政策后，林农合作组织的实际规模是116，组织的实际收益是57064，组织的潜在最大规模是275，潜在收益是478935。与初始状态相比，林农合作组织的实际规模和潜在规模都没有发生本质上的改变，组织的实际收益和潜在收益比起没有制定政策之前都略有增加。与实施第一种政策的情况类似，规模没有发生变化的原因在于制度环境的改善虽然可

以使组织的收益增加，但通过“搭便车”，组织外的林农同样可以享受到一部分这些好处，相应地提高了其加入组织的机会成本，所以规模变化不大。因此，制定第三种政策，不会对林农合作组织的规模发生太大影响，但组织的收益会略有增加。

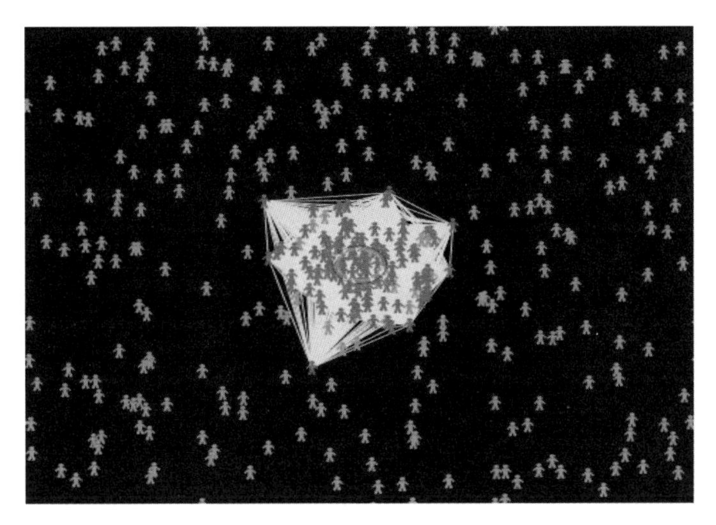

图 10-10 $A_0=100$，$\theta_0=2.5$，$B_1=1$，$\gamma_0=2$，$s_0=0.01$ 时的林农组织模拟图

Fig. 10-10 Simulation diagram of cooperatives when $A_0=100$, $\theta_0=2.5$, $B_1=1$, $\gamma_0=2$, $s_0=0.01$

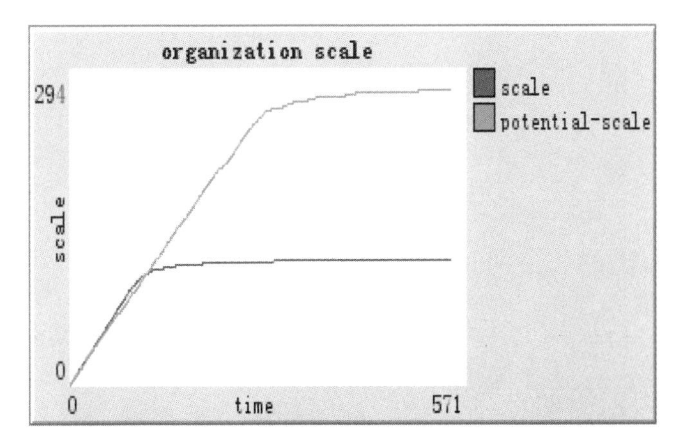

图 10-11 $A_0=100$，$\theta_0=2.5$，$B_1=1$，$\gamma_0=2$，$s_0=0.01$ 时的林农组织规模曲线图

Fig. 10-11 Scale graph of cooperatives when $A_0=100$, $\theta_0=2.5$, $B_1=1$, $\gamma_0=2$, $s_0=0.01$

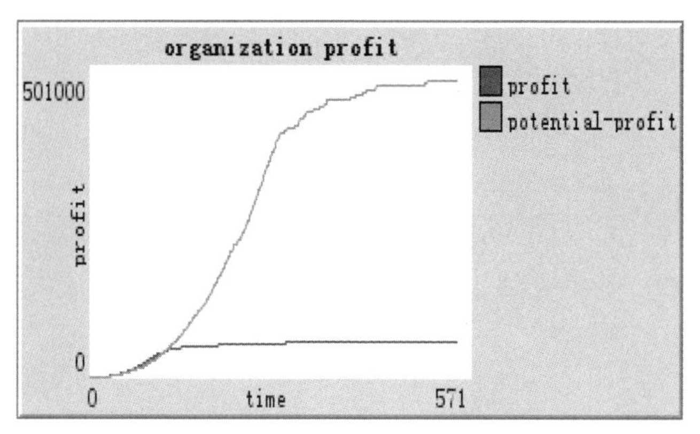

图 10-12 $A_0=100$，$\theta_0=2.5$，$B_1=1$，$\gamma_0=2$，$s_0=0.01$ 时的林农组织收益曲线图

Fig. 10-12 Income curve graph of cooperatives when $A_0=100$，$\theta_0=2.5$，$B_1=1$，$\gamma_0=2$，$s_0=0.01$

(5)政府在制定第四种政策，即减少边际组织成本支出的政策后，成本弹性变为$\gamma_1=0.5$。林农合作组织规模和收益状况的模拟结果分别如图 10-13、图 10-14 和图 10-15。由模拟结果可知，在实施减少边际组织成本支出的政策后，林农合作组织的实际规模是 117，组织的实际收益是 59257，组织的潜在最大规模是 277，潜在收益是 502769。相对于初始状态，林农组织的实际规模和潜在规模也都没有发生本质上的变化，实际收益和潜在收益比起没有制定政策之前也都略有增加，模拟结果和产生原因与实施第三种政策的情形相类似。因此，制定第四种政策，不会对林农组织的规模发生太大影响，组织的收益会略有增加。

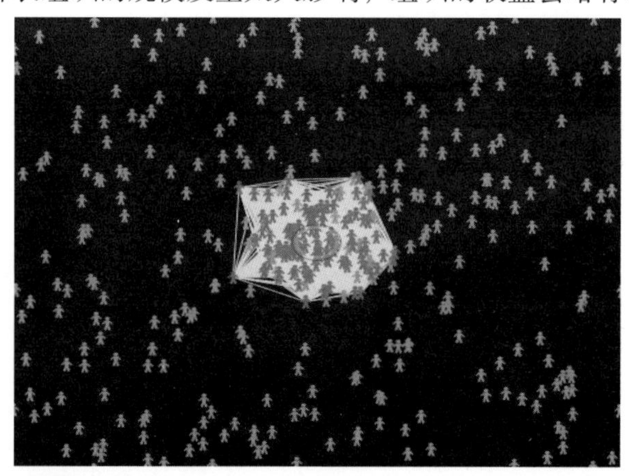

图 10-13 $A_0=100$，$\theta_0=2.5$，$B_0=100$，$\gamma_1=0.5$，$s_0=0.01$ 时的林农组织模拟图

Fig. 10-13 Simulation diagram of cooperatives when $A_0=100$，$\theta_0=2.5$，$B_0=100$，$\gamma_1=0.5$，$s_0=0.01$

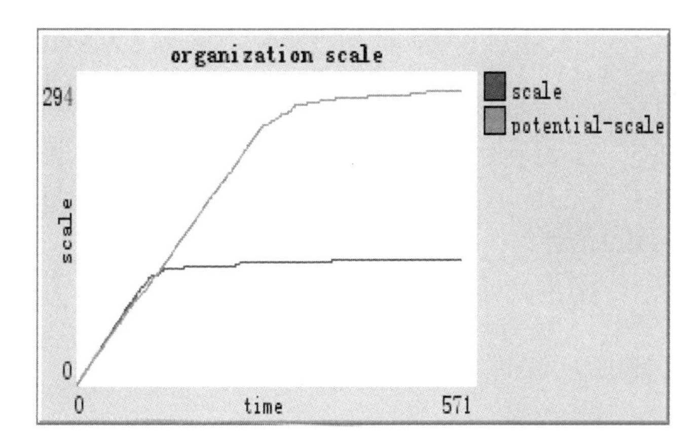

图 10-14 $A_0=100$，$\theta_0=2.5$，$B_0=100$，$\gamma_1=0.5$，$s_0=0.01$ 时的林农组织规模曲线图

Fig. 10-14 Scale graph of cooperatives when

$A_0=100$, $\theta_0=2.5$, $B_0=100$, $\gamma_1=0.5$, $s_0=0.01$

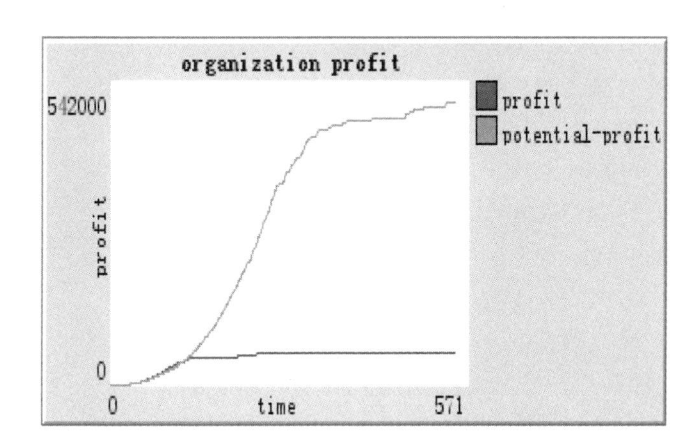

图 10-15 $A_0=100$，$\theta_0=2.5$，$B_0=100$，$\gamma_1=0.5$，$s_0=0.01$ 时的林农组织收益曲线图

Fig. 10-15 Income curve graph of cooperatives when

$A_0=100$, $\theta_0=2.5$, $B_0=100$, $\gamma_1=0.5$, $s_0=0.01$

(6)政府在制定第五种政策，即减少“搭便车”行为的政策后，外部性强度变为$s_1=0.005$。林农合作组织规模和收益状况的模拟结果分别如图 10-13、图 10-14 和图 10-15。由模拟结果可知，在实施减少“搭便车”行为的政策后，林农合作组织的实际规模是 225，组织的实际收益是 292717，组织的潜在最大规模是 395，潜在收益是 1164644。与初始状态相比，林农合作组织的实际规模和潜在规模都大大增加了，实际收益和潜在收益也都比没有制定政策之前有了大幅度的增加。

原因在于，采取方法减少林农从组织中获得的外部性好处后，林农获得的保留收益就减少了，由于加入组织的机会成本变小，林农就有动力加入合作组织。而随着林农组织加入人数的增多，规模不断壮大，规模经济优势就能得以充分发挥，合作组织的收益就会大幅增加。因此，制定第五种政策，会使林农组织的实际规模和潜在规模都获得很大程度的增大，从而带来组织收益的大幅增加。

10.1.1.3 促进林农合作组织发展的宏观政策措施

通过对五类促进林农合作组织发展政策分别进行模拟分析，实现了政策对组织的影响效果的预测。本部分将对这些政策进行细化，并形成具体的措施，这些措施将会在一定程度上对林农合作组织的发展起到积极的作用。

第一，完善市场秩序。

林权制度改革后，市场环境得到了极大的改善，木材流通成本明显降低。但是，现阶段我国林产品市场还处于发展的初级阶段，市场还不成熟，存在着以下的一些问题：市场秩序混乱、价格机制不完善、信息机制残缺、流通成本高，等等。政府应赋予合作组织发展壮大的优惠政策，对运作规范、成效显著的各类林农合作组织，由政府评选表彰和政策倾斜。

林权制度改革前，木材等林产品收购权由国有林业公司垄断，虽然改革打破了一家独大的局面，但是林产品市场还处于发育阶段，各种政策尚不完善，尤其是采伐限额制度极大地干扰了木材市场。采伐限额制度的初衷是实现森林资源的可持续发展，但现阶段该制度却成为寻租的工具。由于森林的生态价值越来越受到关注，林木的采伐限额控制变得更加严格。第6章的实证分析已经证明从事用材林的林农合作组织的收入明显低于经营其他类型的合作组织，其中采伐限额是主要原因之一，采伐限额制度使合作组织林地收益权受到了威胁。我国木材流通环节过多，流通费用高，这些都直接降低了合作组织的收益。由于缺乏交易市场和交易平台，加之合作组织规模较小，林产品的收购主要由中间商完成，这增加了交易成本，造成了合作组织收益的损失。

采伐限额制度限制了森林资源的开发，虽然林农合作组织在采伐限额上实行单列，并会被给予更多的采伐指标，但是采伐限额依然限制着以用材林为主的林农合作组织。在森林资源管理过程中，应该区分公益林和经济林，并实现分类管理，进一步增强林业资源变现能力。充分建立木材收储中心，规范林业要素市场运作，逐步完善各乡镇林权登记管理中心功能，降低林木林权流转准入门槛，简化交易申报程序，推进林木林地的收储、抵押、担保业务，提高林木林权的变现能力。公益林应接受政府的严格管理，林农合作组织负责日常维护，政府给予补贴。经济林的采伐限额应放开，由林农合作组织按照林木生长规律与市场需求规律进行经营管理。这种管理模式符合林权制度改革促进林业发展的基本思想，也有利于森林资源的可持续利用。政府应积极倡导建立完善的市场体系和市场信息传播平台。在林业较发达的地区建立各种规模的林产品市场或林产品交易中心，减少流通环节和流通成本。在完善市场体系的同时，建立信息发布平台，提高林业组织对市场的适应性。

完善林产品市场体系涉及诸多因素，但是现阶段，采伐限额和市场体系的建立是急需解决的关键问题。在合作组织的发展过程中市场环境的建设将加强，最终建立一个较为完善的市场环境。

第二，发挥林农合作组织的规模化优势。

林农合作组织的优势就在于可以实现林地经营的规模化。江西省的118个示范性林农合作组织的规模偏小，所以规模优势的发挥受到了很大的限制。政府应该在促进组织规模化经营方面发挥重要作用。现阶段林农合作组织的总体数量较小，规模优势的作用也不明显。政府应积极鼓励林农合作组织进行规模扩张，引导联户经营的林农将持有的山林股权或经营权按出资比例组建家庭合作林场，或以折价入股的方式加入已经组建的股份制林场进行统一经营，并在木材采伐指标的安排和林权证抵押贷款上给予优先考虑。政府可以优先给予合作组织扶持政策，把争取的项目补助资金也优先安排给各类林农合作组织。对按照要求编制森林经营方案的合作组织，由林业部门对其更新造林予以适当的资金补助扶持，并实行采伐指标单列管理，确保其林木收益权。在资金方面给予林农合作组织的更新造林适当补助，扩大林农合作组织的经营面积与覆盖比例；鼓励各类林农合作组织编制森林经营方案，实现森林资源的可持续经营。现阶段林农合作组织发展较好的大都是以销售为主的林业合作社，这类合作社以联合销售林产品和提升市场议价能力为目的。政府应积极引导这类合作组织的联合，扩大资源拥有量，提高市场地位。

林农合作组织在发展过程中需要政府给予更多财政上的支持，以促进林农合作组织收益的增加，吸引更多的林农加入合作组织。政府可以采取林业贴息贷款、基础设施建设补贴和森林保险等方式进行支持。林业的生产周期长、不确定因素多，在金融机构获得资金较为困难，因此政府应该支持金融机构给予中小型林农合作组织更多的资金支持，降低贷款的门槛，并给予政策性贴息。支持林农合作组织参股地方银行、农村信用社等金融机构，开发种类更加丰富和便捷的金融产品，支持林业改革发展，积极支持规模较大的林农合作组织在中小企业创业板块上市。

在基础设施建设方面，如林道、灌溉、防火设施的修筑等，现有林农合作组织虽然实行了联合，但是对基础设施的投资能力却不足，基础设施建设比较滞后并影响到了组织的发展。政府应当在基础设施建设方面给予多种类型的支持，如属于公共设施的林道、森林防火设施则应由政府出资单独修建，如属于半公共物品的基础设施建设政府应给予一定的补贴和适当的税费减免。由于森林经营的周期长和不确定因素多，专门针对林业的险种较少，合作组织应对风险能力也较差。政府应鼓励金融机构开展相关业务，针对不同的险种的风险状况给予资金支持，分担金融机构和合作组织的风险。政府应加大在技术培训和技术引入方面的费用支出，为林农合作组织的发展提供技术支持。政府应鼓励合作组织、企业、科研机构的合作，并努力为合作提供必要的经济条件。全力支持林农合作组织科技服务的载体功能，整合现有资源、政府增加投入，积极开展技术推广活动，使林农合作组织成为林业科技传播的主力军。拓展科技合作平台，充分发挥下游企业的技术优势。

第三，完善林农合作组织发展所需的制度。

林权制度改革是林农合作组织的重要制度推动，所以深化林权制度改革是推进林农合作组织发展的重要动力。林农合作组织需要林权制度改革的配套措施的实施，保证组织的法律地位和有效运行。

林权制度改革从2003年在江西省和福建省进行试点到2007年开始全面推行，改革过程中存在着影响合作组织发展的弊端。很多地区的林农并没有获得林权证，只是一个村民小组颁发了林权证，这样为林地的流转和林农产权和经营权的分离带来了极大的障碍。林权制度改革配套措施的不完善，也阻碍了林农合作组织的发展。林权制度改革后，完善便捷的林权流转体系是林农合作组织发展的必要条件。

实现林农合作组织的健康和快速发展，离不开相关法律的支撑和保障。林业发达的国家都有关于合作组织的专门法律(如日本的《森林组合法》)，而我国目前还没有一部关于林农合作组织的专门法律，这种情况已经严重地制约了林农合作组织的发展。因为相关法律的缺失，林农合作组织的法律地位和性质定位变得很困难，导致了合作组织的管理混乱。现阶段，既有在工商部门登记的合作组织，也有的在民政部门登记的合作组织，还有在农业部门备案的合作组织，其中很大一部分林农合作组织根本就没有经过正式认证。由于法律地位的不确定性，林农合作组织在贷款、纳税和开具发票等问题上都变得十分混乱，因而难以管理。

要加强对林农合作组织的指导和服务，帮助合作组织制定章程、实现决策民主和规范组织管理，引导合作组织处理好组织发展与当前收入分配的关系，建立合理的利益分配机制及发展机制。政府要根据《农民专业合作社法》的规定，加强对林农合作组织的监督，构建一套较为完整的组织评价系统，定期对合作组织开展评估，以促进林农合作组织长期和健康的发展。

林农合作组织的发展还需要很多方面的扶持，需要在林权制度改革不断地进行中引导林农合作组织健康发展，鼓励开展各种形式的林农合作模式的尝试。实现林权制度改革后，由过去的集体规模化经营向以市场为主导的规模化经营转变，以实现森林资源的可持续发展和促进林农收益的增加。

10.1.2　林农合作组织发展的微观条件分析

林农合作组织的发展需要良好的外部环境，更需要组织内部的有效管理。在合作组织发展的起步阶段，组织通过合理的组织形式和高效的运作，发挥局部的规模优势，增加参与者的收入，这是当前林农合作组织发展的主要任务。

10.1.2.1　林农合作组织模式的选择

林农合作组织有多种组织模式，既有合作程度较高的股份制林场，也有合作较为初级的专业协会。有效的组织形式是林农合作组织实现规模优势和降低组织成本的重要途径。

（1）林农合作组织的形成。林权制度改革后，合作组织作为实现林地分散后规模经营的重要手段，被政府积极推广，但在此背景下成立的很多合作组织的状况并不理想。合作组织的形成与组织形式有着密切的关系，创立的成员和形成的过程将影响到组织的发展。当前林农合作组织在发展过程应以自愿为原则，发挥亲属与朋友的关系作用和领头人的作用。林权制度改革后，林农在生产经营过程中遇到困难，首先想到的是向亲戚、朋友、邻居寻求帮助。这种小农经济产物虽然不符合社会化大生产的需要，但却符合我国当前农村经济发展的现状。政府在引导林农合作组织的发展过程中应该尊重现实，在这种简单的互助基础上形成较为初级的合作组织。在这类组织的发展中，应以组织的实际功能为主要目标，避免组织规模的盲目扩大和形式的正规化。领头人或大户对林农合作组织发展有着十分重要的作用，很多合作组织是由这些大户发起成立的。林业大户在资金、技术和能力上具有优势，有着较强的市场适应能力，是合作组织潜在的发起者。政府应该鼓励这些大户与其他的林农进行多种形式的合作，既可以在病虫害防治和销售等方面进行初级合作，也可以采取经营权与所有权相分离的合作形式。在林权制度改革后的相当一段时间内，这两种林农合作组织的发起形式都是主要的组织建立途径。

（2）林农合作组织的类型。现阶段，已经出现了多种类型的林农合作组织，既有较为初级的合作社，也有“公司＋农户”高度一体化的合作组织。从总体而言，林农合作组织的发展还是以低级的合作社为主，在有条件的地方发展更高形式的合作组织。因为林农刚刚得到林权，对林地经营的积极性较高，加之其他客观条件，导致林农自主经营林地的动机强烈。现有条件下，互帮互助的各类协会和合作社在结构上比较松散、且不具备法人资格，但是这些组织更适合以小农经济为主的我国农村。在发展一体化的合作组织时则应该慎重，在合作经济发展比较好的基础上稳步推进，尤其是对“公司 + 农户”和由过去的集体林场转变为合作组织这两种情况，否则有可能损害林农的积极性。政府在推动林农合作组织的过程中应因地制宜，不要盲目的强调组织的规模和组织的类型，应积极鼓励中小规模的合作组织发展。

10.1.2.2　林农合作组织的结构与管理模式

林农合作组织在发展过程涌现出许多有特色的组织结构形式，也形成了独具一格的管理模式。但从林农合作组织的发展总体情况来看，林农合作组织的结构和管理模式仍存在着一定的问题，影响到了组织的效率和成本。

很多林农组织仿照其他类型的组织，形成了自己的结构，部分组织具有公司治理结构的特性。由于当前我国林农合作组织以松散的合作社为主，所以组织的结构以精干为主，没有必要五脏俱全。不过在林农合作组织的发展过程中，应该逐步实现正规化。政府应该在引导合作组织发展前提下，通过一些示范性的合作组织指导其他合作组织建立更加合理的组织结构。在管理形式上，由于合作组织的类型各异，规模不同，在管理上应减少组织因规模的扩张带来的不必要成本的增加和发挥参与者的积极性。松散的合作组织较容易进行管理，在组织成员较少的情况下，通过简单的商议便可以在组织的经营问题上达成一致。在组织规模较大的情况下，应当成立专门的组织决策模式，既要发挥大户的作用，也要维护其他参与者的利益。在管理中，应减少政府对组织的影响力，让合作组织成为真正的经济组织。

10.1.2.3　林农合作组织的发展策略

随着林权制度改革的不断深化，林农合作组织将会不断发展。组织的规模应在组织能力范围内进行扩大，由于林农合作组织的参与者与管理者在经营能力上较弱，一个小规模的林农合作组织很可能随着规模的扩大而变得效率低下。所以合作组织的规模扩大应与自身能力相匹配。同时在组织发展中可以采用多种合作形式，实现合作组织的超常规发展。这些合作的形式可以是“合作组织 + 公司”的形式，也可以是“组织 + 组织”的形式，只要在保证组织效率的条件下，这些形式都可以采用。多样的合作模式可以避免组织内部成本的上升，把不同组织或是其他类型主体的外部性变为一个联合组织的内部问题，实现组织规模效应和收益的提升。在这个过程中政府要发挥更加重要的作用，应该为不同的合作主体创造合作的环境，还应对不同主体进行监督，防止合作的无效率。政府在林农合作组织的发展中应发挥重要的作用，在组织建设中提供咨询和引导，为组织的发展创造较好的环境。

林农合作组织在发展过程中不断完善，并解决了林权制度改革带来的规模需求与林地分散经营的矛盾。改革的深化给林农合作组织在组织形式和经营模式等问题上提供更多的创新空间。林农合作组织的发展需要在理论上不断创新，打破现有模式的局限，并在改革实践中不断摸索新的合作模式。

10.2 林农合作组织发展前景分析

林权制度改革后，林权的所有者的转变为林农合作组织的发展创造了基本条件，林农合作组织将成为改革后林业生产经营活动的重要主体。实现林农合作组织的主体地位，还需要在制度、环境、政策等方面进行积极的探索。

从规模来看，我国的林农合作组织在未来以中小规模为主。因为林农合作组织处于发展的初期，各方面条件不是很完善，同时以亲戚、朋友等关系作为组织形成的重要因素。所以在很长一段时间将会出现大量的规模较小的林农合作组织。从林业组织的功能来看，我国的林农合作组织主要以解决生产、经营、销售中的困境为主。林权制度改革后，林农对林地经营的积极性增加，但是在生产过程中存在着诸多问题，同时林农又不想放弃林地的经营权，所以林农将试图通过参加合作组织来解决这些问题。从组织的结构来看，我国的林农合作组织在很长一段时间以松散的组织为主，由于合作组织的功能主要是帮助林农解决在生产经营活动中的困难，林农合作组织多采用专业合作社的形式。林农可以自由加入和退出，在面临相同的困难时，通过组织的力量来解决问题。这就不需要组织具有严密的组织结构和较强约束力的制度。从林农合作组织的作用来看，林农合作组织的效用并没有完全发挥出来，林农合作组织对于提升林农收入的作用不明显。由于合作组织的功能的局限性和组织能力的不足，很多合作组织对于提升参与者收入的作用不是很明显。从产业类型来看，我国的林农合作组织逐步由第一产业向第二和第三产业发展。由于在生产经营中的很多问题不能通过简单的联合解决，那些有一定规模和管理水平的合作组织具有向后一体化的意愿，并且出现了许多这样的林农合作组织，并且会出现更多形式的纵向一体化形式。

10.3 林改后林农合作组织研究主要结论

通过多种方法对林农合作组织的研究，本书主要从林农合作组织形成和管理的角度进行研究，得出并完善了现有关于林农合作组织的一些结论。这些结论对于指导林农合作组织的发展具有一定的参考价值，丰富了现有关于林农合作组织的理论。

10.3.1 林农合作组织形成动因

已有研究认为，林权制度改革后，林权由集体转向分散的林户，导致规模优势的丧失。但是，并没有说明林农合作组织的规模优势产生的根本原因。本书借用系统动力学的因果关系图比较了林权制度改革后林农经营的状况以及面临的困难，同时也分析了林农合作组织的一般经营状况。通过分析发现林农合作组织存在着多种规模优势，如议价能力、借贷能力、采伐限额、林地规模的获得等因素实现了林农合作组织的规模优势。分析结果也说明了组织的规模优势不是没有限制的，随着组织的发展，在管理上需要更高的要求。在现阶段林农整体素质不高的情况下，盲目的扩张林农合作组织的规模，可能导致管理效率的降低，进而挫伤林农加入合作组织的积极性。

10.3.2 林农合作组织的规模和分配规则对组织的影响

本书运用博弈论研究林农合作组织主体之间的合作问题，通过建立一个合作联盟的博弈模型，分析了林农和合作组织的纳什均衡策略及均衡前提条件和结果，进而分析了合作组织达到稳定的规模情况。模型分析的结果说明：一个地区是否出现林农加入合作组织的行为以及合作组织达到稳定的最大规模与该地区的规模效益函数、组织成本函数、外部性函数和组织的分配规则情况有关。多主体仿真模型则分析了在不同规模效应、组织成本和外部效应下林农合作组织的规模情况。仿真结果说明：有效地提高组织的运行效率来实现组织规模优势，减少组织的运营成本是林农合作组织规模扩张的前提，外部效应有利于吸引潜在的参与者。

10.3.3 林农合作组织的规模、组织收入和产业类型实证结论

通过利用江西省示范性林农合作组织的数据，分别对林农合作组织的规模、组织收入和产业类型问题进行了分析。林农合作组织拥有的林地面积和注册资金的多少对组织规模产生正的作用，而组织成员与非组织成员的输入差距则对组织规模具有副作用。因为很多林农合作组织都是通过亲戚或是朋友关系成立的，即使组织有较好的效果，其他林农也很难加入，所以存在这种负的效应。林权制度改革对林农合作组织具有正的作用，但是该作用效果显著性不高。对收入的分析结果说明，林权制度改革后，增加了林农合作组织的经营收入，对林农合作组织的发展有积极的作用，符合林权制度改革的部分预期。同时从事用材林的林农合作组织的收入受到了负面的影响，这主要是因为用材林容易受到采伐指标的影响，因而很难实现资源变现。林权制度改革后，成立的合作组织收入要高于改革

前成立的组织，这种现象可以归结为林权制度改革带来的产权明晰化对组织发展的促进作用。分析的结果说明增加合作组织收入的途径是扩展经营范围、实现纵向一体化。对产业类型的 Logistic 模型分析的结果说明林农合作组织的收入是促进合作组织产业升级的重要因素，只有较高营业收入的组织，实行纵向一体化的可能性较大。其次证明了林权制度改革有利于林农合作组织在规模上和质量上的发展。从经营范围来看，从事经济林及林业相关服务的合作组织对从事下游产业更有积极性。

10.3.4 促进林农合作组织发展政策

在促进林农合作组织的发展政策上分为政府政策和组织发展的一些策略。通过林农在主体仿真模型，对政府促进林农合作组织的政策有三种，制定完善该地区市场环境的政策措施，如规范市场秩序，完善林木的价格机制，促进市场信息的方便快捷流通，减少林木交易所需付出的交易成本等；采取办法发挥林地资源规模经营的优势，如引进先进设备和改善生产条件，提高林农合作组织在市场中的地位和经营的主动性，增加当地林农合作组织在市场交易流程中的议价能力，使规模经营后能够产生更大的效益；制定改善该地区制度环境的政策措施，如改善该地区的产权制度安排，明晰林地的产权归属，加强林地要素流转的通畅性，通过教育培育林农的自治意识等。组织内部管理的策略有：制定措施控制因组织规模增加而带来的边际组织成本的增加，如引进科学的管理方法，完善林农合作组织的治理结构，为组织制定科学的决策机制和易于解决纠纷的规则，减少组织林农进行经济活动所需花费的冗余支出等；制定政策减少“搭便车”行为，如制定一套奖惩法规，把林农“搭便车”所获得的好处补偿给林农合作组织，利用舆论监督使免费搭车行为者感到压力，游说或鼓励组织外“免费搭车”的林农加入林农合作组织等。

参考文献

[1]白雪松．林业合作经济组织在农村经济发展中的作用分析[J]．农业经济，2011，5：49～50.

[2]蔡丽丽．加快推进林业合作经济组织建设的思考与对策——以三明市为例[J]．三农探索，2011，70(1)：51～52.

[3]曹华，宋维明，程宝栋．中外人工用材林规模化经营比较研究[J]．北京林业大学学报(社会科学版)，2008，6，(2)：74～78.

[4]曹建华．商品林经营与木材供给曲线特征分析[J]．林业经济，2003，3(4)：45～46.

[5]曾华锋，等．小规模林地合作经营趋势与国外经验借鉴[J]．世界林业研究，2009，22(11)：20～23.

[6]柴喜堂，福建省集体林权制度改革的实践与探索[R]．林业产权改革国际研讨会，2006，9，21.

[7]陈根长．中国林业物权制度研究[J]．林业经济，2002，2(10)：12～15.

[8]陈日希，等．面向21世纪发展工业用材人工林[J]．福建林业科技．1999(26)：191～194

[9]陈世清，王佩娟，郑小贤．南方集体林区森林资源产权变动管理对策研究[J]．绿色中国，2005，4(18)：30～33.

[10]陈天宝．中国农村集体产权制度创新研究[D]．北京：中国农业大学，2005.

[11]陈星高，黄宝强，罗德辉，等．无性系林业——工业原料林培育的新途径[J]．江西林业科技，2004(1)：35～37.

[12]陈幸良．中国林业产权制度的特点、问题和改革对策[J]．世界林业研究，2003，5(6)：27～31.

[13]陈永富，陈幸良，陈巧，等．新集体林权制度改革下森林资源变化趋势分析[J]．林业经济，2011，2(1)：44～49.

[14]陈永富，姬亚岚．对南方集体林区非公有制林业发展的思考[J]．林业经济，2003(5)：48.

[15]程宝栋，宋维明．中国木材产业安全问题研究[M]．北京：中国林业出版社，2007：1～200.

[16]程宝栋，宋维明．中国木材产业规模化经营的理论探析[J]．林业经济问题，2004(3)：103.

[17]程宝栋，宋维明．中国木材产业资源基础及可持续性分析[J]．林业资源管理，2006，2(1)：20～24.

[18]程云行，汪永红，汤肇元．林业专业合作组织与林地产权制度研究[J]．林业财务与会计，2004(5)：35～37.

[19]褚利明，董妍，丁丽丽，等．瑞典私有林与扶持政策[J]．农村财政与财务，2011，3(6)：46～48.

[20]戴广翠．中国的林业产业发展、市场及贸易状况．中国林业市场化改革理论与实践[M]．北京：中国大地出版社，2004. 12 ：170～171

[21]戴维·菲尼．制度安排的需求与供给[M]．见：V·奥斯特罗姆，D·菲尼，H·皮希特编；王诚等译．制度分析与发展的反思—问题与抉择．北京：商务印书馆，1996：5～90.

[22]道格拉斯·诺斯(美)．经济史中的结构与变迁[M]．上海：上海三联书店，1991：4～98.

[23]德姆塞茨．财产权利与制度变迁[M]．上海：上海三联书店，1994：3～90.

[24]迪克西特．经济政策的制定[M]．北京：中央编译出版社，1996. 4～50.

[25]丁希滨，等．关于新西兰、澳大利亚速生丰产林集约经营及木材加工利用情况考察报告[J]．山东林业科技，2002(6)：46～47.

[26]董长海，张广智．我国农民专业合作社产生及发展探析[J]．河南农业科学，2009(12)：5～8.

[27]董智勇．世界林业发展道路[M]．北京：中国林业出版社，1992. 8.

[28]杜吟棠．合作社：农业中的现代企业制度[M]．江西：江西人民出版社，2002：57～69.

[29]方美琪，张树人．复杂系统建模与仿真[M]．北京：高等教育出版社，2008：24～37.

[30]房风文．集体林权制度改革政策效果：基于一阶差分模型的估计——以福建省永安市为例[J]．林业经济，2011，(7)：76～79.

[31]房风文，等．林业股份合作社：发展环境、运行机制与政府支持[J]．林业经济，2011(3)：21～29.

[32]冯继康，何芳．中国农村土地经营制度：现实，反思与制度创新[J]．人大复印资料(农业经济)，2001(3)：157～161.

[33]傅圭壁，等．福建省集体林股份合作制创建发展与展望研究——为纪念福建省三明林业股份合作制创建25年而作[J]．林业经济问题，2008，28(5)：461～465.

[34]傅夏仙．农业产业化经营中的问题与制度创新[J]．浙江大学学报(人文社会科学版)，2004(9)：7～11.

[35]高立英，王爱民．建设林业合作经济组织的经济分析[J]．安徽农业科学，2007 (36)：36～37.

[36]高立英．集体林地经营规模分析——与林地规模经营观点的商榷[J]．林业经济问题，2007，27(4)：376～379.

[37]葛汉栋，周阳生，柳开明，等．赴美国巴西林业考察[J]．上海科教兴农网(www. shagri. org)

[38]耿玉德，蒋敏元，李尔彬．林业产业化内涵的探讨．中国林业企业2001(1)，11～12.

[39]耿玉德．林业产业化研究[D]．东北林业大学，2002(4)：14.

[40]郭红东．我国农户参与订单农业行为的影响因素分析[J]．中国农村经济，2005(3)：24～32.

[41]郭敏，屈艳芳．农户投资行为实证研究[J]．经济研究，2002，(6)：86～92.
[42]郭艳芹．集体林权制度改革绩效分析——对福建省的实证研究[M]．北京：中国农业科学技术出版社，2008：201～215.
[43]国家计委规划司．当前我国重点发展的产业产品和技术目录[J]．宏观经济管理，1998，2.
[44]国家林业局．中国森林资源报告——第六次全国森林资源清查[M]．北京：中国林业出版社，2004：4～200.
[45]国家林业局．中国森林资源报告——第七次全国森林资源清查[M]．北京：中国林业出版社，2009：4～80.
[46]国家林业局林业改革领导小组办公室．中共中央国务院关于全面推进集体林权制度改革意见辅导读本[M]．北京：中国林业出版社，2008.
[47]国鲁来．合作社制度及专业协会实践的制度经济学[J]．中国农村观察，2001(4)：23～25.
[48]何安华，等．林业专业合作社发展与林权抵押贷款担保——以浙江省丽水市创新竹木专业合作社为例[J]．林业经济，2009(11)：53～57.
[49]何立焕，等．营造速生丰产用材林的几种模式及其效益[J]．河北林业，2003(5)：17～19.
[50]何维·莫林．合作的微观经济学——一种博弈论的阐释[M]．上海：上海人民出版社，2011：90～101.
[51]何友均，李智勇，徐斌，叶兵，陈勇．新西兰森林采伐管理制度与借鉴[J]．世界林业研究，2009，2(10)：1～5.
[52]贺军伟．新中国农村合作社回顾与展望[J]．农村合作经济经营管理，1994(11)：3～5.
[53]贺卫，伍山林．制度经济学[M]．北京：机械工业出版社，2003，161.
[54]洪菊生．中国速生丰产林建设[M]．中国林业会编．北京：中国林业出版社，1997：120～131.
[55]洪菊生，等．巴西按树人工林栽培技术考察报告[J]．云南林业科技，增刊，1996(12)
[56]洪燕真，戴永务，余建辉，刘燕娜．福建省林权制度改革后的林业经营组织形式探讨[J]．林业经济问题，2009 (4)：163～167.
[57]洪燕真，等．福建省林权制度改革后的林业经营组织形式探讨[J]．林业经济问题，2009(2)：163～167
[58]洪燕真，等．福建省林权制度改革后的林业经营组织形式探讨[J]．林业经济问题，2009，29(2)：163～167.
[59]侯一蕾．郭向荣．采伐限额制度中政府和林农的博弈分析[J]．内蒙古林业调查设计，2011，9(5)：14～15.
[60]侯元兆，赵杰，张涛．国外人工用材林发展比较研究[J]．世界林业研究，2000(6)：11～18.
[61]侯元兆．林业可持续发展和森林可持续经营理论与案例[M]．北京：中国科学技术出版

社，2004(6)第一版：49，53~57，116，117，124.
[62]华桂宏．论我国农业经济中的组织创新[J]．南京师大学报(社科版)，2001(3)：41~46.
[63]黄安胜，张春霞，苏时鹏，等．南方集体林区林农资金投入行为分析[J]．林业经济，2008，2(6)：67~70.
[64]黄斌．采伐限额管理制度对林业收入的影响分析[J]．中共福建省委党校学报，2010，4(6)：63~67.
[65]黄斌．采伐限额管理制度对农户抚育采伐行为的影响分析[J]．林业经济问题，2010，2(1)：60~64.
[66]黄斌．采伐限额管理制度约束条件下的农户森林经营行为研究[D]．福州：福建农林大学，2010.
[67]黄和亮，等．影响农户参与林业合作经济组织因素分析——以福建省为例[J]．林业经济，2008(9)：55~58.
[68]黄金诚．国外人工林的发展趋势与海南的发展对策[J]．热带林业，1996，24(1)：3~10.
[69]黄李焰，陈少平，陈泉生．论我国森林资源产权制度改革[J]．西北林学报，2005，3(2)：186~192.
[70]黄丽萍，王文烂．林业专业合作经济组织的内部契约选择初探——以福建、江西"护林联防协会"为例[J]．林业经济问题，2008，28(6)：474~478.
[71]黄丽萍．林业专业合作经济组织内部契约选择初探——以福建尤溪"护林联防协会"为例[J]．西北农林科技大学学报(社会科学版)，2009，9(3)：33~37.
[72]黄丽萍，等．试论专业合作经济组织组建动力——以林区农民为例[J]．东南学术，2011(1)：34~40.
[73]黄明辉．产权与资源配置、经济增长之关系探讨[J]．黔南民族师范学院学报，2007，4(2)：56~60.
[74]黄森慰，等．私有林合作经营意愿影响因素分析[J]．林业经济，2009(6)：51~53.
[75]黄晓玲，等．林业规模经济的非线性均衡分析研究[J]．技术经济，2009，28(3)：38~44.
[76]黄祖辉，胡豹，黄莉莉．谁是农业结构调整的主体？农户行为及决策分析[M]．北京：中国农业出版社，2005：8~200.
[77]黄祖辉，徐旭初，冯冠胜．农民专业合作组织发展的影响因素——浙江省农民专业合作组织发展现状的探讨[J]．中国农村经济，2002 (3)：13~19.
[78]集体林区林业改革与发展课题组．集体林区林业改革与发展纪实[M]．北京：中国林业出版社，2002：67~74.
[79]贾国玺．对企业规模经济的深层次认识[J]．企业活力，2003(9)：32~33.
[80]贾治邦．集体林权制度改革给我们的几点启示[J]．林业经济，2006，1(6)：5~8.
[81]江华，胡品平，徐正春，等．森林限额采伐制度的经济学分析[J]．林业经济问题，2007，27(3)：253~256，283.

[82]姜真杰，程军．高校人力资源管理信息系统的设计[J]．浙江林学院学报，2003，20(3)：98～111.

[83]姜征．世界人工林开发利用研究现状及发展[J]．木材工业，1990(4)：21～23

[84]蒋海，苏志尧，先锋．推进我国林业产业化的思考[J]．河北林果研究，1998(9)：259～261.

[85]蒋海．林业产业化理论分析[J]．林业经济问题，1998(3)：17～19.

[86]蒋明，孙赵勇．基于博弈理论的农民专业合作经济组织问题分析[J]．北京理工大学学报(哲学社科版)，2010，12(6)：40～44.

[87]蒋明，孙赵勇．农民专业合作经济组织问题探析——基于博弈理论的实证分析[J]．科技进步与对策，2011，28(2)：28～32.

[88]金梅．基于合作博弈的订单农业合作组织发展研究[J]．经济问题，2010，(5)：65～67.

[89]柯水发，温亚利．中国林业产权制度变迁进程、动因及利益分析[J]．绿色中国，2005，2(10)：29～32.

[90]克里斯汀·蒙特，丹尼尔·塞拉．博弈论与经济学[M]．北京：经济管理出版社，2005.

[91]孔凡斌，杜丽．集体林权制度改革中的林地流转及规范问题研究[J]．林业经济问题，2008(5)：377～384.

[92]孔凡斌．论南方林区森林生态保护与森林资源产权管理模式[J]．林业资源管理，2004，6(2)：12～16.

[93]孔繁文，等．市场经济条件下中国森林资源管理政策及评价．中国林业市场化改革理论与实践[M]．北京：中国大地出版社，2004.12：10～12.

[94]孔令丞，邵春杰．均分地权条件下的农业规模化经营[J]．农业技术经济，2005(4)：42～45.

[95]孔祥智，陈丹梅．林业合作经济组织研究[J]．林业经济，2008.5：48～52.

[96]孔祥智，陈丹梅．统和分的辩证法——福建省集体林权制度改革与合作经济组织发展[M]．北京：中国人民大学出版社，2008：80～96.

[97]孔祥智，郭艳芹，李圣军．集体林权制度改革对村级经济影响的实证研究—福建省永安市15村调查报告[J]．林业经济，2006，5(20)：17～21.

[98]孔祥智，何安华，史冰清．关于集体林权制度改革和林业合作经济组织建设——基于三明市、南平市、丽水市的调研[J]．林业经济，2009，(5)：17～23.

[99]孔祥智，李或挥．福建省永安市集体林权制度改革的经济分析[M]．北京：中国人民大学出版社，2008：5～90.

[100]孔祥智．《集体林产权制度改革绩效分析——对福建省的实证研究》书评[J]．农业技术经济，2008，5(5)：110～111.

[101]孔祥智．现阶段中国农户经济行为的目标研究[J]．农业技术经济，1999，2(2)：24～27.

[102]孔祥智．制度创新与林业发展[M]．北京：中国人民大学出版社，2008：1～300.

[103]孔祥智，等．关于集体林权制度改革和林业合作经济组织建设——基于三明市、南平

市、丽水市的调研[J]. 林业经济，2009(5)：17～23. 182～188.
[104]孔祥智，等. 林业合作经济组织研究——福建永安和邵武案例[J]. 林业经济，2008(5)：48～52.
[105]兰火长. 森林采伐限额制度研究[J]. 长江大学学报(自然科学版)，2011，12(12)：229～231.
[106]雷加富. 论中国的森林资源经营[J]. 林业经济，2002(6)：8～11.
[107]雷瑶，孔凡斌. 林业专业合作组织研究进展[J]. 世界林业经济研究，2010. 10，67～72.
[108]冷清波. 我国集体林权竞争市场中交易行为博弈分析[J]. 西北林学院学报，2011，26(6)：224～228.
[109]李大银，等. 内黄县林业生产组织现状分析与对策[J]. 河南林业科技，2009，29(2)：38～40.
[110]李赶顺，王俊祥. 农业产业化经营理论与实践[M]. 北京：中国科学技术出版社，1998(11)：141～144.
[111]李剑泉，谢怡，李智勇. 加拿大森林管理制度及借鉴[J]. 世界林业研究，2009，12(10)：6～9.
[112]李剑泉，徐斌，李智勇. 商品林采伐限额管理制度国别经验[J]. 世界林业研究，2009，9(2)：10～13.
[113]李俊杰. 森林采伐限额执行中存在的主要问题及对策[J]. 林业资源管理，2005，7(6)：19～21.
[114]李丽纯. 湖南农民专业合作组织发展现状调查分析[J]. 湖南工程学院学报，2005，15(3)：33～35.
[115]李莉. 采伐制度的制定与林农采伐行为的博弈分析科技和产业[J]. 2011，11(11)：68～70.
[116]李敏. 城市林业的科学发展观[J]. 中国城市森林，2006 (2)：14～16.
[117]李霆. 当代中国林业[M]. 北京：中国社会科学出版社，1985：45～47.
[118]李文华，李飞. 中国森林资源研究[M]. 北京：中国林业出版社，1996：24～96.
[119]李娅，姜春前，严成，等. 江西省集体林区林权制度改革效果及农户意愿分析——以江西省永丰村、上芫村、龙归村为例[J]. 中国农村经济，2007，4(12)：54～61.
[120]李育才. 面向21世纪的林业发展战略[M]. 北京：中国林业出版社，1996：10.
[121]李悦. 产业经济学[M]. 北京：中国人民大学出版社，1998：417～419，439.
[122]李智国. 县域城镇体系规划的中心镇研究[J]. 重庆师院学报，2003(1)：77～83.
[123]李智勇，闫振. 世界私有林概览[M]. 北京：中国林业出版社，2001：56～78.
[124]李智勇. 全球人工林发展中值得注意的几个热点问题[J]. 世界林业研究，2000(1)：15～17.
[125]李忠正. 国内外制浆造纸工业现状和发展趋势[J]. 北方造纸，1995，16(2)：3～6.
[126]李周. 林权改革的评价和思考[J]. 林业经济，2008，2(9)：3～ 8.
[127]梁建平. 林业产业化与新技术革命[J]. 广西林业科学，2000(3)：48.

[128]林凤鸣．国外林业产业政策[M]．北京：中国林业出版社，1996.5：39，40，45.
[129]林建煌．战略管理[M]．北京：中国人民大学出版社，2005：55，58，199～200.
[130]林毅夫，蔡日方，李周．中国的奇迹：发展战略与经济改革[M]．上海：上海三联书店，1999：1～60.
[131]林毅夫．财产权利与制度变迁[M]．上海：上海三联书店，1994：3～340.
[132]林迎星．工业人工林的发展潜力与未来地位[J]．林业建设，1999(5)：8～11.
[133]林迎星．国外工业人工林发展研究概述[J]．世界林业研究，2000(8)：27～31.
[134]林迎星．中国工业人工林发展研究概述[J]．世界林业研究，2000(5)：10～13.
[135]林智勇．采伐限额下用材林合理收益率确定研究——以南平顺昌为例[J]．林业经济．2011，11(2)：71～73.
[136]凌鹤．大力发展农民林业专业合作组织加快林业产业化进程[J]．云南林业，2008，29(6)：22～23.
[137]刘璨，吕金芝，王礼权．集体林产权制度变迁(续二)[J]．林业经济，2007，1(1)：53～58.
[138]刘璨，吕金芝，王礼权．集体林产权制度变迁(续一)[J]．林业经济，2006，8(12)：36～62.
[139]刘璨，吕金芝，王礼权．集体林产权制度变迁[J]．林业经济．2006，8(11)：8～13.
[140]刘璨．社区林业制度绩效消除贫困研究—效率分析与案例比较[M]．北京：经济科学出版社，2005：3～80.
[141]刘璨．中国集体林制度与林业发展[M]．北京：经济科学出版社，2008：248～286.
[142]刘金龙．对中国集体林区产权改革诸问题的认识[J]．林业经济，2006，9(8)：12～16.
[143]刘伟平，肖友智，陈贵松．比较发达的林业产业体系的基本框架[J]．林业经济问题，1997 (1)：1～9.
[144]刘小强．我国集体林权制度改革绩效的实证分[D]．北京：北京林业大学，2010.
[145]刘晓丽．日本人工林步履为艰[J]．林业经济参考资料，1990(23)：1～6.
[146]卢现祥．西方新制度经济学[M]．北京：中国发展出版社，1996：1～310.
[147]卢现祥．新制度经济学[M]．北京：北京大学出版社，2007：1～230.
[148]罗金，张广胜．集体林权改革后的林农生产投资行为[J]．林业经济问题，2009，(1)：78～80.
[149]罗攀柱，等．对湖南省集体林业股份合作制的几点思考[J]．林业经济问题，2006(4)：356～359.
[150]罗攀柱，等．经济改革开放下的中国南方集体林业股份合作制度的发展[J]．东京：林业经济研究，2002(3)：31～39.
[151]吕明亮．林业合作社在推广应用林业科技成果中的作用及发展对策——以浙江省的实践为例[J]．福建农业科技，2007(4)：84～86.
[152]马常耕．工业人工林发展与材性育种[J]．世界林业研究，1991(4)：31～37.
[153]马常耕．试论发展我国工业人工林的若干对策[J]．世界林业研究，1993(1)：70～75.

[154]马丁·J·奥斯本，阿里尔·鲁宾斯坦．博弈论教程[M]．北京：中国社会科学出版社，2000：5～18.
[155]马克思．资本论．第1卷[M]．北京：人民出版社，1975.
[156]马志雄．“均山制＋林业专业合作”的集体林权改革路径探讨[J]．山东省农业管理干部学院学报，2009，23(2)：56～58.
[157]迈克尔·波特．竞争优势[M]．陈小悦，译．北京：华夏出版社，2004(6)：33，35.
[158]梅德平．农民专业合作经济组织培育中的政府职能[J]．江汉论坛，2005(8)：16～19.
[159]梅莹，江激宇．新农村建设中林业经济合作组织发展的思考[R]．第七届中国林业经济论坛论文汇编，2009(9)：73～77.
[160]缪东玲．2010年森林资源及其木材供给能力的国际比较分析[J]．林业经济，2010，6(12)：82～88.
[161]倪建军．复杂系统多Agent建模与控制的理论及应用[M]．北京：电子工业出版社，2011.9：6～7.
[162]牛若峰．农业产业一体化经营的理论界定和政策建议[J]．云南农村经济，1997(5)：11～12.
[163]牛若峰，夏英．农业产业化经营的组织方式和运行机制[M]．北京：北京大学出版社，2000：67～79.
[164]牛若峰．当代农业产业一体化经营[M]．南昌：江西人民出版社，2002(9)：23～24.
[165]牛若峰．产业一体化：市场农业发展的基本模式[J]．农业经济问题，1995(6)：7～9.
[166]诺斯．制度、制度变迁与经济绩效[M]．上海：上海三联书店，1994：21～203.
[167]彭星闾，叶生洪．论规模经济的本质[J]．当代财经，2003(2)：6.
[168]彭星闾、肖春阳．市场与农业产业化[M]．北京：经济管理出版社，2000(8)：14～18.
[169]钱长根．农民专业合作社发展中的问题与对策研究——以浙江嘉兴为例[J]．农业经济，2006 (8)：63～65.
[170]乔方彬，等．林地产权和林业的发展[J]．农业经济问题，1998 (7)：29～30.
[171]乔永平，曾华锋，聂影．政府对森林资源产权市场的干预[J]．中国林业经济，2007，4(2)：37～40.
[172]邱海平．马克思的生产社会化理论研究[J]．当代经济研究，2002(7)：13～17.
[173]邱坚，杜官本，郑志锋．林纸一体化与人工林培育的生物木材学研究[J]．西南造纸，2003(5)：21～22.
[174]邱俊齐．林业经济学[M]．北京：中国林业出版社，2007：106～108.
[175]裘菊，孙妍，李凌，等．林权改革对林地经营模式影响分析——福建林权改革调查报告[J]．林业经济，2007，4(1)：23～27.
[176]沈国舫，洪菊生，盛炜彤，等．营造一亿亩速生丰产用材林技术路线与对策论文选集．中国林学会，1993.
[177]沈国舫．对发展我国速生丰产林有关问题的思考[J]．世界林业研究，1992：67～74.
[178]沈国舫．森林培育学[M]．北京：中国林业出版社．2001.9：413～416.

[179]沈国舫．中国森林资源与可持续发展[M]．南宁：广西科学技术出版社．2000. 12：74～78.
[180]沈静薇．政府在林农合作组织中的角色和职能分析[A]．南京：南京林业大学，2008.
[181]沈文星．森林采伐限额管理制度研究[J]．林业资源管理，2004，4(6)：1～4.
[182]沈月琴，刘德弟，徐秀英．森林可持续经营的政策支持体系[M]．北京：中国环境科学出版社，2004：89～96.
[183]沈月琴，等．浙江省林业专业合作经济组织发展对策研究[J]．浙江林业科技，2005，25(2)：79～84.
[184]沈照仁．从世界角度看我国的造林事业[J]．林业问题，1989(2)：97～111.
[185]沈照仁．我们从世界林业中能借鉴到什么[J]．林业问题，1987(3)：37～54.
[186]盛洪．现代制度经济学(上卷)[M]．北京：北京大学出版社，2003：45～53.
[187]施化云．云南省林业生产实行股份合作制的探讨[J]．林业调查规划，2002（4）：91～95.
[188]施湘锟．鲍钦．张隆平．尤溪县森林限额采伐管理实证分析[J]．生态农业，2010，12(3)：54～56.
[189]石敏．速生丰产用材林建设工程相关政策与融资机制[J]．林业经济，2003(3)：16～19.
[190]石秀印．农村股份合作制[M]．长沙：湖南人民出版社，1999：23～31.
[191]史忠良．产业经济学(第二版)[M]．经济管理出版社，2005：74，95～100.
[192]宋维明，程宝栋．关于中国木材产业发展与生态保护关系的思考[J]．林业经济，2006，7(1)：38～42.
[193]宋维明，程宝栋．关于中国木材贸易资源基础的思考[J]．绿色中国(理论版)，2004(5)：39～42.
[194]宋维明，程宝栋．未来中国木材资源获取途径探究[J]．北京林业大学学报(社会科学版)，2006，(12)：3～8.
[195]宋维明，程宝栋．中国木材产业规模化经营的战略性思考[J]．木材工业，2005(3)：2.
[196]宋维明，程宝栋．中国木材产业规模化经营的战略性思考[J]．木材工业，2005，5(5)：1～15.
[197]宋维明，印中华．关于中国林业产业规模化发展的若干思考——基于规模经济贸易理论的研究[J]．农业经济问题，2009，6(1)：70～112.
[198]宋维明．中国木材产业国际化与竞争力研究[D]．北京林业大学，2001(1)：35，80，84，102，112.
[199]宋维明．中国木材战略储备研究[R]．北京：北京林业大学林产品贸易研究中心，2011.
[200]宋元媛，曾寅初，王兆君．采伐限额制度对非公有制林业的影响[J]．林业经济，2003，2(12)：35～36.
[201]苏昶鑫．刘峰，等．森林采伐限额管理工作的问题与建议[J]．中国林业经济，2011，11(6)：57～60.

[202]苏春雨，李怒云．美国国际纸业公司林浆纸一体化的启示[J]．绿色中国：2005(9)：54.

[203]苏东水．产业经济学[M]．北京：高等教育出版社，2000(7)：335.

[204]孙冰，粟娟，谢左章．城市林业的研究现状与前景[J]．南京林业大学学报，1997，21(2)：83～88.

[205]孙浩杰，王征兵，汪蕴慧．农民合作经济组织生成的博弈分析[J]．大连理工大学学报(社会科学版)，2007，28(3)：36～38.

[206]孙红召，等．河南省林农合作组织发展研究[J]．河南林业科技，2006，26(4)：29～30.

[207]孙建．中国木材工业发展现状、趋势和政策[J]．人造板通讯，2004(6)：4～8.

[208]孙耀吾，刘朝．"公司＋农民"组织运行困境的经济学分析[J]．财经理论与实践，2004(7)：116～119.

[209]谭智心，孔祥智．集体林权制度改革后林业合作社发展的思考——福建省永安市林业合作社调查报告[J]．北京林业大学学报(社会科学版)，2010，9(3)：75～80.

[210]汤洁，续珊珊．我国林业合作经济组织发展问题与对策研究[J]．学术交流，2009(1)：87～89.

[211]汤铭潭．小城镇发展与规划概论[M]．北京：中国建筑工业出版社，2004：11～15.

[212]唐陆法，刘瑛，王雅娟．淳安县农村林业专业合作经济组织现状与发展对策研究[J]．中国林业经济，2007(5)：48～51.

[213]田明华，张卫明，陈建成．我国森林采伐限额政策的评价[J]．中国人口资源与环境，2003，13 (1) ：118～ 120.

[214]田淑英．集体林权改革后的森林资源管制政策研究[J]．农业经济问题，2010，2(1)：90～ 95.

[215]田园，程宝栋，宋维明．保障木材安全的国际实践及对我国的启示[J]．世界林业研究，2011，3(6)：69～72.

[216]托马斯·C·谢林．微观动机与宏观行为[M]．北京：中国人民大学出版社，2005：96～104.

[217]万杰．关于速生丰产用材林基地建设的几点思考[J]．林业经济，2002(4)：27～31.

[218]万杰，于宁楼．非公有速生丰产用材林建设的思考[J]．林业经济，2003：18～20.

[219]汪斌，董赟．从古典到新兴古典经济学的专业化分工理论与当代产业集群的演进[J]．学术月刊，2005(2)：30.

[220]汪祖潭，许树洪，丁立忠．巴西人工林集约经营和管理考察报告[J]．浙江林学院学报1996(4)：497～501.

[221]王登举，李维长，郭广荣．日本森林组合的作用及其基本属性分析[J]．林业与社会，2005 (13)：43～48.

[222]王登举，李维长，郭广荣．我国林业合作组织发展现状与对策[J]．林业经济，2006(5)：67.

[223]王登举，等．我国林农合作组织发展现状与对策[J]．林业经济，2006(5)：65～68.
[224]王恩玲．我国速生丰产用材林建设现状与对策[J]．中华纸业，2000(9)：11.
[225]王洪玉．产权制度安排对农户森林经营决策的影响研究——以辽东地区为例[D]．沈阳：沈阳农业大学，2009.
[226]王豁然．关于发展人工林与建立人工林业问题探讨[J]．林业科学，2000(5)：13～16.
[227]王建军．分工理论的演进与新发展[J]．煤炭经济研究，2005(10)：36.
[228]王杰，徐凯涛．我国农业产业化经营模式探讨[J]．学术交流，2001(2)：73～75.
[229]王进京，宁久丽．关于发展林业产业促进农林增收情况的调查与思考[J]．河北林业科技，2006(2)：24.
[230]王菊芳．我国木材供给方略研究．内蒙古农业大学学报：社会科学版，2009，4(2)：2114～2115.
[231]王顺彦．甘肃省天保工程区可持续发展研究[D]. 2008：4.
[232]王文烂．福建集体林产权制度改革的公平与效率[J]．林业科学，2009，7(8)：105～110.
[233]王文烂．集体林权制度改革对农民林业收入的影响[J]．林业科学，2009，8(8)：141～146.
[234]王新利，李世武．农民专业合作经济组织的发展分析[J]．农业经济问题，2007 (3)：15～19.
[235]王幼臣，张晓静，黄月艳．中国林业市场化改革理论与实践专题二——市场经济条件下中国集体林区经营模式评价[M]．北京：中国大地出版社，2004(12)第一版：22～24，36～37.
[236]王彧，李银雁．中国林纸一体化艰难前行．中国经济时报，2004(10)：22.
[237]威廉姆森．资本主义经济制度[M]．北京：商务印书馆，2004：1～205.
[238]韦殿隆．南非发展人工林的主要措施及成功经验[J]．广西林业，2004(2)：39～41.
[239]魏东晨．非公有制造林与造林采伐政策[J]．中国林业，2003，2(4)：78～82.
[240]魏杰等．产权与企业制度分析[M]．北京：高等教育出版社，1997：56～89.
[241]魏良春，谢信礼，殷建强，等．英国人工林集约经营考察报告[J]．云南林业科技，1996(12)：78.
[242]温亚利．森林资源和它的可获程度是决定木材供给的主要因素 [J]．林业经济，1986，2(1)：54～ 58.
[243]文彩云．集体林权制度改革对农户生计的影响[D]．北京：中国林业科学研究院，2008：45～46.
[244]邬义钧，邱钧．产业经济学[M]．北京：中国统计出版社，2001(6)：500.
[245]吴南生．我国人工林的地位、作用及主要造林技术[J]．江西农业大学学报，2001(12)：562～566.
[246]吴武汉，等．必须深化认识林纸一体化[J]．中华纸业，2004(8)：17.
[247]吴晓东，等．农民合作经济组织发展问题研究综述[J]．特区经济，2006(2)：

349 ~ 350.
[248]吴延雄，周彬，陈宏伟，王达明．热带人工用材林研究综述[J]．世界林业研究．2004(4)：15.
[249]吴越．林业产业化几个问题的探讨[J]．林业经济，1997(3)：61.
[250]伍士林，蔡细平，谷红兵．分散林业生产适度规模化的对策探讨[J]．林业经济问题，2006(1)：76 ~ 79.
[251]向成华，李晓清，赵毅．国内外速生丰产林的研究动态[J]．四川农业大学学报，1998(12)：16.
[252]肖平，张敏新．我国工业人工林发展条件论[J]．林业经济，1990(4)：27 ~ 30.
[253]肖青．无性系林业：工业人工林世界潮流新营林体系[J]．四川林业科技，1990，11(1)：75 ~ 77.
[254]肖雪群，等．林业经济合作社可行性探讨[J]．江西林业科技，2008(4)：54 ~ 56.
[255]谢大显．永春县速生丰产用材林基地建设树种选择与造林区划[J]．林业勘察设计(福建)，2007(1)：183 ~ 186.
[256]辛翔飞，秦富．影响农户投资行为因素的实证分析[J]．农业经济问题(月刊)，2005，3(10)：34 ~ 37.
[257]邢最荣．浙江：对进一步推进全省林业专业合作社又快又好发展的几点思考[J]．中国林业产业，2006(8)：23 ~ 24.
[258]徐国祯，曾广正，罗攀柱．南方集体林区规模经营的研究[J]．北京林业大学学报，1995，3(3)：56 ~ 70.
[259]徐国祯．黄山如．研究森林生态系统经营有效的途径——开放的复杂巨系统理论与方法[A]．系统工程与可持续发展战略——中国系统工程学会第十届年会论文集，1998 - 07 - 01.
[260]徐国祯．乡村林业与农村持续发展[J]．北京林业大学学报．1994，(S1).
[261]徐晋涛，陶然，危结根．信息不对称、分成契约与超限额采伐：中国国有森林资源变化的理论分析和实证考察[J]．经济研究，2004，8(3)：37 ~ 46.
[262]徐秀英．南方集体林区森林可持续经营的林权制度研究[M]．北京：中国林业出版社，2005：155 ~ 168.
[263]徐旭初．农民专业合作组织立法的制度导向辨析——以《浙江省农民专业合作社条例》为例[J]．中国农村经济，2005(6)：19 ~ 24.
[264]许向阳，等．政府在林农合作组织发展中角色定位的研究[J]．林业经济，2007(2)：52 ~ 76.
[265]宣慧玉，张发．复杂系统仿真及应用[M]．北京：清华大学出版社，2008：58 ~ 102.
[266]鄢哲，姜雪梅．南方集体林区木材供给行为研究[J]．林业经济，2008，5(9)：44 ~ 49.
[267]颜华，曹玉昆．发展林业合作组织深化集体林权改革[R]．第七届中国林业经济论坛论文汇编，2009 年(9)：78 ~ 82.
[268]晏露蓉．反思与建议：集体林权制度改革中的金融问题研究[J]．林业经济，2010(2)：

24～31.
[269]杨蕙馨，冯文娜．基于博弈分析的中间性组织的运行研究[J]．经济学动态，2005(6)：35～39.
[270]杨坚白．合作经济学概论[M]．北京：中国社会科学出版社，1992：78～86.
[271]杨丽霞，等．浅谈林业专业合作社财务管理[J]．林业经济问题，2005，25(5)：275～294.
[272]杨守坤．新西兰林业—世界人工林经营的成功典范[J]．湖北林业科技，2004(3)：54～57.
[273]杨洋金，永仁．个体林农融资问题探究[J]．林业财务与会计，2004(2)：25.
[274]杨永军．关于培育和发展农村林业经济合作组织的思考[J]．辽宁林业科技，2006(5)：40～50.
[275]姚顺波．产权残缺的非公有制林业[J]．农业经济问题，2003，4(6)：29～33.
[276]一言．中国林业产业政策及其区域比较研究[J]．林业经济，1991(4)：1～13.
[277]殷建强，等．浅议贵州速生丰产用材林发展前景及对策[J]．贵州林业科技，2008(2)：48～51.
[278]尹航，徐晋涛．集体林区林权制度改革对木材供给影响的实证分析[J]．林业经济，2010，4(4)：27～49.
[279]余雪标，钟罗生，杨为东，等．桉树人工林林下植被结构的研究[J]．热带作物学报，1999，20(1)：66～72.
[280]俞荣贞．农民合作组织规模影响农民合作的博弈分析[J]．新疆农垦经济，2011(10)：7～10.
[281]愚夫．工业人工林[J]．林业问题，1987(2)：78～87.
[282]袁惠民，刘继红，刘洋．发展农民专业合作创新农村经营体制——对浙江省发展农民专业合作组织的调查[J]．华中农业大学学报(社会科学版)，2005 (4)：4～7.
[283]袁庆明．新制度经济学[M]．中国发展出版社，2005：30～97.
[284]苑鹏．现代合作社理论研究发展评述[J]．农村经营管理，2005(4)：15～19.
[285]詹黎锋，杨建州，张兰花，朱少红．农户造林投资行为影响因素实证研究—以福建省为例[J]．福建农林大学学报(哲学社会科学版)，2010，5(2)：32～35.
[286]詹黎耕．浙江省农民专业合作社的立法实践和思考[Z]．全国推进农村专业合作组织发展研讨会交流材料，2005.
[287]张春霞．社会林业的发展与产权制度的改革[J]．林业经济问题，1995 (1)：11～27.
[288]张德成，李智勇，徐斌．国外发展私有林主协会的启示[J]．世界林业研究，2009 (4)：11～16.
[289]张德元．论小农集约经营[J]．经济学家，2004 (1)：43～44.
[290]张广胜，罗金．集体林权制度改革中采伐限额与林农生产决策[J]．林业经济，2010，3(12)：51～55.
[291]张广胜，等．农民对专业合作社需求的影响因素分析——基于沈阳市200个村的调查

[J]. 农业经济问题, 2007(11): 68 ~ 73.

[292]张海鹏, 徐晋涛. 集体林权制度改革的动因性质与效果评价[J]. 林业科学, 2009, 9(7): 119 ~ 126.

[293]张红宵, 等. 集体林权制度改革: 林业股份合作制向均山制的制度变迁——周源村案例分析[J]. 中国农村经济, 2007(11): 47 ~ 53.

[294]张红霄, 张敏新, 刘金龙. 集体林权制度改革: "轮包制"的制度效应与瑕疵分析——基于福建省邵武市高南村的案例研究[J]. 林业经济, 2007, 8(6): 22 ~ 25, 33.

[295]张红霄, 张敏新, 刘金龙. 我国集体林权制度改革背景及动因分析—基于福建省村级案例研究. 南京林业大学学报(人文社会科学版), 2007, 7(4): 37 ~ 39.

[296]张红霄, 张敏新. 集体林产权安排与农民行为取向[J]. 中国农村经济, 2005, 9(7): 38 ~ 43.

[297]张建国, 吴静和. 现代林业论[M]. 北京: 中国林业出版社, 1995. 6.

[298]张建国, 章静. 关于南方集体林区林地问题的研究[J]. 林业经济问题, 1995(1): 1 ~ 11.

[299]张建国, 张三. 工业人工林发展研究[J]. 福建林学院学报, 2000, 20(3): 193 ~ 198.

[300]张建国. 工业人工林发展研究[J]. 福建林学院学报, 2000, 20(2): 82 ~ 85.

[301]张建康, 石大兴, 辜云杰, 等. 论我国发展现代工业人工林[J]. 林业建设, 2003(6): 20 ~ 23.

[302]张建龙. 我国集体林权制度改革态势与重点任务[J]. 林业经济, 2011(3): 3 ~ 6.

[303]张建龙. 在森林采伐限额管理工作会议的讲话[R]. 北京: 国家林业局, 2009.

[304]张蕾, 蔡志坚, 胡国珠. 论林地流转中的制度失衡问题[J]. 安徽农业科学, 2011, 39(3): 1724 ~ 1729.

[305]张蕾, 奉国强. 南方集体林业产权问题研究[J]. 林业经济, 2002, 3(3): 37 ~ 40.

[306]张蕾. 中国林地生产潜力与木材供给研究[M]. 中国林业出版社, 2009: 96.

[307]张敏新, 肖平. 工业人工林的特征及发展趋势[J]. 林业经济, 1996(2): 33 ~ 38.

[308]张敏新, 张红霄, 肖平. 集体产权安排与资源使用者的认知[J]. 林业经济, 2003, 6(12): 25 ~ 28.

[309]张明林. 集体选择、智猪博弈与农业组织的合作机制研究——一个林业合作社的例子[J]. 商业研究, 2006, 338(6): 202 ~ 205.

[310]张三, 魏远竹. 工业人工林的经营措施与发展道路探索[J]. 林业经济问题, 1998(8): 52 ~ 57.

[311]张三. 我国工业人工林发展现状与对策—解决我国木材供需矛盾途径研究之一[J]. 中国农村经济, 2001(4): 43 ~ 46.

[312]张守攻, 张建国. 我国工业人工林培育现状及其在林业建设中的战略意义[J]. 中国农业科技导报, 2000 (1): 33.

[313]张维迎. 博弈论与信息经济学[M]. 上海: 上海人民出版社, 2004: 15 ~ 48.

[314]张样茂. 论合作经济组织在我国农村社会和谐中的重要作用[J]. 中国合作经济, 2005

(7)：24～25.

[315]张耀启．国外速生丰产林建设浅析[J]．世界林业研究，1990(4)：12～19.

[316]张瑜，王岳龙，杨伟民．农民专业合作组织的联盟博弈分析——基于 Shapley 值法的农超对接利益分配[J]．学习与实践，2010(4)：45～49.

[317]张元智，马鸣萧．企业规模、规模经济与产业集群[J]．中国工业经济．2004(6)：30～35.

[318]张正，等．林农合作组织筹资渠道分析[J]．安徽林业科技，2006，130(4)：2～11.

[319]张志才，等．福建森林资源培育合作经济组织的调查与思考[J]．福建林业科技，2007，34(1)：240～246.

[320]张志达．澳大利亚的林业经营[J]．中国林业，1994(5)：43.

[321]章政．现代日本农协[M]．北京：中国农业出版社，1998：78～83.

[322]赵晨，徐铭泽，刘振英，等．"十二五"期间年森林采伐限额编制方法与技术．林业资源管理[J]. 2011，8(4)：6～25.

[323]赵劼．国内外人工用材林发展比较研究[D]．硕士论文，2000(6)：10，33～38.

[324]郑少红．深化林权改革创新农村经营制度——基于福建林农合作组织的实证分析[J]．中国集体经济，2008(5)：162～164.

[325]郑文凯．关于农民专业合作组织发展有关问题的思考[J]．农村经营管理，2005(11)：13～14.

[326]中国科协科普部，中国农村专业技术协会．我国农村专业技术协会发展状况报告[R]. 2003.

[327]中国社会科学院农村发展研究所组织与制度研究室．大变革中的乡土中国[M]．北京：社会科学文献出版社，1999：86～94.

[328]周立群，曹利群．商品契约优于要素契约——以农业产业化经营中的契约选择为例[J]．经济研究，2002 (1)：14～19.

[329]朱光前. 2008 年木材及木制品市场形势和 2009 年前景对策．见：全球金融危机对中国林业产业的影响及对策研讨会文集．中国林业经济学会编，2009.

[330]朱再昱，等．林业专业合作社财务管理的特点、问题与对策[J]．中国农业会计，2009(1)：17～19.

[331]左停，覃松华，杨瑞玲．影响林农参加林农合作组织的意愿因子分析——以湖南省浏阳市七星岭村星海楠竹专业合作社为例[J]．经济论坛，2011，4(4)：87～90.

[332]A sia-pacific Forestry C omm iss ion. Reg ional strategy for implementing the Code of Practice for Forest Harvesting in Asia-Pacific[R]. Jakarta, Indonesia：Center for International Forestry Research (C IFOR), 2000.

[333]A A Alchian. Economic Forces at work [M]. Liberty Press, 1977：88～305.

[334]A B 恰亚诺夫．农民经济组织[M]．北京：中央编译出版社，1996：1～302.

[335]Adams D M, Haynes R W. 1980. The 1980 softwood timber market assessment model：structure, projections, and policy simulations. For. Sci. Monogr. 22, Soc. Am. For. , Washing-

ton, DC, 64 pp.

[336] Adams F G, J Blackwell. An econometrics model of theunited states forest products industry. Forest science, 1973 , 4(19) 82 ~96.

[337] Adams ad m. Forest prices and national forest timber supply in the Douglas-fir region. Forest science, 1974, 4(20); 243 ~259.

[338] Aigner D J, Lovell C A K, Schmidt P. Formulation and Estimation of Stochastic Frontier Production Function Models. Journal of Econometrics, 1977, 6(1): 21 ~37.

[339] Arifin Hazanal MS. 1994. An econometric study of supply and demand relationships for hardwood logs in Indonesia. Mississippi state university, AAT 1360755, 85pp.

[340] Australian Forest Profile -Plantation Forests 2005, http: //www. nrm. gov. au/

[341] Banker R D, Charnes A, Cooper W W. Some Models for Estimating Technical and Scale Inefficiencies in Data Envelopment Analysis. Management Science, 1984, 30(9): 1078 ~1092.

[342] Barron D E, Rotherham T. Towards sustainable development in industrial forestry. The Forestry Chronicle, 1991, 67(2): 113 ~116.

[343] Benjamin D, Brandt L. 2000. "Property Rights, Labor Markets and Efficiency in a Transition Economy: The Case of Rural China. "Working Paper, University of Toronto.

[344] Berkes, Fikret, Johan Colding, Carl Folke. 2003. Navigating Social-Ecological Systems, Building Resilience for Complexity and Change. Cambridge, MA: Cambridge University Press.

[345] Besley, T. 1995. " Property Rights and Investment Incentives: Theory and evidence from Ghana. "Journal of Political Eeonomy, 103(5): 903 ~937.

[346] Besley, T. 1995. " Property Rights and Investment Incentives: Theory and evidence from Ghana. "Journal of Political Economy, 103(5): 903 ~937.

[347] Bhuyan S, F L Leistritz. An examination of characteristics and determinants of success of cooperatives in the non-agricultural sectors[J]. Journal of Cooperatives, 2001(16): 45 - 62.

[348] Binkley Clark shepard. 1981. Timber supply from private nonindustrial forests: A microeconomic analysis of landowner behavior. School of Forest and Environment Studies Bulletion 92, New Haven, Yale Univ. 97.

[349] Birchall J, R Simmons. 2004. What motivates members to participate in co-operative and mu-tual businesses Atheoretical model and some findings[J]. Annals of Public and Cooperative Economics75(3): 465 ~495.

[350] Bjomson Brue. The Impacts of Business Cyeles on Returns to Farmland Investments J. Farm Eeon, 76: 566 ~ 577, 1995.

[351] Bonus, The Cooperative Asscociation As A Business Enterprise. A Study In The Economics Of Transaction[J]. Journal Of Institutional And Theoretical Economics, 1986(142): 310 ~339.

[352] Boyd Roy G. 1984. Government support of nonindustrial production: the case of private forests. Southern Journal of Economics, (51): 89 ~107.

[353] Brandt L, Huang, J, Li G, Rozelle, S. 2000. Land Rights in China: Facts, Fictions, and

Issues. Working Paper, Department of Economies, University of Toronto.

[354] Bray, David B, Elvira Duran, Victor H Ramos, Jean-Francois Mas, Alejandro Velazquez, Roan Balas McNab Barry, Jeremy Radachowsky. 2008. "Tropical Deforestation, Community Forests, and Protected Areas in the Maya Forest." ecology and society 13(2): p(56).

[355] Brazil New Forestry Code (ProvisionalM easure No. 2. 080 - 63 Amending the Forestry Code) [EB/OL]. [2008-08-11] http://www. lyzc. org. cn/page/ classfram elim it. Cbs.

[356] Brett J Butler. "The Timber Harvesting Behavior of Family Forest Owners," Working Paper, 2006.

[357] Canadian Forest Service. Canada's forests, Canadian forestry roles & responsib il it ies, public ownership[R]. 2005. Cheung, Steven N. S. "A Theory of Price Control." Journal of Law and Economics, 1974, 17(1): 53~71.

[358] Carter M R, Yang Yao. 1999a., "Specialization with Regret: Transfer

[359] Charnes A, Cooper W W, Rhodes E. Measuring the Efficiency of DecisionMaking Units. European Journal of Operation Research, 1978, 12(2): 429~445.

[360] Chomitz, Ken. 2007. At Loggerheads: Agricultural Expansion, Poverty Reduction, and Environment in Tropical Forests. Washington DC: World Bank.

[361] Christian Bockstaller, Laurence Guichard, Olivier Keichinger, et al. Comparison of methods to assess the sustainability of agriculturalsystems[J]. Agronomy for Sustainable Development, 2009, 29(1): 223~235.

[362] Clowson Marion. Forests for whom and for what? Baltimore and London: The JohnsHopkinsUniversity Press. 1975.

[363] D M Lane, A G Mcfadzean. Distributes Problems Solving and Real-Time Mechanism in RobotArchitecture[J]. Engineering Application of Artificial Intelligence, 1994, 7(2): 105~117.

[364] David B K ittredge. The cooperation of private forest owners on scales larger than one individual property: intern at ion al examples and potential application in the UnitedStates[J]. Forest Policy and Economics, 2005 (7): 671 - 688.

[365] Durfee E H, Lesser V, Negotiating Task Decomposition and Allocation Using Partial Global Planning[A]. Distributed Artificial Intelligence, Morgan Kaufmann, San Francisco, 1989: 229~244.

[366] Eirik G Furubotn, Rudolf Richter. Institutions and economic theory: the contribution of the new institutional economics[M]. University of Michigan press. 2000

[367] Eliasch, Johan. Climate Change: Financing Global Forests. 2008. London: Office of Climate Change.

[368] Evans J. Long-term productivity of forest plantation status in 1990. IUFRO, 19th World Congress 1990, 1(1): 165~180.

[369] Fare R, Grosskopf S. A nonparametric cost approach to scaleefficiency[J]. Journal of Economics, 1985, (87): 594~604.

[370] Feder G, Lau L, Lin J Y, Luo X. 1992. "The Determinants of Farm investment and Residential Construetion in Post-Reform China. " Eeonomic Development and Cultural Change, 41 (1): 1 ~26.

[371] Feder, Gershon, T Onehan. 1987, "Land ownership, Security and Farm Investment in Thailand. "American Journal of AgriCultural Eeonomics 69 (1February): 311 ~320.

[372] Fulton M, Gibbings. Response and Adoption: Canadian Agricultural Cooperatives in the 21century[J]. Center for the Study of Cooperative, University of Saskatchewan, Canada, 2000

[373] Gergiadis, P, Vlachos D, Iakovou E. A system dynamics modeling framework for the strategic supply chain management of foodchains[J]. Journal of Food Engineering, 2005, (70): 351 ~ 364.

[374] Gigler J K, Hendrix E M T, Heesen, R A, van den Hazelkamp, V G W, Meerdink, G. On optimisation of agri chains by dynamic programming. European Journal of Operational Research, 2002, (139): 613 - 625.

[375] Gilbert N, Troitzsch K G. Simulation for the Social Scientist[M]. Open University Press, Berkshire, 1999. 3: 23.

[376] Glen J J, Tipper R. A mathematical programming model for improvement planning in a semisubsistencefarm[J]. Agricultural Systems, 2001, (70): 295 - 317

[377] Goddard E, P Boxall , M Lerohl. Cooperatives and the commodity politicalagenda: A political economy approach [J]. Journal of Agricultural Economics 2002, (50): 511 ~526.

[378] Goodman J D. 1994. It's a matter of governance: The angry members may be right[J]. Management Quarterly 35(1): 2 ~5.

[379] Grossman, Sanford, Oliver Hart. 1986. "The Costs and Benefits of Ownership: A Theory of Vertical and Lateral Integration", Journal of Political Economy, 94: 691 ~719.

[380] HAN Guo-ming, WEI Jing-shu. Analysis on the Rural Cooperative Organization Established by Returning Migrant Workers——A Case of the Cooperative Organization of Han's Cattle and Lamb Fattening in Gonghe County, Qinghai Province[J]. Asian Agricultural Research, 2011, 3(2): 149 ~151.

[381] Hart Oliver, John Moore. 1990. "Property Rights and Nature of the Firm", Journal of Political Economy, 98(6): 1119 ~1158.

[382] Heekman J, 1979. "Sample Seleetion Bias as a Specification Error", Eeonometriea Vol. 47, No. 1, 153 ~162.

[383] Hickman C A, Gehhausen R. Landowner interest in forestry assistance programs — n east Texas[J]. Journal of forestry, 2001: 211 ~213.

[384] Horst Weyerhaeuser et al. Ensuring a future for cellective forestry in China's southwest: Adding human and social to policy reforms [J]. Forest Policy and Economics, 2006, 8 (4): 375 ~385.

[385] Horst Weyerhaeuser, Fredrich Kahrl, Su Yufang. Ensuring a future for collective forestry in

China' s southwest: Adding human and social to policyreforms[J]. Forest Policy and Economies, 2006, 8(4): 375 ~385.

[386]Hyberg B D Holthausen. 1989. The behavior of nonindustrial private forest landowners. Canadian Journal of Forest Research, (19): 1014 ~1023.

[387]Jacoby H, Li G, Rozelle. 2002. "Hazards of Expropriation: Tenure Insecurity and Investment in Rural China," American Economic Review, 92(5): 1420 ~1447.

[388]Jennings N R. On Angent-Based Softwareengineering[J]. Artificial Intelligence, 2000(117): 277 ~296.

[389]Jerker Nilsson. New Generation Farmer Cooperatives[J]. ICA Review, 1997, (1)32 ~38.

[390]Jim Carle, Peter Holmgren. Definitions Related to Planted Forests[J]. UNFF Intersessional Experts Meeting on the Role of Planted Forests in Sustainable Forest Management, 2003, March: 24 ~30.

[391]Jintao Xu, Andy White. Understanding the Chinese forest market and its globalimplications[J]. International Forestry Review Vol. 6(3 -4), 2004.

[392]Johnson D G. 1995. "Property Rights in Rural China." Working Paper, Department of Economies, University of Chicago.

[393]Jon M conrad. 1999. Resource Economics[M]. cornell university, Cambridge university press.

[394]José Antonio Prado, Carlos Weber. Facilitating the Way for Implementation of Sustainable Forest Management. The Case of Chile. UNFF Intersessional Experts Meeting on the Role of Planted Forests in Sustainable Forest Management[J]. 24 -30 March 2003, New Zealand

[395]JUN-YEN LEE. Using DEA to measure efficiency in forest and papercompanies[J]. Forest products Society, 2005, 55(1): 58 ~66.

[396]K ittredge D B. Private forest owners in Sweden: large-scale cooperation in act ion [J]. Journal of Forestry, 2003. 101(2): 41 ~46.

[397] Karin Hakelius. Farmer cooperative in the 21th Century [J]. Journal of Rural Cooperation. Vol27, No1. 31 ~54.

[398]Krugman P R. Scale economies, product differentiation and the pattern of trade[J]. American Economic Review, 1980, Vol. 70: 950 ~959.

[399]Kung, J K, Liu. 5. 1996. "Land Tenure Systems in Post-Reform Rural China: A Tale of Six Counties." Working Paper, Division of Social Sciences, Hong Kong University of Science and Technology.

[400]Li, G, Rozelle5., Huang, J. 2000. " Land Rights, Farmer Investment Incentives, and Agricultural Production in China," UCDAVIS Working Paper No: 001 ~024.

[401]Mancur Olson"Forewood" in Todd Sandler, Collective Action: Theory and Applications[M]. The University of Michigan Press, 1992. 67 ~70.

[402]Marko Katila. Impact of new markets for environmental services on forest products trade[R]. FAO, (GCP/INT/775/JPN): 56 ~60.

[403] Marsden, T, Banks, J, Bristow, G. Food supply chain approaches: exploring their role in ruraldevelopment[J]. Sociologia Ruralis, 2000, 40(4), 424 - 438.

[404] Matopoulos, A, Vlachopoulou, M, Manthou, V, et al. A conceptual framework for supply chain collaboration: empirical evidence from the agri-foodindustry[J]. Supply Chain Management, 2007, 12(3): 177 ~ 186.

[405] Matsumoto, Izumi, Fujiwara. A forest management plan for a sustainable forestmanagement : AAAA study of forestry in kuma-cho, ehime prefecture, using a forest resources prediction model. Journal of the Japanese Forestry Society, 2007: 31 ~ 38.

[406] Michael L Cook1, Fabio R. Chaddad. Advances in Cooperative Theory since 1990: A Review of Agricultural Economics Literature[Z]. 2004.

[407] Michael. Cook, The Future of U. S. Agricultural Cooperatives A Neo-Institutional Approach [J]. American agricultural economic association 1995: 1153 ~ 1159.

[408] Michail Salampasis, DimitrisTektonidis , Christos Batzios. Methodologies for solving the integration problem of agricultural enterprise applications: Agents, web services and ontologies[J]. Operational Research, 2005, 5(1): 81 ~ 92.

[409] Minsky M. The Society of Mind[M]. Simon and Schuster Company, New York, 1986.

[410] Moores, Len , Dolter, Sean. Forest management planning in Newfoundland and Labrador: The Western Newfoundland Model Forest contribution, Canadian Institute of Forestry, 2002: 655 ~ 657.

[411] Mowat A, Collins R. Consumer behaviour and fruit quality: supply chain management in an emergingindustry[J]. Supply Chain Management, 2000, 5(1): 45 - 54.

[412] Nelson H, I Vertinsky. The Canada-US soft wood lumber trade dispute[R]. Canada: Faculty of Forestry, University of British Columbia, 2006.

[413] Nepstad, Danel C, Stephan Schwartzmann, Barbara Bamberger, Marcio Santilli, Deepak K. Ray, Peter Schlesinger, Paul A. Lefebvre, Ane Alencar, Elaine Prinz, Greg Fiske and Alicia Rolla. 2006. "Inhibition of Amazon Deforestation and Fire by Parks and Indigenus Lands." Conservation Biology 20(1): 65 ~ 73.

[414] Newman D H. 1987. An econometric analysis of the Southern softwood stumpage markets. Forest Science, 33(4), 932 ~ 945.

[415] Olli Tahvonen. "Forest harvesting decisions: the economics of household forest owners in the presence of in situ benefits "Working Paper, 1999.

[416] Olsseon, Per, Carl Folke, Fikret berkes. 2004. "Co-Management for Building Social-Ecological Resilience." Environmental Management 34(1): 75 ~ 90.

[417] PETER CLINCH J. Assessing the social efficiency of temperate-zone commercial forestry programmes: Ireland as a casestudy[J]. Forest Policy and Economics, 2000, 17(7): 225 ~ 241.

[418] Poter M E. Clusters and new economicscompetition [J]. Harvard Business Review, 1998, No. 11.

[419] Ralph J Alig, Darius M. Adams Johnt T. Chmelik and Pete Bettinger. Private forest investment and long-run sustainable harvest volumes. New Forests, 1999, (17): 307 ~ 327.

[420] Rights, Agricultural Productivity and Investment in an Industrializing Economy. World Bank Policy Research Working Paper, 2202.

[421] Runsheng Yin, David H. Newman. Impacts of rural reforms: the case of the Chinese forest sector[J]. Environment and Development Economics, 1997, 2(3): 291 ~ 305

[422] Salvatore Falco, Melinda Smale, Charles Perrings. The role of agricultural cooperatives in sustaining the wheat diversity and productivity: the case of southern Italy[J]. Environmental and Resource Economics, 2008, 39(2) : 161 ~ 174.

[423] Sanjib, Bhuyan. The"people"factor in cooperative: an analysis of members' attitudes and behavior[J]. Canadian journal of agricultural Economics, 2007, (55): 275 ~ 298.

[424] Sedjo, R A, K S Lyon. The long-Term Adequacy of World TimberSupply[J]. Resource for the future, 1990, 4(5): 54 ~ 87.

[425] Sedjo, Roger A. The comparative economics of plantation forestry Batimore and London: The Johns Hopkins University Press. 1983.

[426] Sengupta J K. Data Envelopment Analysis for efficiency measurement in the stochasticcase[J]. Computers and Operations Research, 1987, (14): 117 ~ 129.

[427] Sexton R J. Perspectives on development of Economic Theory of Cooperatives[J]. Canadian Journal of Agricultural Economics 1984(68): 423 ~ 436.

[428] Shashi Kant. Extending the boundaries of foresteconomics[J]. Forest Policy and Economics, 2003, 5(1): 31 ~ 39.

[429] Sunderlin, William D, Jrffrey Hatcher, Megan Liddle. 2008. From exclusion to ownership? Challenges and Opportunities in Advancing Forest Tenure Reform. Washington DC: Rights and Resources Initiative.

[430] Sycara K P. MultiagentSystems[J]. AI Magize, 1998. (summer): 79 ~ 82.

[431] Uncovsky, S. Forest management model for buffer zones of nature reserves considering economic possibilities of developing countries, Journal of Forest Science, 2000 (4): 179 ~ 188.

[432] VIITALE J, Janninen H. Measuring the efficiency of public forestry organizations [J]. Forest Sci, 1998, (3)44: 298 ~ 307.

[433] Walt, Harold R. Industrial Forests American Forests 1989, 95(11 and 12): 26 ~ 28.

[434] Wendy Max. "A Behavioral Model of Timber Supply," Working Paper, 1998.

[435] Wooseung Jang , Cerry M. Klein. Supply chain models for small agricultural enterprise[J]. Annals of Operations Research, 2011, 190(1): 359 ~ 374.

[436] Xiufang, Sun. China's forest product exports: an overview of trends by segments and destinations. http://www.forest-trends.org

[437] Xiufang, Sun. China's forest product import trends 1997 - 2002: analysis of customs data with emphasis on Asia-pacific supplying countries. http://www.forest-trends.org.

[438] Xu J. 2002. "Harvesting Quota in China," In Xu, J., and Ulrieh, 5. (eds). International Forum on Chinese Forest Poliey. pp: 43 ~ 49.

[439] Y Shoham, M Tenenholtz, Agent-Oriented Programming[J]. Artificial Intelligence, Elsevir Science Publiser B. V., 1993. 60: 51 ~ 92.

[440] Yajie Song, Guoqian Wang, William R. Bureh, Jr, Miehael A. Rechilin. From innovation to adaptation: lessons from 20 years of the SHIFT forest management system in Sanming, China [J]. Forest Economics and Policy, 2004, 191(1 - 3): 225 ~ 238

[441] Yin R, Newman, D. Impacts on Rural Reforms: The Case of Chinese Forest Sector[J]. Environment and Development Economics, 19972(3): 291 ~ 305.

[442] Yin R, Xu J. 2002. "A Welfare Measurement of China's Rural Forestry Reform During the 19805," World Development, 30(10): 1755 ~ 1767.

[443] Zhang D, P. Pearse. The Influence of the Form of Tenure on Reforestation in British Columbia [J]. Forest Eeology and Management, 1997, 3(98): 239 ~ 250.

[444] Zhang D, W Fliek Stieks Carrots. Foreset Tenure andReforestation[J]. Investment Land Eeonomies, 2001, 77(3): 443 ~ 456.